How to Be Human

《新科学家》 *New Scientist*

创建于 1956 年，在科学出版界具有世界性声望，在全世界有超过 500 万忠实读者。致力于报道自然和人类的非凡创造，探讨最新的发现和发明的价值及其对未来的意义。

格雷厄姆·劳顿 Graham Lawton

《新科学家》杂志执行编辑，毕业于英国帝国理工学院，有生物化学学士学位和科学传播硕士学位，在《新科学家》杂志工作已有十几年，在科学写作和编辑方面获得过许多奖项。《万物起源》（*The Origin of (almost) Everything*）也是由他执笔。

杰里米·韦布 Jeremy Webb

《新科学家》杂志前主编，现为特约编辑。在埃克塞特大学拿到物理学学位，曾做过录音师、电台制作人和电视新闻编辑。他在《新科学家》杂志联席编辑的专栏催生了如《企鹅的脚为什么不怕冻？》和《虚无》这样的畅销书。

珍妮弗·丹尼尔 Jennifer Daniel

屡获殊荣的插画家和作家，经常为《纽约时报》和《纽约客》撰稿，并为许多出版商创作动画和插图。她是 Google 的创意总监，曾任《纽约时报》美术编辑，凭借其作品的视觉风格获得过许多奖项。

NewScientist

人类鉴定手册

How to Be Human

英国《新科学家》杂志◎著

［英］格雷厄姆·劳顿、杰里米·韦布◎文

［美］珍妮弗·丹尼尔◎绘

叶　平◎译

 湖南科学技术出版社　 博集天卷
CS-BOOKY

目 录
Contents

5

导 言
审视你自己

我们俩几年前参加了《新科学家》举办的一个关于动物思维本质的活动。一位著名的生物学家在他令人难忘的演讲中描述了羊被单独留在某处时会有多么紧张——毕竟它们已进化为群居动物。他建议的补救办法？在羊圈里装上镜子，骗它们以为有其他羊陪伴。

羊并没有太多自我意识。像地球上其他大多数物种一样，它们无法在镜子中认出自己。但是，作为这个星球上最聪明的物种的一员，你是不同的。你知道从镜中凝望着你的正是你自己。

只有少数脑袋聪明的物种具有这种罕见的能力。在人类身上，它是婴儿发育过程中的一个里程碑，表明孩子正在获得自我意识。在此基础上，人类发展出记忆和重要的社交技能，比如解读他人的意图。

你的记忆、自我意识和读心能力在把你塑造成现在的你的过程中起着至关重要的作用。而"你"就是这本书的主题——你是怎样演变成现在的你的，是什么让你照常运行。本书也放宽视野，探究"我们"：是什么将我们人类与其他动物区分开来，以及我们为何如此相似而又各自独特。

几千年来，人的本质一直是学者们感兴趣的主题。古希腊哲学家苏格拉底被认为是这一探索的开启者，但他的继承者柏拉图和亚里士多德，尤其后者对后来的思想影响最大。然而，亚里士多德也搞错了很多问题：比如，他相信心脏是思想和理性的中心，而大脑是用来冷却血液的。他的观点坚守了近2000年，直到威廉·哈维发现心脏不过是一台机械泵。

如同许多科学发现一样，这大大挫败了我们原本的自我认知。我们曾经认为自己是上帝特别的（虽然是堕落的）创造，有着和他相似的形象，生活在为我们所造的宇宙的中心；现在，我们更倾向于把自己视为进化的偶然产物，生活在一个冷冰冰的宇宙里，只能依靠我们有严重缺陷的大脑来指引。

但至少我们还保有幽默感。正如美国散文家克里斯托弗·莫利所说，人类基本上是"便携式管道的巧妙组装"。当然，我们还有更多的东西，科学发现揭示出我们是一种比任何神学理念都迷人的生物。举个例子，谁会想到笑与幽默的关系比它与社交控制的关系更薄弱呢？

那么，一个典型的人是什么样？

毫无疑问，我们很聪明。我们的大脑是我们与地球上其他居民生活方式如此不同的主要原因；它使我们能够从生活在草原上的狩猎 - 采集者进化为渴望战胜死亡、占据其他星球并制造出比我们还聪明的机器的文明创造者。

自从在进化的道路上与黑猩猩分道扬镳，我们已经走过了700万年的历程。达尔文的伟大思想对于我们理解自己至关重要——从为什么每个人都有不同的个性，我们的道德来自哪里，到为什么我们中只有一部分人能够消化牛奶。

从四脚着地变成直立行走，使我们的双手变成强壮、灵巧的多功能工具，能把思想转化为现实事物，比如石斧、音乐、摩天大楼和短信。这也使我们进化成了超级耐力型掠食者，能够把猎物追逐到精疲力竭。如果没有猎物提供的高质量蛋白质，我们的祖先不太可能进化出那样的大脑。

经常被忽视的一个特征是我们对财物的热爱，这是我们这个物种的一个界定性特征。早期的人类如果没有保暖的衣服，狩猎、收集和准备食物的工具，以及生火的材料，可能无法走出非洲。没有别的动物需要依靠这么多东西才能生存。同样也是通过占有的物品，我们其他许多方面的特征得以表现，包括地位、象征主义和美学。

我们还极其能说会道。人类是唯一拥有复杂语言的生物，这使得我们能够创造和积累知识，并将其传输给他人。语言也促进了我们强烈的社会性：要能说会道，需要有人和我们交谈。我们在朋友和家人中间生机勃勃，在没有他们时枯萎凋谢。但语言也使我们分裂为相互无法理解并且往往抱有敌意的群体。

如果说关于典型人类的描述为本书设定了场景，那么剧目本身则关注了人类的状况、生存经验，以及我们在人生旅程中所面临的事件和阶段。你会在书中读到关于慷慨、信仰、厌恶以及为什么我们会染上坏习惯并且很难摆脱它们的科学发现。我们谈论的主题还包括从出生到死亡的生命阶段，孩子们如何改变了他们的父母，以及老年的优势。

理解人类及其在宇宙中的位置是我们通过《新科学家》所做的一切的基础。本书的主体文字很大程度上要归功于我们杰出的同事永不满足的好奇心和专业的知识储备，以及十多位受邀作者，他们在这本书里就友谊的本质和我们为什么会沉迷于宗教等问题撰写了文章。说到插图，珍妮弗·丹尼尔贡献了非常有趣的信息图表，涵盖范围从个人空间的奇怪概念到史蒂芬·霍金和英国"黑色安息日"乐队之间的联系；而基尔斯汀·基德则搜集了一些引人入胜的照片，揭示了作为人类意味着什么，范围从 3 万年前的艺术直到最新的针对想获得二次生命的人的冷冻技术。我们希望你会像我们享受写作本书一样享受阅读本书。

现在无疑是谈论人类这个主题的一个好时机。科学在如此多的前沿领域提供了如此多的洞见。例如，人类基因组测序不仅给医学和人类生物学带来了革命性的变化，还揭示了有关我们祖先的一些事实，他们显然享受了与尼安德特人的性邂逅。

在几十年间，人类的思维已经从一个神秘的黑匣子转变为一系列敞开的、可供质询的空间。神经科学家和心理学家现在可以从大脑里看到思维形态，并且能够可靠地预测人们因潜意识深处的偏见会犯的错误。

让我们以忏悔结束。我们选择的书名 *How to Be Human* 也许暗示了我们已经（或自认为已经）找到了所有答案。但我们没有。这不是一本指导手册或自助书。相反，它描述了科学在解答关于我们自身的一些最大的问题和许多小问题上已经取得了怎样的进展。正如苏格拉底所言，未经审视的生活不值得过。所以，多了解自己一些吧。

格雷厄姆·劳顿和杰里米·韦布
2017 年 6 月

第一章

Human
Nature

人的本性

我们人类是什么样的动物?

如果从外星球来的生物学家造访地球,一定会注意到人类,而且很容易辨识人类的各种特征。他们列的人类特征清单上会包括智力、语言、社会性、宗教、技术能力和热衷物质,这些都是所谓人性的核心特征。

人性的特征远不止这些。人类通常还会表现出许多不那么显而易见的特征,也许是由于离得太近,我们常常对这些特征视而不见。如果你觉得自己挺了解人类是怎么回事,最好再想想。

在人类那些不那么明显的特征中,外星生物学家首先会注意到的恐怕是人类爱玩。人类在学会走路或说话之前就开始玩耍。我们无师自通,童年的大部分时间都在玩耍。

并非只有人类才会玩耍:所有哺乳动物、一部分鸟类和少数其他动物都会玩耍,只是玩得没有人类这么多样和精通。人类的玩法包括游戏、玩笑、运动、音乐、舞蹈、艺术和原始简单的嬉闹。我们跟别人一起玩,玩各种东西,玩文字游戏,玩想象力。我们玩耍的领域从现实世界延伸到虚拟世界。人类孩提时对玩耍的喜爱会一直延续到成年,这在动物中间是比较少见的,灵长类动物中只有倭黑猩猩也会这样。

人类为什么要玩耍?原因之一也许是有空。成年黑猩猩每天花八小时在野外采集食物。如果闲暇多些,它们会玩耍得多些。然而,玩耍并非单纯的消磨时光,它也是一种演化出来的适应能力。成人世界无论是人与人还是人与自然的关系都很复杂,通过玩耍可以学习技能,很大程度上是在为进入成人世界做准备。

玩耍的目的

玩耍有四个主要目的:开发身体能力,培养社交能力,锻炼手眼协调能力,以及训练应付突发事件的能力。玩耍被称为"孩童的工作",并非空穴来风。

除了玩耍,年轻人还会自然而然地开始另一种探索,这种探索将我们和动物区分开。人类从婴儿时期开始,就不断地给周围世界归类,尝试

非常迷信

巴拉克 · 奥巴马过去常在选举日的早上打篮球。高尔夫球手老虎伍兹如果在星期天比赛,就一定会穿红色上衣。我们大多数人都迷信,尽管理性告诉我们,这样做并无用处。但迷信并非完全荒谬。我们的大脑被设计来发现环境中的模式和秩序,并假设结果是由之前的事件造成的。这两种能力很有可能是进化出来的。如果我们的祖先假设灌木窸窣作响是因为风而不是狮子,他们就不会活太久。但是这种生存适应导致我们很容易由结果推出错误的原因,比如,一支足球队获胜是因为他们穿着幸运内裤。换句话说,迷信。

理解事物运作的原理,做出预测并对其进行检验。人类对知识的追求反映在人类范围广泛的发明中:从时间、日历、宇宙学,到姓氏和度量。科学的本质就在于对知识的探索。

抽象思维

再强调一次,抽象思维并非人类独有。所有动物要生存下来都需要抽象思维。比如,信鸽能学会分辨不同的汽车、猫和椅子。狗能把铃声和食物联系起来。而当大猩猩尝试从管子中取出坚果时,它们是在做简单的实验。

然而,其他动物显然没法把科学研究推进到人类能达到的程度,将人和其他动物区分开来的是这种把握抽象概念的能力。黑猩猩理解抽象概念就比较困难。举例来说,它们虽然能很快明白用重的石头砸坚果更有效,但无法从中推导出普遍适用的理解。如果听到两个物体坠地的声音,一个"咣当",另一个"噼啪",它们不能推出用其中一个砸坚果比另一个更适合。关键在于,抽象能力使人类可以把他在一个领域中学到的应用到其他领域,预先做出合理的推断。比如,我们可以预测,适合砸坚果的物体很可能会沉入水底,而另一个物体可能会浮上水面。

将人类和那些不擅长科学的动物区分开来的另一个特征是我们热衷于分享自己的发现。一旦琢磨清楚,我们便昭告天下。这种分享不仅使牛顿,也使一切有志于科学者,都能"站在巨人的肩膀上"。

除了对自然规律的探索,我们也渴望制定规则来规范人类的互动。这种"立法性"是人类的另一个独特之处。

是否每个人类社群都具备正式的法律尚无定论,但它们都有规则,这是人类独有的特征。黑猩猩遵守领地和等级秩序等简单的行为规则,但人类用来规范行为的规则、禁忌和礼仪要精细复杂得多。虽说不同的社会具体规则不同,但都牵涉到三个关键领域的活动——这无疑表明这三个领域关乎人性的基本问题。

首先是涉及亲属关系的规范,包括亲属的资格,以及由此衍生的关乎财富地位继承的权利和义务。每个社会也都承认因婚姻而产生的亲属关系,以及禁止直系血亲发生性关系的乱伦禁忌(虽然有时皇族不受此限制)。

划定界限

厘清"谁是谁"之后,下一个考虑的就是安全问题。每种文化都有规则来规定哪些情况下可以杀戮。对杀戮的谴责普遍存在,不同的是对杀戮的界定。在有的社会里,可以杀死任何陌生人,另一些社会则允许血亲复仇,还有很多社会允许群体杀掉违反其规则的人。但总而言之,每个群体都为杀戮划定了界限。

每个社会都有规则来规范获取物质财富的权利。私有财产的观念并不普遍适用,但所有群体都通过规则来规定谁可以在什么时候使用哪些财产,以及对违反规则者将处以何种惩罚。这些规范,有的只是简单的先到先得,也有复杂缜密的私有制。

私密的性行为

各种文化的规则表明，人类普遍看重亲属关系、安全和财产这三个方面。另外一个重要的问题是性行为。交配习惯最能揭示一种动物的本性，而人类的交配习惯自然有其特异之处。女性可以持续接受交配，而且隐蔽排卵——换句话说，无法从外部迹象判断她们是否准备好受孕了。人类大体上实行一夫一妻，但又共同生活在男女混杂的大群体里，这个现象在灵长类动物中独一无二。最让人费解的是人类对秘密交媾的偏好。人类为什么要在私密环境中发生性行为呢？

性私密并不是个别文化或道德规范的产物，所有社会都有这一要求。当然也存在例外，比如公开的仪式性性行为，酒后放荡狂欢也并非闻所未闻。但在没有酒精的地方，比如在农业社会之前的某地，性行为的私密性已是常态。

让我们考虑一下人类的近亲，性私密之不寻常就变得昭然若揭。在红毛猩猩和大猩猩的世界里，雄性之间竞争激烈，但雄性头领的交配是公开进行的。在倭黑猩猩群体中，性行为完全自由，毫无隐私可言。

人类独特的性私密要求很可能是为了应对日益复杂的性政治而演化出来的。首先，女性演化出了隐蔽排卵和可持续接受交配，以此误导准父亲，从男性手中夺回了一定的控制权。其次，人类祖先做了一件完全不同于其他人猿的事情：男性和女性开始共同抚养后代。于是出现了一夫一妻制，增强夫妻纽带的需求也随之产生。性私密

也许是加强夫妻间亲密感的途径之一。

除了加强夫妻关系，秘密交媾也使婚外性行为更容易逃脱惩罚。人类的婚外性行为非常普遍，存在于所有传统文化中，私密性使得发生婚外性行为者免于声名狼藉。

嫉妒作为人类独有的特征，可能也发挥了作用。因为男性对性的期待是多多益善，性是稀有商品，所以最好暗中作乐，以免招致嫉妒。就像在饥荒年代，食物充裕者偷偷享用独食才是明智之举。性行为极有可能冒犯一些人，即便是情投意合的成年人之间的性行为也不例外。父母或群体中其他成员有可能不赞同，还有可能造成兄弟姐妹间的竞争。由此观之，也许私密的性行为只是遵从了防患于未然的原则。

巧妇为炊

饮食是人生的另一乐趣。人类的进食行为与其他动物相比有些奇特。其他动物进食只是为了果腹，人类则食不厌精。人类和其他动物的进食行为的最大区别在于，人类会把食物煮熟，这也是人类最伟大的发明之一。一个人无论生活在哪种文化中，都至少会煮食一部分食物。

人类饮食文化还包括"进餐时间"这一奇特现象，即仪式化的家庭成员共享食物的现象。与此对照，黑猩猩会一边找一边吃，并且独自享用。在每个人类社会中，人们都以家庭为单位，在或多或少固定的时间吃一起准备的食物，通常是由女性来准备。另外还有宴席：从分享收获的猎物到庆贺特殊的日子，所有的社会都存在宴席。男

性更有可能在举办宴席时烹煮食物。我们还经常看到男性在自家后院烹煮食物——大多数情况下，烧烤由他们张罗。这也许和他们想要通过慷慨分享高质量的食物来确立地位有关。

对人类来说，饮食并非只是摄取营养。人们通过食物结成社会纽带。进餐时间是家庭生活的中心，朋友、同事和团体通过一起享受食物来建立联系，我们也用食物来巩固更亲密的关系。

八卦的隐藏价值

用餐时间还充斥着另一种可以界定人类的东西：流言蜚语。过去人们认为语言是界定人类的特质，而如今我们更有可能把语言看作动物交流连续体的组成部分。语言深刻地塑造了人类的本性，这点毋庸置疑。在人类生活的许多方面，从教育、民俗、预言到医疗、贸易和言语攻击，语言都起着重要的作用。不过，可以说，在往往被认为不值一提、不上台面的八卦闲聊中，我们对语言的应用达到了顶峰。

只有人类会不由自主地议论别人，而这种行为模式并非你想象的那么琐碎无聊。有些人类学家认为，人类通过议论他人来操控其行为，这可以解释为何流言蜚语经常发生在被议论者能够听到的地方。例如非洲的布须曼人，他们70%的八卦都是这种情况。

流言蜚语的作用不仅在于戳他人的脊梁骨。八卦中无关痛痒之辞远远多于毒液四溅的评论。八卦也许是类似灵长类动物帮彼此梳理毛发的行为，只是人类的社会关系太多，通过耗时太久的

附庸风雅

解释人类创作艺术作品的冲动是一个挑战。达尔文认为它根源于性选择：就像孔雀的尾巴一样，创造力是进化适应的一种代价高昂的表现。女性每个月繁殖冲动最强烈的时候，更喜欢有创造力的而非富有的男性。但仅从性的角度，也许不能解释艺术的进化。另一种观点是，追求审美体验的驱动力进化并推动我们去了解世界的不同方面。艺术是智力游戏的一种形式，让我们在一个安全的环境中探索新的地平线。

相互梳毛来增强社会关系不太可行，于是人类选择了八卦作为替代物。即便最有权有势的人物也倚重此道，尽管他们可能会给它冠以不同的名字。虽说大部分生意可以轻易地通过电话或电邮进行，但人们还是见面聊事情，在午餐桌上或是高尔夫球场通过闲聊联络感情。

活色生香的八卦就像礼物，而交换礼物也是人类社会普遍具有的一个特点。两者都像胶水一样把群体黏合在一起。没有八卦的群体缺乏将人们聚合在一起的共同兴趣，也许会自行解散。

我们为什么会笑，会脸红，会想接吻？

人类行为极其灵活多变。我们大部分行为具有显而易见的功能：我们吃饭、睡觉、说话、梳洗打扮、做爱、旅行、工作、锻炼、自娱自乐，而且会抓住一切游手好闲的机会。但我们对自己行为世界的有些角落仍旧知之甚少。

其中最神秘的行为之一是脸红。人类作为一个物种，以擅长通过狡猾地操纵他者达到自身利益最大化著称，脸红这件事很难解释。脸红迫使我们泄露自己欺骗或撒谎的行为，为什么人类会进化出这种在社交中对自己不利的反应呢？

这个问题曾经也让查尔斯·达尔文很头疼。他指出，虽然所有人种都会脸红，但动物，包括其他灵长类动物，不会脸红。在需要解释"这最奇特也最人类的表达"在进化上的原因时，他也束手无策。但这没能阻止其他人的努力。

诚实的表露

一种观点认为，脸红在最开始时只是示好的表现，向群体的领头人物表示臣服的一种方式。也许后来随着社交互动越来越复杂，脸红开始和更高级的自我意识情感联系起来，比如负罪感、羞愧和尴尬。这貌似将脸红者置于不利的地位，但实际上也可能让脸红者更有魅力或者符合社会期许。

这也许是因为脸红这种诚实的信号很难伪装。女性比男性更容易脸红。这导致了一种解释：女人进化出脸红来展示对男性的忠贞，从而取得男性的帮助来共同抚养后代。脸红表示"我不会给你戴绿帽。如果你质疑我的忠贞，我不会撒谎——否则脸红会出卖我"。

类似的解释还有，脸红也许是作为一种促进信任的方式而出现。一旦脸红开始和尴尬挂钩，不脸红的人就落入了不利的境地，因为我们不太容易信任从来不为任何事情羞愧的人。

尴尬很容易引起另一种人类特有的行为：笑。你也许觉得我们为什么笑是显而易见的，但大多数笑与幽默毫不相干。

无关幽默

从 20 世纪 80 年代后期起，马里兰大学的心理学家罗伯特·普罗文对人在各种自然场景中的笑进行了长达十年的研究。他探访了商场、课堂、人行道、办公室和各种派对。在录制了 2000 多个笑的案例之后，他得出如下结论：发笑更多地是由陈腐老套的谈话引起，而不是幽默的笑话。例如，在巴尔的摩的一家商场里问"你有橡皮筋吗"，就可以让某些人咯咯地笑起来。

普罗文的结论是，发笑的基本要素不是幽默，而是其他人。我们在各种场合用笑这个社交信号来和其他人建立联系。

交谈中的笑是社交润滑剂。笑会吸引听众的注意力，让人们放松，以此来驱散紧张、攻击性和竞争气氛。紧张的笑能使你较轻松地面对有压力的、心理上难以接受的情况。而且笑具有传染性，可以统一群体情绪和行为，促进协作活动，实现更高的利益。

笑也被用作施行社交控制的工具。在我们熟悉了笑比较细微的诱因之后，就开始用笑来操纵

把它挖出来！

2001 年，印度国家精神健康和神经科学研究所的两个研究人员针对一种古怪的行为所做的研究让他们获得了搞笑诺贝尔奖。吉德伦金·安德雷德和 B.S. 斯里哈里就挖鼻孔的习惯向 200 个青少年提问，几乎所有人都承认他们每天平均要挖四次鼻孔。其中 9 个学生甚至承认吃过自己的鼻屎。为什么会有人吃鼻屎呢？安德雷德指出，鼻黏液不含任何营养成分，也许摄入鼻腔碎屑对建立健康的免疫反应有帮助：我们已经知道，太少接触感染性病原体会增加过敏的可能性。迄今为止仅有的对挖鼻孔的真正研究要追溯到 1966 年，纽约州立大学的西德尼·塔拉筹发现吃鼻屎的人觉得鼻屎"美味"。好吃……

周围的人。圈内人的玩笑可以把其他人排除在外。笑可以被用来表明谁是老大，恶意的笑是恐吓的有效工具。笑话他人而不是和他们一起笑，可以迫使其低头或将其赶走。

另外一个通常需要不止一个人在场的奇怪行为是接吻。不是所有文化背景的人都接吻，所以它不可能是我们的基因决定的行为。那为什么会有这么多人玩这个唇齿相接的游戏，为什么接吻的感觉会那么好？对此有很多猜测。

有一种猜测认为，我们最初关于舒适、安全和爱的体验都来自吃奶时嘴的感受。另外，我们的祖先可能是通过嘴对嘴喂咀嚼过的食物来帮助婴儿断奶的，黑猩猩和今天的一些母亲仍在这么做，这加强了人们感受到的分享唾液和愉悦之间的关联。

另外一种猜测是接吻源于觅食。人类的祖先最初被成熟的红色果子吸引，这种吸引扩展到跟性相关的领域，发展出明显呈红色的生殖器和嘴唇。谈到接吻的生理功能，我们有比较确实的根据。嘴唇是人体最敏感的部位之一，布满了关联着大脑快乐中枢的感觉神经元。接吻被证明能降低压力激素皮质醇，并且促进结合激素催产素的分泌。

接吻甚至可能有助于我们评估与潜在伴侣的生物合拍程度。近几年的研究表明，我们最容易被和我们的免疫系统差异最大的人的汗液气味所吸引，我们和这些人有可能生出最健康的后代。当然，接吻让我们可以足够亲密，从而嗅出彼此。

语言为人类做了什么？

如果你曾试着和刚出生的婴儿聊天，很快你就会意识到这种沟通是单向的。但过上三四年再试，你也许能费劲地插上几句话。当然不会是非常复杂的对话，但比你和猫、狗或者聒噪的鹦鹉交流要顺畅。一般的四岁儿童大约会有 5000 个单词的词汇量，并且能够把这些词汇熟练地连在一起。不可思议的是，他们是无师自通地掌握了这个技能。

语言能力或许是界定我们这个物种的特征。有人的地方就有语言，既有口头的，也有书面的。我们在学步阶段毫不费力地学习语言，之后人生中的每一天都会使用语言。如果没有语言，贸易、部落、宗教和国家都不可能存在，如我们所知，也不可能发展出文明。

语言这种本能几乎是不可抑制的。把言语不通的人放在一起，他们会很快发明出粗糙的口头交流系统，即所谓"皮钦语"。在两三代之内，皮钦语就会演化成羽翼丰满的语言。就算是聋哑人，也能自行发明出新的手语。

语言学家把语言定义为一种系统，它允许思想自由地、不受限制地表达为符号，也允许符号转换为思想。这个定义把人类语言和其他动物的沟通体系区分开来。例如，狗吠可以传达有限的信息——它饿了，或者它发现了入侵者，但无法讲述它幼犬时期的经历或描述它每天走过的路线。人类语言的独特性在于，它几乎可以传达任何想法或事件，甚至包括那些不可能发生的。

如今仍在使用的语言有 7000 种左右，包括手语，还有无数语言已经消亡。所有这些语言虽然表面上很不一样，但在更深层面上它们都是一样的，可被用来交流人类的全部经验。这似乎暗示，早在约 10 万年前人类祖先从非洲迁出并扩散到全球之前很久，人类语言就开始进化了。

社交黏合剂

语言显然是进化过程中的一种适应，让人类可以征服世界，甚至更多。它与人类强烈的社会性和常见的合作性密切相关，很可能与之同步进化。人类社会通过语言黏合在一起。传统的狩猎－采集群体的聚居规模通常为 100~150 人，通过实际接触来维系良好关系不切实际，于是人们转而选择议论彼此。语言还使得利益、货物和服务的交换成为可能，这些交换常常发生在非直系亲属之间。这些复杂的社会活动无法通过简单的咕哝来应对，要求更复杂的交流方式。

语言不仅定义了作为一个物种的我们，还塑造了作为个体的人。早在 1940 年，语言学家本杰明·李·沃尔夫就提出，我们所说的语言影响我们理解世界的方式。例如，他认为，如果一群人的语言缺少表达某个概念的词，他们就无法理解那个概念。他的观点后来被边缘化，直到 21 世纪初，一些研究者开始探索一个与之相关但更加细致的观点：语言会影响知觉。

举例来说，希腊语有两个词表示蓝色——ghalazio 是淡蓝色，ble 是深蓝色。比起以英语为母语的人，说希腊语的人能更快、更精确地区分有细微差别的蓝色。

语言还会影响我们的空间感和时间感。对讲

英语的人来说，时间从后往前推移：我们"将思绪投射回去"，并"期待前路的好时光"。我们书写母语的方向也会影响我们的时间感，相对于英语使用者，讲中文的人更容易觉得时间从上向下推移。有些群体，比如澳大利亚原住民辜古依密舍人（Guugu Yimithirr），没有左或右这种表达相对空间的词，但有表达东西南北的词，他们通常很擅长在不熟悉的地方确定自己的位置。

我们所说的语言甚至对我们是谁都有影响。神经科学家和心理学家逐渐接受了语言与思维和推理的深度纠葛，这使得人们开始思考不同的语言是否会造成人类的不同行为。对讲双语的人的研究表明，情况的确如此。在 20 世纪 60 年代，社会语言学家苏珊·欧文－特里普要求讲日英双语的人分别用两种语言来完成句子。她的研究对象在使用日语或英语时，会给出截然不同的答案。例如，待完成的句子是"真正的朋友应该……"，典型的日语答案是"彼此帮助"，而英语答案则是"彼此非常坦诚"。总体而言，研究对象的回应反映了只说日语或英语的人会如何完成这个句子。

不同的态度

另一个实验要求讲英语和西班牙语的双语志愿者观看电视广告，先看一种语言的，再看另一种语言的，然后评估广告中人物的性格。志愿者倾向于把西班牙语广告中的女性评价为独立而外向的，但看了英语广告，他们会把同一人物描述为绝望而无助的。

同样，讲双语的墨西哥人用不同语言描述自己的个性时，表述也会不同。说西班牙语时，他们通常比说英语时谦虚，这也许反映了墨西哥和美国文化对于自信的不同态度。

语言甚至能塑造人们的记忆。讲西班牙语的人比讲英语的人更难记住是谁造成了车祸，也许因为他们更习惯使用被动表述，比如"花瓶被打碎了"，不会去特别说明造成结果的那个人。在很大程度上，语言决定了你是谁。

为什么有这么多种语言？

如果说语言是为了交流进化出来的，那为什么大多数人无法彼此理解？《旧约》里有巴别塔的故事，说这是上帝的策略，通过阻止人类合作来防止人类变得过于强大。出人意料的是，这也许和真相相差不远。

人类天生有部落属性和排外性，和部落内部的人密切交往，害怕并鄙视外来者。语言既是部落身份强有力的标记，也是防止外人偷听的密码。有很多记录表明，有的族群故意改变自己的语言，使族群成员更有归属感，同时排斥外来者，这也许是语言多样性的一个有力的驱动因素。

你是什么样？

说到个性，没有两个人是一样的。然而心理学家认为，他们可以用五项宽泛的特征来描述完整的个性范围。这五大特征中的每一项——经验开放性、责任感、外向性、亲和性和情绪不稳定性——都定义了一条轴线，我们所有人都罗列其上。

每一项个性特征

| 高分 | ←——→ | 低分 |

特征一：生命的深度、

乐于接纳新经验

好问

富有想象力

对艺术感兴趣

容易兴奋

喜爱多样化

思想自由

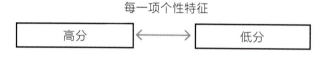

特征三：喜欢社交的程度

| 外向 | | 内向 |

令人愉快并发散快乐	←——→	很少表现出愉快
在人群中和派对上如鱼得水	←——→	孤独者
友好开放	←——→	矜持
总是很忙	←——→	喜欢慢慢来
天生的领导者	←——→	跟随者
喜欢兴奋	←——→	害怕骚动

特征四：跟他人相处

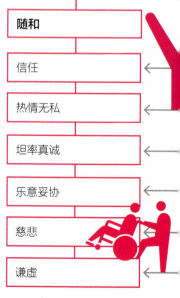

随和

信任

热情无私

坦率真诚

乐意妥协

慈悲

谦虚

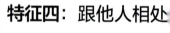

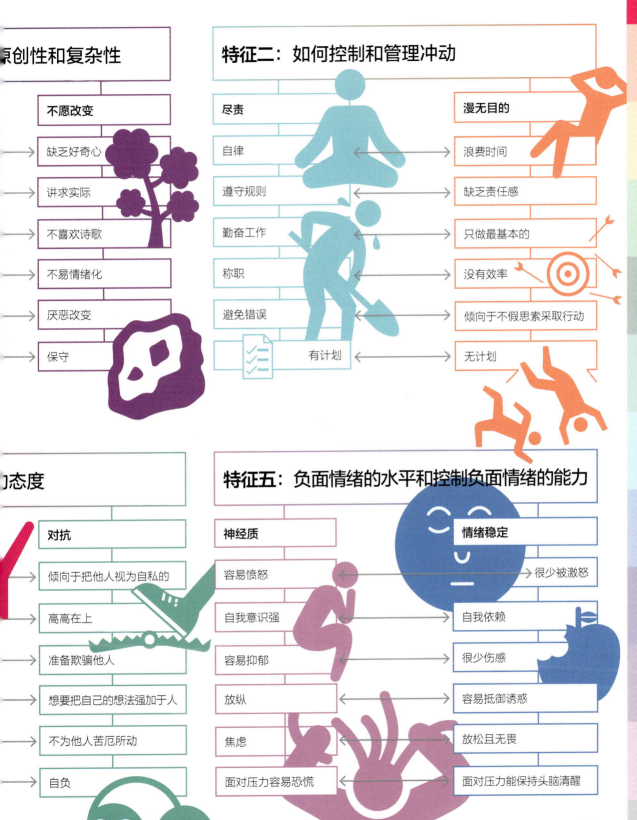

原创性和复杂性

不愿改变

缺乏好奇心

讲求实际

不喜欢诗歌

不易情绪化

厌恶改变

保守

特征二：如何控制和管理冲动

尽责

自律

遵守规则

勤奋工作

称职

避免错误

有计划

漫无目的

浪费时间

缺乏责任感

只做最基本的

没有效率

倾向于不假思索采取行动

无计划

态度

对抗

倾向于把他人视为自私的

高高在上

准备欺骗他人

想要把自己的想法强加于人

不为他人苦厄所动

自负

特征五：负面情绪的水平和控制负面情绪的能力

神经质

容易愤怒

自我意识强

容易抑郁

放纵

焦虑

面对压力容易恐慌

情绪稳定

很少被激怒

自我依赖

很少伤感

容易抵御诱惑

放松且无畏

面对压力能保持头脑清醒

何谓个性？

生活最令人印象深刻的特点之一是每个人面对它的态度都不同。有些人热爱耀眼灯光和酷炫跑车，另一些人则想尽一切办法避之大吉。新奇的社交情景可能对某个人来说是享受，却让另一个人辗转难眠。有些人终日操心储蓄以备退休，而另一些人一有进账，甚至在钱到手之前，就花光了。是什么造成了这样的差异？

毫无疑问，环境起了一部分作用。有些人类行为很容易用社会背景来解释。比如，生活在危险环境中的人通常考虑得不够长远。有些差异不过是些怪癖。而最让心理学家感兴趣的是个体之间的系统性差异，也就是所谓的个性特征。

为什么我们会有不同的个性？为什么自然选择没有给所有人都配备最佳性格特征，而是允许如此多样的个性存在？随着个性研究更加重视其科学基础，我们开始了解个性背后的神经生物学机制，并开始理解每一种个性特征都会在某些情况下有利，在另一些情况下不利。我们也许会觉得有些个性类型比较可取，但其实并不存在"最好的"个性。世界需要各种个性。

心理学家把个性特征比作大脑里的温度调节器，每个温度调节器调节一系列行为和态度。看起来有一些行为和态度彼此相关。比如，那些极具竞争性、喜欢大声放音乐和旅游的人，往往有比较强的性欲。有某种恐惧症的人往往对其他事情也忧虑重重，更容易变得抑郁。难以抵御毒品诱惑的人一般而言有比较高的可能性发展出赌博或反社会行为。从此类相关出发，我们推测大脑内存在一定数量彼此独立运作的温度调节器。每个温度调节器的设置代表了你在每一个性特征的连续尺度上的位置。

五个主要的调节器决定了绝大部分个性特征的差异。外向性、情绪不稳定性、责任感、经验开放性和亲和性这五大个性特征界定了适用于所有个体的五条轴线。你的个性由通过性格问卷得出的五个分数构成。因为每条轴线都连续不断而且相互独立，所以存在无数独特的个性。

你的反应

你在这五大个性特征轴线上的位置会在具体情境中显示出来。一个人的外向程度体现在他对寻求快乐或承担风险的活动的反应中。最内向的人对这些活动最缺乏兴趣。在有威胁或者被认为如此的情境中，情绪不稳定性是关键词——情绪高度不稳定的人会焦虑紧张，得分较低的人受到的影响就没那么大。

责任感跟你的目标指向有关。得高分的人会严格遵循计划或原则，得低分的人更乐于顺从自己的本能。在人际关系上，亲和性占据了显要位置。亲和性高的人对他人的需求和情感更在意，亲和性低的人则不那么注意这些线索。经验开放性决定了一个人对理念的反应。得高分者喜欢审美的、隐喻性的或深奥的理念，得低分者则避而远之。

如今，我们开始把五大个性特征和大脑联系起来。以情绪不稳定性为例。神经科学家知道大脑里负责对威胁做出反应的区域：活动以杏仁体为中心。脑部扫描显示，情绪高度不稳定者的杏仁体代谢活动的基线水平比情绪稳定者高。前者丹尼尔·内特尔是英国纽卡斯尔大学的行为科学教授，《个性：君之如是，何以致之》的作者。

对压力刺激的反应也更活跃。甚至有证据表明，一个人的杏仁体大小和他的情绪不稳定性得分成正比。让人惊奇的是，性格心理学家使用的简单的自我评估问卷竟然可以用来测试神经系统的某些数据，并可以通过客观的科学技术手段来验证。

犒赏活动

外向性的情况类似。中脑有一套结构，负责对表示犒赏的刺激做出反应：甜食、钱财、异性的照片、使人上瘾的药物等。这些犒赏中心依赖神经递质多巴胺。一个人的外向性得分和他对多巴胺类药物溴隐亭的生理反应呈线形关系。这个发现强烈表明外向性是大脑犒赏系统反应能力的外在表现。

照镜子

你可以想想自己的典型行为，据此来大致评估你的个性。面临潜在威胁的时候，你会焦虑还是镇定自若？你容易被新的想法吸引，还是更倾向于坚持已知的？你会做出具体计划，还是让事情自然发生？和别人相处时，你是温暖的还是冷漠的？你是外向热情，还是安静隐忍？如果每个答案都倾向于前者，你很可能在相关的个性特征测试中拿到较高的得分：情绪不稳定性、经验开放性、责任感、亲和性和外向性（见第18页）。

责任感关乎为相对长期的目标或计划调控即时反应的能力。部分前额叶皮质牵涉其中。这个结论来自我们对大脑该部分损伤的研究——原本很有责任感的人在大脑这个部分受伤后，变得无法控制其冲动。大脑成像揭示出，相比其他人，难以控制其冲动的人前额叶皮质右侧活跃度较低。一项对注意力不足的过动症男孩的研究发现，这些孩子前额叶皮质这部分的体积比正常值小。

当然，我们的大脑温度调节器的设置并不能单独决定我们的行为，行为取决于大脑和环境之间复杂的互动。但影响显而易见，如果我们了解某人的个性，就可以很好地预测他们在某种情形下会如何应对，即使我们从未见过他们处于那种情形下。另外，个性特征在人的一生中似乎非常稳定，这证实了基因对于个性的支配地位。基因元素也解释了为什么相似社会和文化背景下的个体会如此不同。

基因的影响

有趣的、间或引发争议的研究表明，有几种基因与个性差异有关。例如，血清素是一种会影响情绪的神经递质，有两种常见的血清素转运体基因可以产生被称为血清素转运体的蛋白质，来清除神经元间隙的血清素。至少有一个这种基因的短链副本的人，其情绪不稳定性得分高过有两个长链副本的人。这些基因学发现和神经科学发现相互呼应。脑部扫描结果显示，比起有两个长链基因的人，有一个或更多短链基因的人在看到恐惧的表情时，杏仁体活动状态波动更大。

21

我们对行为的产生机制的理解在不断进步，但直到最近，对于进化为什么没有消灭个性的多样化，我们依然关注甚少。通常来说，一定人口中总的基因差异是突变和自然选择相互作用的结果。自然选择倾向于减少差异。突变通过随机改变基因来不断增加差异，自然选择则通过提高适应性较差的个体的死亡率或降低其繁殖率来削减差异。在这场进化的拉锯战中，自然选择应该会赢。那为什么还存在如此多样的个性呢？

解开这个谜题的钥匙在于，自然选择并非总是一成不变。当科学家们开始关注野生动物的基本个性特征时，自然选择对个性进化的影响才变得清晰起来。

例如，一种叫作大山雀的鸟在探险行为中表现不一。有些大山雀天生喜欢探险，有些则天生比较谨慎。如果我们衡量野生大山雀的这一个性特征，结合它们的生存环境，我们会看到，在食物稀缺的年份，具有探险精神的母雀存活的可能性更大。而且在食物稀缺的环境中，分散得更广也更有利。但如果资源充足，比较谨慎的母雀存活的可能性就更大，过度分散变成了不必要的风险。（公雀的模式恰恰相反，这反映出公雀和母雀面对的生存压力是不同的。）

这说明了一个重要的观点：个性特征的最优解取决于当地生态的细节。而生态细节在不同空间和时间中有很大不同，自然选择过程不会导向单一的最优存在方式。这也解释了为什么有的大山雀具有探险精神，有的则比较谨慎。

这还可以解释一个有关棘鱼个性特征的发现。那些生活在有捕食者的水域的棘鱼，对彼此有更强的攻击性，面对捕食者也比较大胆。但在无捕食者的水域，棘鱼没被发现具有系统的个性特征。换句话说，生活在危险无法预测的环境里的棘鱼发展出了一种个性特征，而生活在比较安逸的环境里的棘鱼就不具有这一特征。

你能改变吗？

你越了解自己的个性，就越能意识到其益处和代价。这给我们能否改变自己的个性这一古老问题提供了新的角度。在某种程度上，我们可以改变自己，但更好的也许是认识到几乎任何种类的个性都有其最优环境。因此，如果你的个性给你造成了困扰，为什么不去尝试改变自己在现代生活这个复杂的生态系统中的小环境？

上述发现显然可以延伸到人类。如果我们的个性特征是随不断变换的环境进化出来的,那么,我们应该期待每种特征都会在某些环境中带来优势,而在另一些环境中付出代价。

双刃剑特征

我们发现:外向性测试得分较高的成年人有更多性伙伴,并且通常经济条件较好,事业比较成功。但他们更容易因为车祸或疾病住院,家庭生活也相对不稳定。他们更容易离婚,外向型男性离婚后往往不会与其子女生活在一起。

人们倾向于认为外向型性格是纯粹的恩赐,但事实并非如此。性格外向的人会被某类环境吸引,从而获得某种人生机遇,在某些情况下,会如鱼得水。但外向型性格也意味着风险,而且某些途径不会对你开通。在有些情况下,性格外向的人会过度冒险。

我们来看看这一原则在五大个性特征之亲和性上的应用。亲和性高的人有很好的社交网络和支持,这是因为他们吸引并留住了朋友和同盟。在我们祖先生活的环境里,这是很有利的,更不用说在当今社会了。但他们需要花费大量时间和精力来满足他人的需求,将自己的事搁在一边。

例如,在管理者和艺术家的世界里,亲和力是成功的负面预示因素,因为他们需要把自己放在第一位,专注于自己的需求。那么,什么是亲和力的最优水平?除了处在亲和力分布的两极的精神变态者和"依赖性人格障碍"患者,这个问题并没有正确答案。无论你的亲和力水平如何,都各有益处和代价。

同样,强烈的责任感会帮助你完成任务,但也可能让你对其他机会视而不见,而这些机会更可能被比较容易分心或者生活态度比较灵活的人捕捉到。同时,对经验保持高度开放的态度被与社交和性方面的成功联系起来,但这种成功往往发生在高度珍视艺术的历史阶段和地缘政治背景下。在其他时间和地方,尤其是大部分人还在生存线上挣扎时,更需要实际而能干的个性。即使是神经高度敏感的人,也可以安慰自己:在危险真正出现时,相比那些放松的人心不在焉的态度,他们的警觉性更具优势。

道德从何而来？

无论是谁最先想出了"人类一半是天使，一半是魔鬼"这个说法，他都一语中的。我们是最卑微也最高贵的动物。人类这个物种既有残酷、种族屠杀、战争、腐化和贪婪的一面，同时也有关爱、善良、公正和博爱的一面。这种二元性背后是什么？

至少从柏拉图时代开始，哲学家们就在为人类兼具善恶的能力费脑筋，但如今最令人兴奋的一些观点来自进化生物学家。他们探索了利他主义、良心、偏见和仇恨等问题，得出的答案表明善和恶其实没有那么不同。

纯粹利他

让我们从探讨善良开始。美德的关键是利他，而利他被定义为无我。真正的利他在自然界中非常罕见。很多动物都会帮助他者，但仅限于自己的亲属。从进化角度来说，这其实是自私的一种形式，因为这保证了它们自己基因的延续。

然而，人类似乎确实可以无私。从 20 世纪 80 年代起，经济学家就在用游戏评估我们的利他主义倾向。第一个游戏叫"最后通牒"：研究者会给 A 一些钱，并要求 A 和匿名的 B 分享。如果 B 接受 A 分享的数额，双方都可以保住自己那一份。如果 B 不接受，双方就什么都得不到。B 不需要为拿到的数额付出任何代价，所以 A 应该给 B 尽可能小的数额，而 B 也应该接受。但实际发生的情况并非如此。A 通常会给 B40%~50%，少于这个比例，B 往往会拒绝。在另一个叫作"独裁者"的游戏中，A 可以选择给 10% 或 50%，而 B 无权拒绝，但 3/4 的人会慷慨地给出 50%。

没有人对此心存幻想。纯粹的利他主义在进化上没有意义：利他者必然会从中得到一些好处。基于这个原则，生物学家提出诸多解释。

第一种可能性令人沮丧：传统的狩猎–采集群体往往由有亲密血缘关系的人组成。帮助他人通常有助于自己的基因遗传下去。所以，我们发展出了很强的维护亲人的本能，对非亲属的善不过是过剩时的外溢。

另一个积极些的解释是互惠：就像相互帮忙抓背。人类聚众而居，高度相互依赖。我们也记得谁得了我们的恩惠。慷慨的举动实际上是一种自私的恩惠，在自己有需要时可以要求回报。

利他的举动还可能是为了保持良好声誉。人类十分好管闲事：我们最爱的莫过于流言蜚语。流言蜚语可以成就声誉，也能摧毁声誉。人类普遍看重慷慨、公正和良知等美德，被认为表现出这些美德的人常常会得到物质财富和性爱作为奖赏。所以，良好的声誉可以增加生存和繁育后代的机会。

再者，利他也可能是为了群体的利益而进化出来的。通力合作的群体会击败成员各扫门前雪的群体，得到更多生存机会。"群体选择"是一个有争议的概念，但越来越多人接受其作为利他主义进化的重要驱动力。

当然，善良也有不利的一面。它创造了一种自私自利者可以不付出代价就能享受合作生存之利益的环境。针对这种搭便车的行为，我们也发展出一些应对策略。

策略之一，我们似乎天生就渴望惩罚那些不肯尽自己力量的人。玩"最后通牒"的人常常拒绝悭吝的提议，只是为了让其搭档难受。在现实世界里，我们用流言蜚语、谴责和排斥来惩罚较轻的不当行为，用警察、法院和监狱来惩罚重罪。

做对的事

畏惧惩罚并不是让我们循规蹈矩的唯一因素。很多时候我们表现得善良高尚只是因为感觉这样做是对的。这也包括那些对个人没有益处但每个人都做就会对整个社会有益的事情，比如投票选举、回收废物、捐钱给需要的人。此类行为似乎是由被称作"良心"的习得性联系所驱使。

我们学习自己文化中的社会规则，这些规则日渐与我们大脑里诸如自豪、荣誉、羞愧、内疚等情绪联系起来。也许自私对自己有好处，但自私连接着负面情绪，而美德会促进积极情绪。

我们从做好事中得到的快乐很可能由一些神经化学物质引发，包括催产素。催产素通常和性爱、结合等让人感觉良好的活动相关，此外，它还和道德相关。分泌更多催产素的人会更慷慨，更有爱心。另外，当别人信任我们时，我们的催产素水平也会升高。

这样一来，利他主义使我们更无私，但同时也是我们最令人发指的一些行为的动因。因为对自己所在群体的慷慨的另一面正是对其他群体的吝啬。这有时被称为"熊妈妈效应"，因为它反映了熊妈妈不惜一切代价来保护幼子的强烈欲望，其背后的支持因素也是催产素。结果是，利他主义引发了种族屠杀和战争等暴行。正如几乎每个人都有能力利他，我们在不同的环境中也都有可能做邪恶的事，从欺凌、腐化到折磨他人及恐怖主义行径。

这个效应的结果是善和恶是同一枚硬币的两面。进化使我们善恶兼具，而无法只取其一。

吸血族

要在其他物种中找到真正的利他行为被证明非常困难。在进化上与我们关系最近的黑猩猩基本上是自私的，但也被观察到会自发地分享食物。关系较远的，唯一经常性地表现出无私倾向的物种是吸血蝙蝠，它们会反刍出血来喂食正在栖息的、毫无亲属关系的、饥饿的同类。

这个现象很可能要通过互利来解释——投之以桃，接受者早晚会报之以李。吸血蝙蝠不能随时找到吸血对象，几个晚上不进食就可能饿死，和住同一洞穴的同类分享食物，也可能某个夜晚，受惠者会做出同样的回报。这是个显而易见的度过不景气阶段的策略。

天使还是魔鬼？

我们是个有爱心的物种，有能力做出善良慷慨的举动，不求回报。但同时我们也可以是满怀敌意和残酷的。也许中东难民的困境最清楚地表明了人类的这种双重性。在这里，人们互相帮助，穿越马其顿和塞尔维亚间的无人之地。多数人逃脱了叙利亚和伊拉克的战争，想要去欧盟追求更好的生活，但在这个过程中不得不与围墙、边境卫兵和仇外者抗争。我们并不是很擅长解决此类冲突。我们为自己的部落本能所限。例如，使我们对自己人善良的荷尔蒙同时也让我们对外来者怀有敌意。知道这一点，能让人类学到什么吗？剧作家安东·契诃夫认为可以。他说，只有让人类了解自己是什么样，他们才可能变得更好。

Credit: Rocco Rorandelli/
TerraProject

人类为什么如此慷慨？

作为马赛牧民，生活不易。牲畜几乎是他们唯一的财富来源，但随时可能被疾病席卷一空。干旱可能烤灼他们放牧的草原，强盗可能偷走他们的牲畜。无论多么小心，多么辛苦地工作，命运都可能让他们一贫如洗。那么，牧民该怎么办呢？

答案很简单：寻求帮助。幸亏马赛人有一个传统，叫 osotua，字面意思是脐带，任何有需要的人都可以向其他人寻求帮助。只要不危及自己的生存，被请求的人有义务帮助请求者，常常是以给他们牲畜的方式提供帮助。

每个马赛人都维持着一个osotua伙伴的网络。伙伴关系一旦形成，会世代延续，父母去世则由孩子继承。无人期待接受者回报，也无人记下别人请求帮助或接受帮助的频率。

Osotua 和我们通常理解的"合作"截然相反。我们理解的合作的核心是互惠，投桃报李。然而世界各地的文化中不乏与马赛人的做法类似的慷慨。

这是一个令人好奇的发现。从生物和进化角度来说，给予而得不到回报没有任何意义。利他通常会在某种意义上提升利他者的社会地位和生物适应性，这在自然界普遍存在。但纯粹的慷慨只有人类才有。我们本性慷慨吗？我们是怎样变得慷慨的？简而言之，需要什么样的条件才能使人类的善良之乳流淌？

Osotua 制度不仅存在于马赛人中。在人类学家研究过的每一个社会里，都发现了基于需要的慷慨的例子。斐济人、坦桑尼亚贫民窟居民、美国养牛的牧场主，甚至西方都市居民都努力帮助

有需要的人，并且不期待回报。

这种给予常常是极端的单向付出。在马赛人中，同样的富裕家庭被一次又一次地要求提供帮助。表面上看来，他们一次次提供帮助，似乎失去很多而几乎没有回报。他们为什么违背自己的最大利益，不断从口袋里掏出钱来给别人呢？

突发事件

一条线索隐藏在 Osotua 的触发机制之中：突发性危机。这一点揭示出这些做法之所以能够延续，是因为它们有助于风险管理，从长远来看对大家都有益处。即便是最能未雨绸缪的家庭，也可能遭遇突发疾病之类的灾难的祸害。突发型的风险无法防范，因此以需求为基础的赠予可能是作为一种原始的保险策略而出现。

很多社会中比较富足的成员会分享财富，当他们有需要时，也可以求助于这种社会保险，如同富裕的房主会买财产险，以预防一切化为乌有这样的小概率风险。以需求为基础的赠予，在风险不会同时发生在所有人身上时，即困难只降临在某一家庭，放过了他们的邻居时，效果最好。

例如，蒙古北部的游牧部落也以这种慷慨帮助被疾病困扰的家庭。但当他们面临最大的威胁——严酷的冬天，成千上万只牲畜被饿死或冻死——这个系统就瘫痪了。在每个人都受灾的情况下，没有人有余力去帮助他的邻居。

当然，仅仅有帮助的能力是不够的。为了从马赛族这种形式的慷慨中得益，人们还要防止欺瞒，例如有人会在并非真正有需要时请求帮助。

在有些社会里，解决这个问题的方案很容易找到。在蒙古，活的牲畜很难藏起来，所以蒙古的牧民无法瞒天过海。另外，求助的行为通常发生在公共场合，这样每个人都知道谁提出了要求并得到了帮助，或者谁拒绝了给予他人帮助。

在财物很容易被藏匿的情况下，名誉就成了关键。比如，在斐济也有和 osotua 类似的做法，叫kerekere。那些屡次求助的人会有懒惰的可耻名声，这会让人们在做出 kerekere 请求之前思虑再三。

事实上，声誉似乎是慷慨的基石。人类学家给了斐济男子一笔大约相当于一天工资的钱，并给了他们和认识的人分享这笔意外之财的选择。

平均而言，他们只给自己留下了 12%，大约半数的人把这笔钱全部送出去了。

当他们被问到怎么选择跟谁分享意外之财时，几乎所有人都回答说他们给了有需要的人。但是更详尽的统计分析显示，声誉几乎和需求一样重要。有乐于助人声誉的人往往会得到更多。在日常生活中，慷慨、爱和尊重这些行为准则比冷冰冰的成本收益计算在更大程度上支配着有关分享的决定。这强化了慷慨是善行的理念。但当人们生活在更加复杂的社会中时，是否会变得不那么慷慨？

选择帮助哪些人

在西方社会，人们常常经过街上的乞丐而毫无表示。但这可能是因为他们知道有社会福利机构存在，并期待那些机构介入，帮助这些乞丐。

事实上，西方人常常慷慨地施予陌生人财物。当自然灾害发生时，常常是在遥远的国度，人们还是会向慈善机构捐赠，毫不期待回报。

按理说，这种行为比 osotua 之类的系统更加慷慨。生活在小型社会中的人们的慷慨往往指向自己认识的人，比如斐济人对同村人就非常慷慨。但当人类学家问他们是否会给远一些的穷人提供帮助时，他们显得很困惑，不理解为什么会有人把钱给远方不认识的人。似乎慷慨在人类这个物种中根深蒂固，甚至可能有些过分了。

呸！骗子

乌干达的伊克人曾被认为是世界上最不慷慨的人群。这个悭吝的名声来自一个名叫科林·特恩布尔的人类学家。他在 20 世纪 60 年代曾经跟伊克人生活在一起，后来他对伊克人的描述是："不友好，没有善心，不好客，总而言之吝啬至极。"他们拒绝和挨饿的亲属甚至自己的孩子分享食物，这让特恩布尔感到特别震惊。但这是个误解。最近，他们被迁离自己的居住地，为了给一个国家公园腾出地方，生活遭遇极大困境。现在我们知道他们和其他人类一样，有能力做出非常慷慨的举动。

我们为什么争斗？

为自己的幸运而庆幸吧！你生活在自人类这个物种出现以来最和平的年代——如今，你死于他人之手的可能性要小于人类历史上其他任何时候。

如果你生活在史前社会，你大约有 1/200 的概率会在冲突中被杀死。在现代西方社会，这个概率降低到 1/100,000。根据哈佛大学心理学家史蒂芬·平克在他描述人类暴力史的极为详尽的著作《人性中的善良天使》中所述，至少在过去 6000 年中，从个体的复仇和家族间的仇杀到种族屠杀和战争，暴力死亡在不断减少。

这个时间段太短，所以无法将其归因于进化导致的改变。人类的暴力倾向依然潜伏在阴影中，但因为文化的变迁而减弱了。这些变迁涉及政治、法律、道德，以及日益增长的城市化，后者使得人们可以间接地体验地球上其他地方的人的生活，对他们产生同情心。

即便如此，致命的暴力依旧是人类生存的一部分。每年仍然有约 200 万人死于凶杀或战争，大约占全部死亡人口的 3%。

牙更尖，爪更利

用其他动物的标准来衡量，人类并不特别暴力。自然比人类牙更尖，爪更利。但若论及争斗的原因，人类就十分不循常规。其他动物会因为有限的资源或合意的交配对象而争斗，而且常常结帮群殴。一群狼常常干掉另外一群狼，黑猩猩有时会用和人类相似的方式与它们的邻居争斗。1974 年到 1978 年间，坦桑尼亚贡贝溪国家公园里的两群黑猩猩进行了长期的争斗，灵长类动物学家珍妮·古道尔后来将其描述为"战争"。

人类也同样为争夺地盘而战，不同的是，我们还会为无形的目标而战，比如荣誉、价值、理念、信仰和文化认同符号。

这种冲突似乎是人性的一部分。虽然我们同属一个物种，但总是不由自主地认同自己属于很多更小的群体。国籍、种族、宗教、政党、公民

兄弟纽带

人类天生的部落主义倾向有时会导致所谓的"融合"，即个体的身份被群体吸收。一种导致融合的有效途径是仪式：整齐划一的行为，从礼拜唱诵到军队的正步，让个体更容易听从命令，对群体之外的人表现出侵略性。

产生可分享的痛苦、疼痛和恐惧的仪式尤其容易催化融合，这也是为什么尚武的文化和大学饮酒俱乐部会有一些奇怪并且常常很危险的仪式。高强度的令人恐惧的共同经历也有类似效果。在战争中，士兵们常常会结成生死兄弟，即便并不相信自己为之战斗的目标，他们也会心甘情愿为彼此而死。

自豪感，甚至我们支持的球队，都会把我们分化成彼此仇视的"内团体"。这些团体的界限并不是固定的，可能根据情况不同而融合或分裂。相互竞争的足球队的支持者，在支持国家队时也可以放下争执。

这种部落对抗主义根源于我们遥远的过去，那时我们的祖先基本上依血缘关系生活在不断迁徙的小群体中，时常和邻近的群体发生冲突，有时也相互结盟。能够追溯到 1.2 万年前的考古学证据以及对部落群体的研究表明，这些社会里大约 15% 的死亡是由于部落间的暴力。组成部落的个体随时准备为共同利益而战，相比另外一些部落就有竞争优势，所以部落暴力被进化所选择。不幸的是，人类把这个包袱拖进了现代社会。

从部落主义推出它所导致的不和谐很容易，社会心理学家很早以前就意识到了这一点。已故的亨利·塔吉费尔在 40 多年前就指出，将一群陌生人按照完全随意的标准——比如更喜欢克利的画还是康定斯基的画——分成两个小组，就会触发他们的部落本能。康定斯基部落成员对自己的组员更加友好，而对对面组的成员则比较严苛，反之亦然。从那时起，又有很多实验揭示出，即便是非常微弱和临时的认同标签，也能导致人群自发分成"我们"和"他们"，哪怕是心理学研究人员随机分发的 T 恤衫的颜色也不例外。

矛盾的是，这些对抗倾向也许是由人性中比较高尚的一面所驱动：我们无与伦比的大规模合作和利他的能力。几乎没有什么事情能像为自己的族群而战那样倚重这些素质。对自己族群的热爱很可能是和对族外人的敌意同时进化的，导致了一种不寻常的、颇具煽动力的支持和敌意的混合（见第 24 页）。

神圣价值

文化加强了群体认同。文化鼓励其成员通过某些标志，比如服饰、食物和仪式，把自己和不属于本群体的人区分开来。除此之外，文化还规定了值得为之战斗的东西。

在争斗的所有动力中，最强大的是心理学家们所说的"神圣价值"，即所有成员共同持有的信念，无法用食物、金钱等物质来收买。用物质来收买人们，让他们背弃自己的神圣价值，不仅会失败，通常还会适得其反，导致道德愤怒，甚至更彻底的对神圣价值的奉献。神圣价值是绝对的，无法妥协，这也是为什么在当代很多冲突之中它们的影响力不容忽视。

正如其名称所暗示的，神圣价值通常有宗教性质，但并不必然是这样。一部分人认为言论自由、自主、民主和服务自然等是神圣价值。成为某个群体的成员这件事本身也可能是神圣价值。无论神圣价值是什么，是否高尚，我们都会为之拼命奋战。

暴力常常被认为是向我们动物性的过去的一种倒退。但在某些层面上，这又是最体现人性的。

信念的奇异本性

爱丽丝笑了。"不用试了，"她说，"一个人无法相信不可能的事情。"

"我敢说你还没有做太多练习，"王后说，"我在像你这么大的时候每天都要练习半小时。啊，有时候我能在早餐前就相信六件不可能的事。"在刘易斯·卡罗尔的时代，相信不可能的事情很有可能被当作精神失衡的表现。今天，我们知道这很正常。早餐前相信六件不可能的事，大概只算平均水平。

现实指南

无论你的信念是什么，你都很难设想没有信念的生活。信念有各种各样的形式和尺寸，从微不足道的（我相信今天会下雨）到深刻塑造人生的（我相信上帝/社会主义/超感知觉）。但无论大小，它们共同构成了个人的现实指南。信念不仅告诉我们事实上什么是正确的，还告诉我们什么是公正的和好的，因此我们应该如何对待彼此和世界。信念对我们来说如此自然，以至我们很少会停下来反思它们到底来自哪里。

一个通常的假设是，我们通过推理找到自己的信念，我们权衡事实和证据，从而得出理性的和可辩护的立场。但是我们对信念了解得越多，这个假设看起来就越天真。对于我们会相信什么以及为何相信，我们的控制力比我们想象的要弱得多。

科学家们曾经认为人类的信念太复杂，难以研究。但如今已非如此。一幅有关信念之形成的图景正在显现，它清楚地排除了对既有证据的理性审查。我们的信念主要有三个来源：我们已形成的心理机制、个人生理差异，以及我们的社交生活。

已形成的心理机制的重要性可以借助宗教这个也许是最重要的信念体系来说明。尽管具体细节有差别，但各种宗教信仰本身普遍具有明显的相似性。大多数宗教都包含一组熟悉的要素：超自然的原力、来世、道德指引和对存在问题的解答。为什么这么多人这么容易就相信了这些事？

根据宗教的"认知副产品"理论，他们直觉的正当性源自人类认知的基本特征，而这些特征是为了其他目的的进化而来的。具体而言，我们倾向于在任何地方发现模式，并假定各种事件都有其起因。这是对我们的远祖非常有用的生存策略，并且已经塑造了一个准备在任何地方发现起因和目的的大脑。两者都是宗教的重要特征——特别是无所不能但肉眼看不见的原力概念，它让事情发生，赋予原本的偶然事件以意义。人类天生容易接受宗教主张，甫一接触，就毫不质疑地接受它们。

政治和生物学

正当性的第二个来源更加个人化。政治信念往往植根于我们的生物基础——尤其是恐惧和厌恶之类的情感。例如，保守主义者通常会比自由主义者对有威胁的图像表现出更多恐惧，对屁味和垃圾之类的刺激也更加反感。保守主义者在生理上倾向于将这个世界视为危险和不洁的，并以此为根据采取行动。在法律和秩序、国家安全、同性婚姻和移民等问题上，这些天生的差异可能是造成意见分歧的根源。

毫不令人惊讶的是，信念是由我们生活在其中的文化强力塑造的。我们是社会动物，我们的许多

古怪的信念

就算是最正常的人也会相信非常奇怪的事情。大约一半的美国成年人至少赞同一种阴谋论。相信超常或超自然现象的情况广泛存在，迷信和巫术的信众也很普遍。

令人惊讶的是，很多人持有一些会被精神病学家归为边缘性妄想的信念。这是会让你被诊断为精神疾病的信念的温和版本：例如，你的家人被劫持并由伪装者取而代之，或者某位名人给你发送了秘密信息。在日常生活中，我们大多数人似乎不会被此类信念所困扰。

信念都是从最亲近的人那里学来的。

但这往往更多地关乎归属感而非对错。我们强烈的社会性意味着我们把信念作为文化身份的象征。成为对的阵营的成员，比站在证据所指向的对的一边更重要，这常常被视作烫手山芋。例如，在美国，是否接受气候变化已经成了一个阵营口令，保守主义者在一边，自由主义者在另一边。进化论、疫苗接种和其他一些问题，都是类似的可用来区分阵营的问题。

沙地城堡

无论我们的信念来自何处，进入成年期，我们往往已经形成了相当稳定的、内在统一的信念体系，这些信念会伴随我们的余生。但是，认为这些信念是理性的、有意识的选择的产物的看法却饱受争议。我们的信念也为无根据的假设、偏见、矛盾、迷信和其他各种不可能的事留出了空间，不仅仅是在早餐前，而是一整天，每一天。

这一切的结果是，我们的个人指南虽然建立在沙地上，却非常抗震。我们会不遗余力地拒绝与自己现有信念矛盾的信息，或者寻找进一步的信息来再度确认已经相信的东西。"确认偏差"是一种普遍的人类特征，我们常常为其所蒙蔽，无法认清自己信念的本质。

这并不是说信念无法改变。如果有足够多与之矛盾的信息，我们可能的确会改变想法。即使如此，改变的主要驱动力也往往不是理性。我们更有可能因令人信服的道德论点或者新的社交圈而改变信念——而当信念改变时，我们会重新塑造事实以符合新的信念。

如果我们都相信同样的事情，这世界将会多么无聊。但是，如果我们都不再如此强烈地坚持自己的信念，世界肯定会变得更好。

为什么宗教对我们而言和说话一样自然？

沃尔夫冈·阿马德乌斯·莫扎特五岁就能弹奏钢琴，并开始作曲。莫扎特是"天生的音乐家"，具备超群的天分，只需稍微接触音乐就会变得很在行。

但如此幸运的人非常少。正常情况下，音乐需要被反复灌输给我们。然而在其他方面，比如语言或行走，几乎每个人都天生可为；我们都"天生能说话"，"天生能走路"。

那么宗教是什么情况呢？它更像音乐，还是更像语言？

自然倾向

心理学、人类学和宗教认知科学领域的研究告诉我们，宗教对我们而言几乎和说话一样自然。绝大多数人是"天生的信徒"，通常会自然而然地觉得宗教的主张和解释有吸引力，不费什么力气就能明白，越用越熟练，并终其一生持续使用。

被宗教吸引是我们正常的认知功能进化的副产品，这一点并不能解决宗教主张是否为真的问题，但确实有助于我们理解宗教信仰之普遍。

婴儿从出生开始，就试图理解周围的世界，在此过程中，他们的头脑显示出一些固定的倾向。

其中最重要的倾向之一是找出普通物体和"动因"（对其周围环境起作用的事物）之间的区别。就连婴儿都知道，要移动球和书必须接触它们，但人和动物等动因可以自行移动。

由于我们的社会性，我们特别注意动因，并对从动因作用角度来解释事件有强烈兴趣——特别是那些普通原因不能解释的事件。

例如，在生命的第一年，婴儿凭直觉意识到，可见的秩序和设计（如同我们在周围世界看见的）需要动因来造就；动因可以产生秩序或混乱，但像风暴这样的非动因只能制造混乱。

婴儿似乎对动因的另一个特征也很敏感：动因不需要肉眼可见。婴儿不需要人、动物或任何东西来激活他们的动因推理能力。这是一项重要的技能，如果他们想要运用动因推理在社会群体中活动，避开掠食者并捕获猎物。所有这些都要求我们考虑看不见的动因。这种一触即发的动因推理和在我们周围的世界中寻找动因（包括我们看不见的动因）的天生倾向，都是神祇信仰的构建材料。再加上其他的认知倾向和一般的学习策略，孩子们很容易接受宗教。

寻找目的

另一种规律性的倾向是寻找目的。从童年起，我们就被一切事物都具有目的这样的观念所吸引，包括动物和人、树木和冰山。四五岁的孩子认为，"老虎被创造出来是为了在动物园里吃东西、散步和被人观看"比"它在动物园里吃东西、散步和被人观看，但这不是它存在的目的"更合理。

涉及对自然事物的起源的猜测，孩子们很容易接受求助于设计或目的的解释。对他们来说，动植物的产生是有原因的比无缘无故更合理。孩子们倾向于接受创造论而不是进化论对生物的解释。成年人不会因年岁增长自然获得对这种倾向的抵抗力，必须借助正规教育的力量。

当然，神不只创造世界或为其订立秩序，他

贾斯汀·L. 巴雷特是位于加利福尼亚州帕萨迪纳的福乐神学院的心理学教授，著有《为什么会有人相信上帝》一书。

们通常拥有超能力：超知、超觉和永生。神的这些特性也很容易被孩子们接纳。

孩子们似乎认为所有的神都有超知、超觉，可以永生不朽，直到他们掌握了相反的依据。他们发现，假设别人知道、感觉到并记住一切，比准确地弄清楚谁知道、感觉到并记住什么要容易得多。他们的默认设置是假设超能，直到教育或经验告诉他们事实并非如此。

读心术

孩子们这种假设与被称为"心智理论"的能力的发展有关。这种能力关乎我们对他人的思想、欲望和感情的理解。心智理论对社会运行很重要，但它需要时间来发展。一些三四岁的孩子简单地假设，其他人对世界有完整、准确的了解（至少是在孩子们理解的层面上）。

从儿童对死亡必然性的理解也可观察到类似的模式。他们的默认假设是其他人不会死。

发展中的心智的这些特点使孩子们能很自然地接受这个想法：可能有一个或多个神是我们周围这个世界的原动力。

当遇到宗教思想时，孩子们会直观地觉得似乎很有道理，并被它们吸引，这种吸引常常会持续一生。这些思想提供了一种通俗易懂的解释，解释了我们从自然中感知到的秩序和目的，解释了幸运和不幸，以及关于道德、生命、死亡和来世的问题。

重要的是，这些想法不需要向儿童灌输。我们不需要通过被灌输来建立对神的信仰。宗教信仰是人类思维的默认路径。

神形空间

尽管孩子们会很自然地接受宗教的观点，但这种宗教概念和神学信仰并不相同。孩子们是天生的信徒，但其信仰对象不是基督教、伊斯兰教或其他任何神学，而是我所说的"自然宗教"。他们对宗教有强烈的自然倾向，但这种倾向并不必然推动他们趋近任何一种宗教信仰。

我们大脑解决问题的方式创造了一个神形的概念空间，等着被孩子们生于其中的宗教文化的细节来填充。

第二章
The Self

自 我

你是个幻觉吗？

对我们来说，似乎没有比我们自身的存在更确定的东西了。我们也许会对周围世界的存在持怀疑态度，但怎么会怀疑自身的存在呢——一个不变的、持续的存在，我们思想的思想者，生活的生活者？对自己的存在持怀疑态度难道不正反驳了这种怀疑吗？如果我们不存在，那谁在怀疑呢？如果怀疑的人不是我们，那会是谁呢？

在某种意义上，我们的存在似乎不可否认，但一旦我们开始反思拥有自我实际上意味着什么，事情就变得没那么明朗了。

自我的几个层面

有三个关于自我的信念对我们理解自己是谁非常关键。首先，我们以为自己是恒久不变的。这并不是说我们永远保持相同的模样，而是说，穿过所有变化，有些东西使得今天的我和五年前的我是同一个人，而且五年后仍将是同一个人。

第二，我们把自我看成是将一切统合在一起的统合者。世界呈现给我们的是刺耳的杂音：各种景象、声音、气味、心理图像、回忆等支离破碎的片段。自我使所有这一切得以整合在一起，一个统一的世界出现了。

最后，自我是一个作用于世界的主体。它是我们思想的思想者，是我们行为的执行者。所有这些信念看起来都显而易见且理所当然。当我们更进一步考察它们时，它们却变得没那么不证自明了。

考虑一下上面提到的第一点。看起来很明显，从我们出现在母亲子宫那一刻起直到死亡，我们一直存在。然而，在我们的自我存续期间，它在信仰、能力、欲望和情绪等方面经历了大量变化。

我们可以使用两种不同的自我模型来探讨这个问题：一串珍珠和一根绳子。根据第一个模型，我们的自我就像一条串着珍珠的线。这条线提供了中心和聚合的力量，贯穿了我们生命的每个时刻，并保持不变。

这个观点的困难在于，自我并不包括我们通常认为定义自己的许多事情——我们的精神状态、感觉、想法、记忆、欲望、偏好，甚至意识状态：它们都来来去去。它们中任何一个出现或消失应该都不会影响自我，正如单粒珍珠的出现或缺失并不影响串珍珠的那条线。于是就出现了一个令人困惑的问题：为什么如此微不足道的自我会在我们的生命中占据我们通常赋予它的核心地位？

第二个模型基于这样一个事实：虽然没有任何一根纤维贯穿整个结构，但由相互重叠交织的较短的纤维所构成的绳子连接着一切。同样，我们的自我可能只是重叠交织的精神事件的连续体。这种观点有一定的合理性，但也有其自身的问题。我们通常假定，当我们想到某事或做出决定时，是我们的整体而不仅仅是某个特定部分在做这件事。然而，按照绳子模型，我们的自我从未在任何时刻完整出现，正如拧成绳子的纤维不会贯穿整根绳子。

尴尬的选择

我们似乎只剩下两个毫无吸引力的选择：要么是一个连续的自我，但它从构成我们的一切中扬·韦斯特霍夫是英国牛津大学宗教伦理学副教授。

活在时间之外

我们存在于当下看似显而易见。过去已逝，将来未至，我们还能在哪里？但如同其他关于我们自己的直觉一样，也许我们不应该如此确定。

因为我们接收感官信息的速度不同，并且大脑需要时间处理信息，所以我们有意识的感知并不是"直播"。我们对世界的体验类似于延迟的电视转播。就像转播的延迟使得最后一刻的审查成为可能，我们的大脑有时会构建一个未曾发生过的当下。

抽离，这种自我的缺席几乎不会被注意到；要么是一个由我们精神生活的点滴构成的自我，但缺乏我们可以认同的恒常不变的部分。迄今为止，我们已有的经验证据指向绳子模型，但尚无定论。

同样麻烦的是关于自我的第二个核心信念：自我是一切汇集之处。人们很容易忽视这个事实的重要性，但大脑营造出一个统一的世界的景象，是一项极其复杂的工程。让我们考虑一下这个例子：光的传播要比声音快得多，但处理视觉刺激比处理声音所需的时间长。不同的速度意味着，通常同一事件的影像和声音不会同步进入我们的意识（只有大约10米以外的事件的影像和声音可以同步进入意识）。这意味着，听到说话者的声音和看到其嘴唇移动，二者貌似同步发生这点必

须由大脑来建构。

把世界拼起来

我们对这个过程的直观看法跟观剧类似。就像舞台前方的一个观众，自我感知到的一体化的世界是由多种感官信息统合而成的。如果没有预先的统合，会造成困扰，就像观众在看到演员嘴唇移动之前就听到台词一样。

这种观点很有说服力，但也面临许多质疑。让我们考虑一个简单的错觉：移动的点。如果一个亮点在屏幕的一角闪烁一下，紧接着在屏幕的对角有一个相似的亮点闪烁，看上去就好像有一个亮点沿着对角线穿过屏幕。这个现象很容易解释：大脑经常用猜测来填充一个场景的元素。但如果我们调整一下设置，这个解释就无法成立了。

如果这两个亮点颜色不同，比如第一个亮点是绿色，另一个是红色，观察者就会看到一个移动的亮点在对角线的中点附近突然改变了颜色。这个现象很奇怪。如果大脑是在为端坐剧院中的自我填充缺失的部分，那么它如何在看到红点之前就知道颜色会改变？

一种试图解释这种现象的理论是，假设在剧场里我们的体验会有微弱的延迟。大脑并不是立即将有关亮点的信息传递给意识，而是延迟了片刻。在红点出现之后，这两个亮点才被联系起来，形成"一个移动的亮点变换颜色"的认知叙述。然后，这个经过编辑的版本开始在意识的剧场里上演。

不幸的是，这种解释和感知是如何起作用的

证据不能很好地契合。对视觉刺激的有意识反应能够以接近最短时间的速度到达大脑，并被处理。如果把这些动作花费的时间加起来，无法留出足够的延迟时间来解释移动亮点效应。

错误的感知

也许自我感知到一条整合过的感觉信息流这个概念是有问题的。也许大脑中只是发生着各种各样的神经过程，并没有任何中心机制将其整合起来。用这个思路理解移动亮点错觉会容易许多。

对亮点由绿色变成红色的感知只有在感知到两个亮点之后才会出现在大脑里。我们对事件实际发生的顺序的错误感知与我们理解下面这个句子的方式类似："这个男人跑出了家门，在吻了他的妻子之后。"

从纸上看到的信息顺序是"跑—吻"，但你构建和理解的事件顺序却是相反的："吻—跑"。对我们来说，经历某个按照特定顺序发生的事件，有关它们的信息没有必要以相同的顺序进入我们的大脑。大脑会在事后把事件的先后理顺。

另一种被称为"闪光滞后错觉"的奇怪的感知现象也支持这种观点。你看见一个带着箭头的旋转的圆盘。圆盘边上有一只聚光灯，它的设定是会在箭头指向它的那一刻亮起来。但是你所感知到的并不是这样。你会觉得亮灯看起来发生在箭头经过之后。

有一种解释是，大脑会向未来投射。视觉刺激需要时间来处理，所以大脑通过"看见"移动中的箭头在几个瞬间之后的位置来进行补偿。由于大脑无法预料静态的聚光灯的闪烁，所以它看起来是后发生的。

但这个解释不可能是正确的。如果圆盘在箭头经过聚光灯的一瞬间停止旋转，幻觉就消失了。如果大脑正在预测未来，幻觉就应该持续。此外，如果箭头在开始时静止，并在聚光灯亮了之后立即朝任意方向移动，则在聚光灯亮之前我们就能感知到箭头的移动。但大脑怎么能预测到灯亮后才开始的移动？

破碎的自我

你的自我意识会被很多事情干扰。例如，人格解体是一种精神疾病，其特征是持续的抽离感。它被描述为感觉像是生活在梦中，或者是自己生活的一个外部观察者。类似的感觉也可能由致幻剂如LSD造成。除了感觉的扭曲，一种常见的体验是觉得自我和世界的其他部分之间的界限消融了。在所有关于自我的精神障碍中，最诡异、最不被人理解的是科塔尔氏综合征，其症状范围从号称自己的内脏消失到相信自己已不存在。有妄想症的人常常还会安排自己的葬礼。

合理的解释是，大脑在事后才组合起一个关于发生了什么的可信的故事。对聚光灯变亮瞬间发生了什么的认知，是由之后箭头发生了什么决定的。这听起来很荒谬，但其他测试已经确认：我们所认知的"现在"，可能受到之后发生的事情的影响。

谁在控制？

第三个也是最后一个核心信念是：自我是控制的中心。然而，在很多案例中，认知科学已经表明，我们的大脑会在事后构造出行为背后的意图，即使那些行为不是我们做出的。

例如，在一个实验中，研究人员要求志愿者在显示出 50 个小物体的屏幕上慢慢移动光标，每隔 30 秒左右就把光标停在一个物体上。控制光标的电脑鼠标是与另外一个志愿者共享的，风格类似于占卜板。第一个志愿者通过耳机听到一些单词，其中有的与屏幕上的物体有关。这位志愿者不知道的是，他的搭档是个研究人员，偶尔会将光标强行移向某个物体。

如果光标被强行移到玫瑰花上，而志愿者在几秒钟前听到了"玫瑰"这个词，他们就会报告说，他们有意识地将光标移到了那里。为什么这些暗示结合在一起会产生这种效应并不是重点。重点是，这个实验揭示了大脑并不总是向我们展示其实际运作。相反，大脑为光标的移动提供了一种事后的解释，尽管这种解释缺乏事实根据。

挑战我们的核心信念

因此，我们关于自我的许多核心信念都经不起考察。这对我们日常的关于"我们是什么"的观念提出了巨大挑战，因为它暗示，在非常根本的意义上，我们不是真实的。相反，我们的自我相当于一种幻觉，但并没有一个人来体验……

但最终，我们可能别无选择，只能为这些错误的信念背书。我们的整个生活方式都建立在这个观念之上，即我们是不变的、统一的和自主的个体。自我不仅仅是一个有用的幻觉，可能也是必要的。

从头构建自我

什么是自我？勒内·笛卡儿写下的"我思故我在"浓缩了他对自我的一种看法。他把他的自我看作是永恒的，是他的存在的本质，他对其他一切事物的认识赖以建立的基础。其他人对自我有不同的看法。笛卡儿之后一个世纪，哲学家大卫·休谟提出，没有"单一而持续的"自我，只有经验的流动。休谟的观点与佛教的"无我"概念不谋而合，佛教认为"不变的自我"是一种幻觉。

如今，越来越多的哲学家和心理学家同意自我是一种幻觉。但还是有很多问题有待解释。例如：你是怎么区分自己的身体和世界的其他部分的；为什么你从特定的角度，通常是大脑中的某个地方，来体验这个世界；你是如何记住过去的自己或想象未来的自己的；以及你为何能从别人的视角来理解这个世界。科学有望回答其中许多问题。

不再是本质

一个关键的洞见是，自我不应该被视为本质，而是一系列过程，类似计算机上运行的程序。大脑活动的某些模式构成了生成自我的过程。这个洞见和休谟的直觉相符：如果你停止思考，自我就会消失。例如，在你睡着的时候，"你"就不存在了。然而，当你醒过来，同样的过程会从之前停工的地方接着进行。

认为自我产生于一系列过程的想法激发了一个观点，就是可以在机器人身上重建自我。通过解构自我，再尝试一点点重建，我们可能会更多地理解自我是什么，甚至可能解决它的核心谜团：

为什么自我会让人觉得无比真实，然而一旦仔细考察，似乎又消散了。

那么，我们要如何解构自我，以便在机器上重建它呢？哲学、心理学和神经科学就人类自我的构成因素提供了许多洞见。

现代心理学的创始人威廉·詹姆斯提出，自我可以被分成两个部分：一个"我"由存在的体验组成，另一个"我"是你关于自我的一系列看法。20世纪90年代，认知心理学的先驱乌尔里克·奈

你的五个自我

心理学家乌尔里克·奈塞尔颇具影响的自我理论把自我分解为五个要素：

- 生态自我把你和他人区别开来，给了你拥有自己的身体以及个人观点的感觉。
- 人际自我是自我认知的基础（例如通过镜子），让你把别人看作和你一样的动因，并对他们怀有同理心。
- 随时间延续的自我赋予了你对自身过去和未来的觉知。
- 概念自我是关于你是谁的看法：一个有人生故事、个人目标、动机和价值观的存在。
- 私人自我是你的内在生活：你的意识流和你对它的觉知。

托尼·普雷斯科特是英国谢菲尔德大学的认知神经科学教授。

塞尔更进一步，他标记了自我的五个关键层面：生态自我、人际自我、随时间延续的自我、概念自我和私人自我。奈塞尔的分析并不是最终的结论，但它对构建人工自我可能需要什么提供了有用的指导。

身体蓝图

假设我们要模拟生态自我。生态自我的关键是对身体以及身体如何与世界互动的觉知。为了做到这一点，机器人需要内在的"身体蓝图"——一个维系其身体部件和姿势模型的程序，这个程序还要将其身体自我与世界其他部分区分开来。

然后是随时间延续的自我，也就是对自己在时间中持续存在的觉知。有关这个问题，我们可以在一个叫 N. N. 的人的案例中获得一些洞见。N. N. 在出了事故后失去了形成长期记忆的能力，大脑损伤还让他失去了想象未来的能力。他把试图想象未来描述为"好像在湖中央游泳，没有任何东西可以支持你，没有任何素材可以拿来用"。N. N. 在失去过去的同时也失去了未来。那以后的大脑成像研究证实，支持我们回忆过去事件的能力的大脑系统，也让我们可以想象未来。

再次是人际自我。这其中的一个关键因素是同理心，它源于一种想象自己身处他人境地的总的能力。要做到这一点，一个可能的办法是用生态自我在内部模拟我们感知到的他人的情况。

所以说，人际自我与生态自我是相关的。但不仅仅是这样。另一个重要的建筑模块可能是通过模仿学习的能力。使用自己的身体蓝图来诠释他人行为的能力部分取决于镜像神经元——就是当你做某个指定动作以及看到别人做这个动作时，你大脑中会被激活的那些细胞。

在机器人身上模拟生态自我、人际自我和随时间延续的自我，在这方面，我们已经开了个头。但与人类大脑里进行的过程相比，我们的工作无疑是粗糙的，还有很长的路要走。另外，概念自我和私人自我的问题还有待解决。

人格的起源

当然，还有一些道德问题需要考虑。是否不应该在机器人身上模拟人类自我的某些方面，比如动机和目标？如果我们创造了一个具有自我意识的机器人，我们是否也必须赋予它人格？

你也可能会争辩，说所有这一切都忽略了一个关键因素："我"，这是詹姆斯的自我概念的核心，或者我们所说的"意识"。一种可能性是，当自我的其他方面都具备了，这个"我"就会出现。换句话说，它也许是一个依据条件出现的特质，并不独立存在。再回到佛教的理论，当你剥离掉各种组成过程，也许什么都没剩下。

永恒的意识

　　你的思维在你死去时会发生什么？比娜·罗斯布拉特希望她的思维可以永远活在一个叫BINA48的有知觉的机器人身上。在左图中，我们可以看到，BINA48正在和它的管理员，非营利性的Terasem基金会的尼克·迈耶交谈。真正的比娜女士录下了超过100小时的记忆、感觉和观点，都被以数据形式存储在BINA48的人工智能中。BINA48拥有视觉，可以连接互联网、识别语音、做出面部表情并进行交谈。一旦这个人工意识完善了，下一步就是将它上传到一个身体里——生物的或科技的身体——来创造人类所享有的生活体验。

Credit：Max Aguilera
Hellweg/INSTITUTE

你有自由意志吗?

你是出于自由意志决定阅读这一页,还是有些事或人强迫你了?数千年来,人类一直在与自由意志问题互搏。我们真的是那个操控者吗,还是有些外部力量,无论是物理定律还是全能的上帝,预先决定了我们的人生轨迹?

这个问题不容易回答。我们中大多数人都强烈地觉得我们有自由意志:如果我们愿意,我们可以在一定程度上做我们想做的。社会也建立在自由意志这个假设上。我们奖励做好事的人并惩罚做坏事的人。不幸的是,一代又一代的哲学家和科学家有不同的看法。无论你是否喜欢,自由意志很有可能是个幻觉。

不同的看法

从严格的哲学角度来看,自由意志是不可能的。除非一个选择是没有前因的,否则它就不可能是自由的;也就是说,除非意志的运行独立于其他所有外部影响。问题在于,选择是由大脑做出的,而大脑是按照因果规则来运作的物理实体。你的大脑现在所处的状态决定了它接下来会转变成什么状态。

来自神经科学的证据也很难与自由意志的存在相调和。在 1982 年的一个经典实验中,心理学家本杰明·利贝要求志愿者静坐一段时间,然后完全按照他们自己的意愿动一根手指。通过对他们大脑活动的记录,他发现,在志愿者动手指之前大约 550 毫秒,出现了一个神经信号,奇怪的是,此时距离他们意识到自己要动手指还有大约 350 毫秒。利贝的解释是,这意味着,在志愿者意识

到自己要动手指之前,其无意识的大脑就已经准备行动了。换句话说,自由意志并非真的存在。

物理学对自由意志概念也不友好。牛顿把宇宙想象成一个按照不变的运动定律运转的巨型发条机器。初始条件决定了它如何运行,包括详尽的细节。这样一个完全确定的宇宙没有给自由意志留任何空间:如果我们掌握足够多关于其现状的信息,就能以 100% 的准确性推断出任何过去或未来的状态。已经发生或将要发生的一切都已经在大爆炸中决定了。

在爱因斯坦的广义相对论取代了牛顿引力定律后,物理学在决定论方面也没有什么改变。根据爱因斯坦的说法,宇宙实际上是同时存在的,所有已经发生和将要发生的事件都已存在于我们现在所说的“整块宇宙”之中。爱因斯坦说,任何随着时间的推移发生的改变都只是“一种幻觉,虽说是一种顽固的幻觉”。这是登峰造极的决定论。

量子理论有帮助吗?

也许量子物理学为我们提供了一条出路。量子理论认为宇宙本质上是随机的,这极大地改变了决定论的局面。当一个量子粒子(例如光子)遇到一块玻璃(例如你的窗户),粒子的行为并不由其任何先前状态决定。它有可能穿过去,但也可能被反射回去。就我们所知,宇宙中没有任何东西决定什么即将发生。一切都是完全随机的。

第一眼看上去,这似乎为自由意志创造了空间。宇宙中所发生的一切从头到尾都不能完全确定,因为在量子领域你永远不可能知道将会发生

如果自由意志不存在，那会怎样？

如果说自由意志是一种幻觉，那它是一种顽固的幻觉。在相反的证据面前，我们直觉的确定性有可能被动摇，但只是暂时的。

在实验中，如果人们被说服自由意志不存在，他们就会表现得更加自私和不诚实。他们也更有可能对做坏事的人从轻发落，给一个假设的罪犯更短的刑期。但这些行为上的改变只持续到我们强大的自我控制感恢复之际。

因此，对自由意志不存在的结论性证明会带来一些奇怪的后果。虽然人们在抽象层面上对自由意志的看法会改变，但这不太可能对人们的实际行为方式产生重大影响。

什么。但实际上它并没有提供什么帮助：如果宇宙，包括你的大脑，本质上是随机的，又怎么能说你自由地选择了去做任何事情呢？

但这也不是完整的画面。从量子力学角度有一个解释，根据这个解释，决定论和随机性可以并存。根据"平行世界"的解释，所有可能的选择同时存在，只是存在于不同的世界中而已。在一个世界中，光子穿过你的窗户，而在另一个平行世界中，光子被反射回来。在每个平行世界，都存在着你的一个副本。

但平行世界理论并不能提供真正的帮助。一切可能发生的都已经发生——平行世界理论不仅是完全决定论，你还无法选择你会出现在哪个世界。自由意志再次随风而逝。

保持平衡

归根结底，决定论和随机性都不利于自由意志，这一点非常清楚。如果自然本质上是随机的，那么我们行为的结果会完全超出我们的控制——所以，随机性和决定论一样糟糕。

当我们思考我们想要什么样的自由意志时，这种自相矛盾就更严重了。为了体现自身价值，自由意志必须允许我们选择自己的行动，但这些行动又必须产生确定的（也就是非随机性的）效果。所以，自由意志必须在决定论和随机性之间找到微妙的平衡。

如果自由意志真的不存在，那将会令人深感不安。觉得自己可以选择一种行动而不是另一种，是作为人的基本组成部分。如果一切都是命中注定的，为什么还要为成功而奋斗，对他人良善或者遵守法律呢？

但这种反应会立刻自我否定。如果自由意志不存在，那么，你也没法决定停止以某种方式行动。如果自由意志的确存在，那么，为成功而奋斗依旧是应该去做的正确的事情。物理学和神经科学有可能带走自由意志，但永远无法剥夺我们的自由。

不是只有先天和后天

假如我们所有人都完全一样，这个世界会是何等单调乏味。所以，我们各不相同是件好事，不仅外表不同，个性、智力、信仰、幽默感等也都不同。是什么让我们成为现在这样？

有一个显而易见的答案：父母。无论你是否喜欢，你长成今天这样在很多方面都是拜他们所赐。正如诗人菲利普·拉金所观察到的，虽然他们并不想这样，但还是把你弄得一团糟。"他们用自己的缺点过错来填满你，还特意为你额外加点料。"这个乖戾的老头忘了提起父母也有好的方面。

但具体是怎样？一个多世纪以来，辩论一直围绕着这个观点进行：我们是先天和后天两种力量相互竞争的产物。先天（或基因）指我们生来就有的；后天（或环境）指生活中影响我们的那些因素。我们的大多数特质都是这两者不同程度的结合。但哪一个更重要呢？

让我们思考一下智力或合群性之类的特质。两者似乎都有可能是先天决定或后天培养的结果，或两者兼而有之。聪明的父母有聪明的孩子，是因为聪明的父母给了孩子聪明的基因，还是因为父母在家里摆满了书籍，家庭晚餐伴随着聪明睿智的谈话？同样，合群的孩子是天生合群还是后天培养的？

双胞胎研究

把先天和后天的相对贡献分开并不是件容易的事。标准的方法是考察双胞胎。如今，全世界有超过 150 万对双胞胎参加了旨在评估基因和环境的相对作用的研究，涉及从衰老到宗教信仰等一系列问题。

双胞胎研究的基础是一些简单的假设。双胞胎面对的子宫环境相同，而且通常在整个童年时期生活环境也相同。有时他们有共同的基因：同卵双胞胎基因相同，异卵双胞胎基因有差别。所以思路是，如果同卵双胞胎都具有某一特征的概率大于异卵双胞胎，这一特征很可能主要来自遗传；反之则很可能是环境造成的。同卵双胞胎自

进化的随机性？

表观遗传学可能是进化两面下注的一种方式。在我们的基因组中，有上百个区域的表观遗传模式看起来完全随机——它们既不是由基因决定的（先天），也不是由环境塑造的（后天），而且个体之间的差异很大。这些区域包括许多关键的发育基因。一个可能的解释是，随机性是一种进化而来的特征。许多动物不得不在不断变化的环境中生存。随机的表观遗传变化在基因相似的后代中制造了许多差异，提高了部分后代存活下来的可能性。

出生就分开抚养的情况比较少，但也能提供有用的信息，因为他们基因相同，但在成长过程中面对的是不同的环境。

双胞胎研究使我们现在对各种复杂性状的相对遗传性有了很多了解。例如，头发颜色主要是由遗传决定的，而母语主要来自环境。智商大约一半来自天生，一半来自后天培养。

但近年来，情况日益明确：先天或后天的二分法是错误的。现在已经不再是先天或后天，而是先天和后天。基因和环境共同作用，而且常常是以相互加强的方式。在新兴的表观遗传学领域，这一点再清楚不过。

改变活性

表观遗传标记是一些化学标签，它们被添加到 DNA 中，改变基因的活性但不改变基因的序列。在我们整个生命过程中，它们被加入或从 DNA 中移除，以应对诸如饮食、压力和污染等环境因素。

双胞胎研究已经证明了表观遗传的作用。尽管有相同的基因和环境，同卵双胞胎有时在个性、容易感染疾病的程度，甚至外貌上都有显著的不同。

这些差异有许多与表观遗传标记有关。特别令人感兴趣的是，同卵双胞胎中一个患有某种疾病，而另一个却没有。对包括癌症、类风湿性关节炎和自闭症在内的多种疾病，研究人员已经在双胞胎身上发现了不同的表观遗传学特征。

差异也与志愿者的行为有关。例如，有一对同卵孪生姐妹，在她们与压力和焦虑有关的基因中发现了不同的表观遗传模式。这也许在某种程度上解释了她们不同的职业选择：一个是战地记者，另一个是办公室经理。

当然，表观遗传标记可以被看作另一种形式的"后天"。但它们被蚀刻在基因组上意味着它们也属于"先天"。我们的表观遗传学特征是由环境塑造的，反过来影响我们基因的活性，进而在复杂的相互作用中塑造我们的行为，这种相互作用模糊了先天和后天之间过时的区别。

渐行渐远

表观遗传变化始于子宫内。我们在早产的 32 周大的同卵双胞胎身上发现了独特的表观遗传学特征。这些微小的变化一旦出现，就可能被经验放大。

这些变化到底有多重要尚不清楚。理想的研究是在相同环境中养育一批同卵双胞胎，然后观察其成长的结果。这个实验显然不能在人类身上进行，但可以用老鼠。在一个此类实验中，40 只老鼠在一个五层高的笼子里共同生活了三个月。起初小鼠们行为相似，但随着时间的推移，开始出现差别。这项研究并未深究造成这些细微差别的原因，但表观遗传可能是第一候选。

所以，我们是谁不仅仅取决于我们的基因和环境。如果把时钟倒回你在子宫里出现的那刻，然后一遍又一遍重演你的生活，那么，虽然基因和环境相同，但每次你都会成长为不同的你。你爸爸妈妈要承担很多责任，但你也不能把一切都推到他们身上。

给我空间

"个人空间"是个古怪的概念。无论我们走到哪里，身上都罩着一个泡泡，上面贴着无形的"禁止入内"的标识。我们知道这个标识存在，因为其他人都待在我们的空间之外，反过来，我们也不会入侵他们的空间。

当我们在家里时，个人空间会缩小，在不熟悉的地方，个人空间会扩大

女性和男性交谈时倾向于保持比男性相互交谈时更大的距离

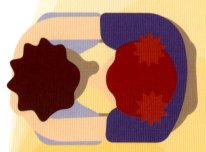

侵入个人空间会引发肾上腺素激增，使心跳加速

亲密距离
15 厘米之内
这个区间适用于哺乳、做爱或者近身搏斗

较大的亲密空间
46 厘米之内
这个区间适用于我们最亲密的亲属和朋友

个人空间
46~122 厘米
这个区间适用于朋友、亲近的同事和参加聚会的人

有些陌生人可以进入我们的亲密空间，包括牙医、医生和理发师

患有自闭症的儿童和青少年更可能侵犯他人的个人空间

女性最不喜欢自己的空间被从侧面侵入，男性不喜欢被从前面侵入

面对孩子，人们会缩小自己的空间，面对成人则会扩大这个空间

两个拥有不同尺度个人空间的人相遇，一个会抱怨对方冷淡，另一个则会觉得拥挤

北美人和北欧人喜欢人与人之间离得远一些，南欧人彼此会靠得近一些，阿拉伯人和拉丁美洲人靠得更近

在西化的国家，比起女性，
男性之间倾向于保持更大的
社交距离

社交距离

122~370 厘米

这个区间适用于非个人的业务交
谈。比较亲近的熟人也许会站得
近一些

公共距离

370~760 厘米

这个区间适用于面对众多听
众的讲话或演讲

我们通过将周围的人"去人类化"的
方式适应人群：避免眼神交流，面无
表情，避免接触

为什么你无所不能?

你开车水平怎么样?如果你跟一般人一样,你可能会觉得自己车开得很不错。定期调查发现,大约 75% 的人相信自己开车水平优于常人。

这当然不可能是真的。除非真有一群人车开得非常糟糕,通常只有约 50% 的人优于平均水平。但如果你要求人们就几乎任何优点来评估自己,例如能干、聪明、诚实、有创造力、友好、可靠等,大多数人会认为自己高于平均水平。如果是缺点,人们的自我评估通常是自己低于平均水平。

自视过高

这种自视过高的错觉被称作"优于常人效应"。人们自觉优于常人,这种现象极其普遍,他们可以对相反的证据视而不见。即使那些因为驾车肇事而受伤住院的人,也会自觉驾驶技术很好。这种错觉在很大程度上被忽视了。颇有讽刺意味的是,大多数人认为自己自我评估过高的可能性低于一般人。

这只是许多正向错觉之一,这类错觉是人性普遍具有的组成部分。另一个错觉是对未来不切实际的期待。大多数人期待比一般人更长寿、更健康,而且更成功,但会低估自己离婚、生病或是卷入事故的可能性。结果越是合意(或不合意),人们通常就越强烈地相信会(不会)发生在自己身上。

由于父母对我们的过度赞美,这些不切实际的信念自童年就开始了,在我们长大成人之后仍在继续。我们天生倾向于把世界分成"我们"和"他们"。你一旦和他人缔结关系,就成为他们的"自己人",而人类的天然倾向是对自己人比对外人评价更高。因此,我们会参加各种相互欣赏的团体,夸大彼此的美德,忽略缺点,并对外人嗤之以鼻。难怪我们中大多数人会自我感觉过于良好。

无论在自我评价上自欺的程度有多严重,我们在猜测他人如何评价我们这个问题上自恋的程度一定有过之而无不及。

每个人都好奇而且担心自己给他人留下的印象,大多数人觉得自己对此颇有把握。但事实恰恰相反。比如,你自认为慷慨,也许别人也觉得你慷慨,但恐怕远远不到你以为的程度。

自以为是的信念

对于自己留给他人的印象,我们的直觉时不时让人大跌眼镜。原因大体上可以归结为所谓的"焦点效应",即错误地相信我们的言行举止正在被他人仔细观察。造成的结果就是我们会小题大做。

假如你把水洒在了自己身上,看起来像是尿了裤子,你觉得每个人都会注意到这一点。但其实并非如此,原因也许会让你大吃一惊,那就是,世界并非围绕着你旋转。人们还假设自己的情绪状态被传达给了所有人,但事实上几乎不会有人注意到。

反过来看也是如此。如果你觉得自己的言行特别有趣或睿智,也很可能高估了他人对你的关注度。

核心问题是你太过了解自己,会注意到自身各种各样的细微之处,而其他人就不会注意到。

每周 7 天、每天 24 小时沉浸在自己的情感和思维里，让你可以更好地了解自己的特质，但事实证明，涉及评价你那些很容易从外部观察到的个性特征时，这会成为一种障碍。如果你问某人他平常为他人考虑的程度，大多数人会强调自己多么想要为他人考虑，而不是事实上有多么为他人考虑。其他人仅仅基于自己的观察对我们做出判断，这让他们的评估比我们自己的更准确。

另外一个因素使这个问题变得更加复杂：我们很难揣测他人的想法。由于没有读心能力，我们只好退而求其次，观察他人的表情和举止中的神秘符号。但行为举止并不总能揭示他人的想法。

洞察力幻觉

让人诧异的是，和熟悉的人在一起并不会改变我们缺乏洞察力这件事：精准度会有所提高，但程度微乎其微。甚至有证据表明，我们揣测配偶心思的能力会在结婚一年之后降低。熟稔会制造洞察力幻觉，人们通常更清楚自己和陌生人打交道时表现如何。

也许最能体现人类缺乏自我认知的是外貌吸引力这个领域。每个人都知道自己长什么样，但谈到评估自己的外貌，我们可以说无可救药。有实验要求人们从海量面部照片中找出自己的照片，如果自己的照片被修饰得更有吸引力，被试者会更快找到它。这个结果表明，我们都认为自己比实际上更好看。另外，心理学家要求被试者推测他人会给他的外貌打几分，然后拿来跟他人实际所做的评估对比，这两个数值之间几乎没有相关性。

然而，对自己产生正向错觉并不是一种病态，反而被看作心智健康的标志之一。唯一看起来对这类错觉免疫的是那些临床抑郁症患者，他们的状态被称为"抑郁现实主义"。这些人是"因抑郁而现实"，还是"因现实而抑郁"，尚不清楚。

她已经会说话啦

我们不仅对自己有"几乎在所有领域都优于常人"的错觉，还会过高评估自己爱的人。大约 95% 的人会认为自己的另一半比一般人更聪明，更温暖，更有趣。任何一个参加过年过三十的家长们的晚餐聚会的人都可以做证：为人父母的那些人几乎普遍认为自己的孩子比同龄人更聪明，更漂亮，发育得更好。这种想法也许非常无聊，但从进化角度来看是件好事。

第三章

The Body

身 体

人类的维度

一颗头、两只胳膊、两条腿、十根手指和脚趾，一颗心脏略微偏向胸腔左边，两侧各有一个肾……大多数人的身体都符合这个标准蓝图。然而在芸芸众生中放眼一望，你就会知道，这个标准模式内还有充足的变化空间。从身体角度来看，人类是一个具有惊人的差异性的物种。在这一点上，只有狗胜过人类，而这是我们刻意育种的结果。相比之下，人类仅仅依赖自然选择和环境就演化成了现在的情形。

身高差异恐怕是所有差异中最明显的。世界上最矮的人是刚果民主共和国的姆布蒂人；男性平均身高只有1.37米（4英尺6英寸）。相比之下，1975年到1999年出生在荷兰的男性平均身高是1.83米（6英尺），他们是世界上最高的人。

欧洲血统的女性平均身高为1.65米，男性为1.78米。身高是人类所有特征中最容易遗传的，换句话说，身高是由基因决定的，同时也会叠加环境的影响。

高处不胜寒

有关身高的进化故事可以追溯到很久以前。我们的祖先在190万年前甚至比一般的荷兰人还要高，他们长着长腿窄身。这些适应环境的特征被认为有助于他们在长途跋涉或奔跑着寻找食物时保持凉爽。人类主要依靠出汗来降低体温，而在炎热干燥的气候条件下，较大的体表面积与体积比有利于快速散热。

随着人类向两极迁移，他们变得更矮、更粗壮，拥有更宽的胸腔和骨盆。这些变化具有热力学上

的意义：较短、较宽的身体表面积与体积比较小，有利于保存较多热量。

姆布蒂人的身高也是由热量调节造成的。在潮湿的环境里，空气流动得很慢，出汗不能有效地帮助他们散热。防止身体过热的最好方法首先是通过保持较小的体型来限制所产生的热量。

将身高与气候关联的一般模式依旧站得住脚，但有个更好的预测身高的方法，就是观察你的家庭成员的身高。在特定群体中，造成身高差别的原因似乎有80%来自遗传，其余的20%则与环境有关，特别是健康和食物。孕妇生病或营养不良会抑制胎儿的生长。感染和缺乏营养会妨碍儿童和青少年的成长。

和而不同

除了通常的身体差异，身体外观的多样性也令人惊叹。每100个婴儿中约有6个（大部分是男孩）生下来时多一个乳头，而每500个婴儿中就有1个单手或双手长有六指。有少数人的内脏器官位置天生和一般人相反：心和脾在右边，肝脏在左边，诸如此类。他们中的大多数都是完全健康的，但通常会戴着医疗标签，以备紧急手术时识别。如果你曾经以为每个人都有独特的指纹，那你需要更新认知了。有一种罕见的遗传病叫皮纹病，它使一些人完全没有指纹。

身高上限

这 20% 的环境影响很大程度上是人类作为一个物种不断变高的原因。例如，由于营养和医疗条件改善，1990 年荷兰人的平均身高比 1860 年多了 16 厘米。同样的因素也造成过去 100 年间身高方面两项最大的增长：韩国女性的平均身高增加了 20 厘米，伊朗男性则增加了 16.5 厘米。而在过去几十年间，营养良好的西方人的身高增长放缓了，这表明我们的身高有基因上的限制。

如果说身高是多样化的，那么体型和体重更是如此。一项估测表明，即便不计最矮的人口，世界各地居民的体重差异也高达 50%。但从全球范围来看，我们都在朝同一个方向扩张：向外。即使在一些最贫穷的国家，BMI（身体质量指数）平均值也有所增加。

以 BMI 来衡量，甚至可能低估了我们不断扩张的腰围。虽然 20 世纪 90 年代儿童的体重与 20 世纪 70 年代的数值相当，但实际上他们的体脂增加了 23%。造成这种差距的部分原因是儿童肌肉的减少。

从对身体的研究中得出的最让人好奇的发现之一是我们日益变胖的轨迹与心目中理想身材之间的鲜明对比。在过去 60 年间，女性的理想身材变瘦了，男性的理想身材则有了更多肌肉。想想票房明星们：玛丽莲·梦露和詹妮弗·劳伦斯，或者亨弗莱·鲍嘉和马特·达蒙。这些趋势的证据来自软色情杂志中男性和女性的身材数据，假设此类杂志可以作为当时流行的理想身材的晴雨表。

从 1953 年到 1980 年，《花花公子》中间插页模特的三围数据发生了显著变化。胸围和臀围变小了，腰围增加了。与普通民众的 BMI 平均值相比，中间插页模特的 BMI 下降了。《花花公主》中间插页上的男性模特也变得更精瘦、肌肉更发达了。

夸张的玩偶

即使儿童玩具也未能逃脱这个趋势。在 20 世纪 90 年代，研究人员将芭比娃娃按比例放大到真人尺寸，以表明它们是多么不切实际。如果想要成为一个真人尺寸的芭比娃娃，普通女性必须长高 50 厘米，胸围增加 13 厘米，同时腰围缩减 15 厘米。

同样，男孩玩的特种部队玩偶也具备健美运动员的身材。此外，以真人为原型的玩偶也难逃此劫。1978 年，《星球大战》卢克·天行者和汉·索罗的人物玩具与演员马克·哈米尔和哈里森·福特的身材类似。到了 1997 年，它们变得像健美运动员。莱娅公主的胸围增长到原来的三倍。

随着现实与理想之间的差距越来越大，快速的解决办法也越来越受欢迎。每年大约有 2000 万人选择做整容手术，其中 90% 是女性。从胸部到臀部，几乎任何身体部位都能被增大、缩小或重塑。肯和芭比，我们来了。

为什么你的身体独一无二？

看看周围的人，你不可能不注意到他们的身体有多么不同。脸、躯干、举止，一切看起来都独一无二。

现在，让我们来考虑一下整个人类。如今全球大约有70亿人活着，在过去的5万年里，有大约1000亿人曾经活着然后死去。就我们所知，每一个人都是或曾经是绝无仅有的。将来出生的人也会如此。

这个差异规模是惊人的。但是，随着我们更深入地探究人类的生物信息，并寻找更精细复杂的方法来核查人们的身份，人类展现其独特性的方式越来越清晰。所以，你母亲说得对：你的确很特别。不要以为这只是她的说法。

庞大的变数

我们的探索显而易见的起点是DNA。DNA的确在一定程度上使你独一无二。让我们用下面这些数字来估算一下，你在基因上与其他人到底有多么不同。

人类作为一个物种在基因上非常统一。我们所有人的DNA大约有99.5%是相同的，余下的0.5%导致了个体之间多姿多彩的差异。但这是否足以解释我们观察到的不同呢？

理论上是。人类基因组包含了DNA编码的大约32亿个字母；其0.5%大约是1600万个。每个编码有4个字母，可能产生的基因组合数量是1600万的4次方，这绝对是个巨大的数字，足够地球上所有居民用很多遍。其他人和你拥有完全相同的基因组的概率几乎为零。

即便是同卵双胞胎，情况也是如此。虽然同卵双胞胎的基因在受孕时百分之百相同，但从那一刻起，他们的基因组就分化了，随着年龄的增长，他们的不同之处会越来越多。

这些不同来自每次复制DNA时的微小变化和随机发生的突变。尚不清楚这些基因变化有多大比例会在实际上造成个体之间的差异。许多变化发生在既不制造蛋白质也不调控基因表达的区域。即使这些变化发生在重要的区域，很多影响也可能是中性的——既不改变基因，也不改变基因的表达方式。

然而，我们确实知道的是，微小的基因差异就能对生理特征（比如眼睛的颜色）产生很大的影响。所以，可以有把握地说，你作为一个人的独特性始于基因组。但这远不是整个画面，指纹就是一个很好的例子。

大家都知道指纹是独一无二的，那么其尺寸和形状在很大程度上由基因决定也不足为奇。但是发育中的胎儿的指纹也会受到一些细微因素的影响，比如子宫壁的压力，甚至羊水的晃动。

这意味着同卵双胞胎的指纹虽然非常相似，但也存在足够大的差异来区分他们。脚趾纹也是如此。

万里挑一

耳朵也一样。你可能从未留意过自己耳朵的形状，但是如果照下镜子，你会看到一只耳朵和另外一只略有不同。不仅如此，你的每只耳朵都和其他人的耳朵不一样。

这也是由基因和环境共同导致的。基因绘制出耳朵的大致形状，而子宫内的环境，如胎儿的躺姿，

另外一个你

你有一个方面的独特性严格来说并不是你的一部分。它来自生活在你身上和体内的100 万亿个细菌。它们的数量大大超过了人体细胞数量，从基因角度来说，它们甚至更占优势：这些微生物有 330 万个基因，相比之下，你只有可怜的 2.3 万个基因。换句话说，你只有 0.7% 是人类。

在通常生活在人体表面和人体内部的 1000 多个物种中，我们每个人只拥有 150 种左右，它们主要待在肠道内。每个人身上的细菌群都由不同的角色组成。

皮肤细菌也因人而异。即使是从 DNA 角度很难辨别的同卵双胞胎，通过检查他们身上的细菌，也很容易分辨。

则提供了最终的修饰。耳朵一旦形成，其形状几乎不会随着我们（和它们）的成长和老去而改变。

眼睛同样是独一无二的。但眼睛长得像父亲的人都知道，虹膜的外观是家族遗传的。看起来和家里其他人俨然相同的眼睛又怎么会是独一无二的呢？

答案在于虹膜结构的复杂性，虹膜是由肌肉、韧带、血管和色素细胞组成的错综复杂的网状结构，这些要素决定了虹膜的颜色、深度、沟槽、隆起和斑点，而这个结构是在发育过程中随机形成的。按这个标准，你一只眼睛和另一只眼睛的差异程度，堪比它和其他人的眼睛的差异程度。你走路和说话的方式也都是你独有的，这在很大程度上取决于你的身体特征，比如腿的长度和喉部的形状。

跳动的心

个体的独特性还有另外一种肉眼不可见的表现方式。即便你把耳朵贴在别人的胸膛上也无法分辨，但的确没有两颗心可以跳动如一。

心电图（ECG）记录三个峰值：P 波是心房的收缩波，QRS 波群是心室的收缩波，然后是心脏舒张时产生的小得多的 T 波。每颗心脏的大小和形状都不同，所以这些特征因人而异。虽然峰值的分布会随着运动或压力引起的心跳加快有所改变，但个体特征仍然可以识别出来。

总之，你是一个与众不同的身体标本。但有一个特征并不像你想象的那么独特：你的脸。尽管我们发现，仅仅通过面部特征就很容易辨认出一个人，但世界上其实充满了相貌极其相似的分身。一项对数千张脸进行的分析发现，其中 92% 的脸至少有一个极其相似的伙伴，人类和面部识别软件都很难分辨出来。所以说，虽然你肯定是独一无二的，但你的脸不是。

脸上有什么？

面孔是个生物广告牌，告诉我们关于其主人的年龄、性别、情绪状态等比较容易观察到的信息。较少人知道的是，面孔还会发送很多我们经过进化已经能读懂的隐藏信号。

图例说明

| 男性和女性的脸 | 男性的脸 | 女性的脸 |

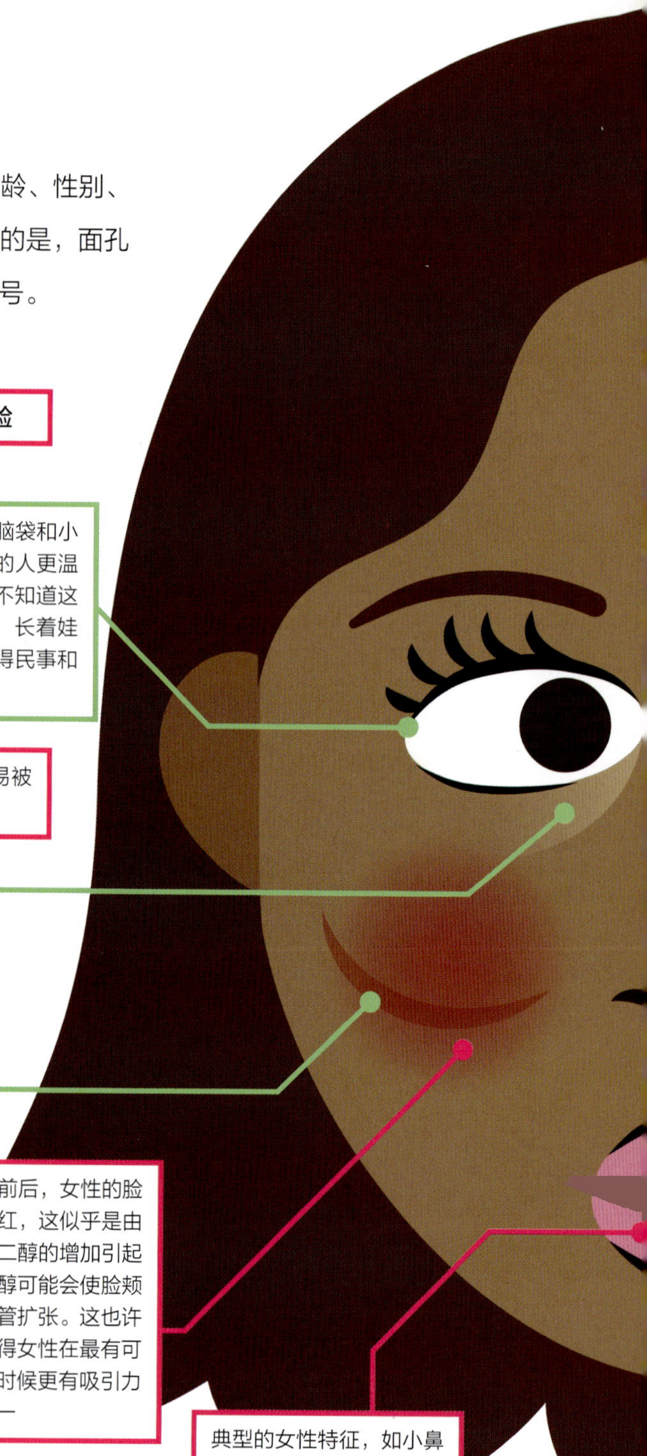

对所有种族而言，健康的脸往往略带黄色，脸颊发红，眼睛下面的肤色较浅。黄色来自水果和蔬菜中的类胡萝卜素，此物可以增强免疫系统。浅色皮肤与吸收维生素D的能力有关，红色暗示着良好的血液循环和积极的生活方式

长着娃娃脸的人——大眼睛、大脑袋和小下巴——被认为比长着成熟面孔的人更温暖、更诚实，也更天真。我们并不知道这些假设是否属实，但它们很重要：长着娃娃脸的被告更有可能在法庭上赢得民事和刑事诉讼

男性在睾酮水平提高时，更容易被女性化的面部特征吸引

把大量男性或女性的面孔叠加，产生的形象往往被认为比基础图片更有吸引力。就女性而言，叠加产生的面孔有着比一般人更高的颧骨、更窄的下颚和更大的眼睛

认为自己特别有魅力的女人会更喜欢看起来有男子气概的男人

在排卵期前后，女性的脸会微微变红，这似乎是由性激素雌二醇的增加引起的。雌二醇可能会使脸颊部位的血管扩张。这也许是男性觉得女性在最有可能怀孕的时候更有吸引力的原因之一

女性通常在排卵期更容易被男性化的脸吸引。在其他时候，她们更喜欢看起来不那么男性化的"关心和分享"型男人，因为他们会成为好的长期伴侣

典型的女性特征，如小鼻子和小下巴，大眼睛和丰满的嘴唇，反映了高水平的雌激素

睾酮会使面孔更加男性化，下巴和眉脊更突出。这些特征也显示了强大的免疫系统，因为睾酮会抑制免疫力，而健康、阳刚的男性必须弥补这一后果

我们都倾向于认为对称的面孔更有吸引力，为什么呢？一种观点认为，对称反映了一个人面对压力、感染等生活中的挑战健康成长的能力。实际上，对称是在说："我有一个强大的免疫系统！"

当一个人看着你并对你微笑时，你的大脑奖励中心的活动会增加，这表明你在某种程度上借助对方想和你互动的可能性来评估自己的吸引力

看起来很有能力的政客比长着娃娃脸的对手更有可能赢得选举。他们是否真的更有能力尚不清楚

瞥一眼某人的面孔就足以让大多数人得出结论：这个人是否适合缔结稳定关系，还是只适合春风一度

我们会认为脸上脂肪不太多的人更健康、更有吸引力。这些人不太容易患上传染病，抑郁和焦虑的概率也比较低

人们倾向于把正面的个性特质，例如高智商，赋予容貌迷人的人。对相亲满意程度的最佳预测因素是容貌的吸引力

值得信赖的脸往往长着 U 形的嘴和眼睛，看起来好像有点惊讶。不值得信赖的脸一般长着下垂的嘴角、V 字形的眉毛。这些面孔的主人事实上有多值得信赖尚不清楚

气质阳刚的脸是控制力的标志。在美国陆军中，外貌更阳刚的男性会被提升到更高的军阶

气质非常阳刚的男性通常被认为是冷酷而不诚实。他们被视作糟糕的父亲，不大愿意进入一段稳定的关系。通常来说，他们结婚的可能性较小，离婚的可能性较大

男性和女性都对满脸大胡子的人做父亲的能力和健康程度评分最高

女性通常认为，脸刮得干干净净、露出浅浅胡楂或留大胡子的男性不如胡楂较重的男性有吸引力

睾酮水平较高的男性脸的宽高比往往较大。这个比率是一个不错的预测攻击性的指标

注：大多数脸部研究的样本数据来自持有传统性别认同的异性恋男女。

你的肢体语言透露了什么？

"他是肢体语言专家的梦想。"一家英国报纸在穆里尼奥给了竞争对手一系列"越来越怪异的问候"之后，这样描述这位曼联教练。他对托特纳姆热刺队的波切蒂诺的拥抱是"部分心仪，部分控制战"；他与利物浦队的克洛普的草草拥抱是"终极羞辱"；他与阿森纳队的温格的握手则显示出他"完全缺乏同理心和亲和力"。

大众文化里充斥着上述有关肢体语言的"真知灼见"。但我们真的能通过一个人的身体动作来解读他的思想和情感吗？再进一步，真的有肢体语言这种东西吗？

模糊的线索

肢体语言专家常常引用一个统计数据，我们93%的交流是非语言的。这个数据出自心理学家阿尔伯特·梅拉宾在20世纪60年代的一项研究。他发现，当言语和行为不匹配时，例如，用正面语气微笑着说"野蛮"这个词，人们更倾向于相信非语言的线索。从此类实验中，梅拉宾推演出了"7%-38%-55%法则"：7%的情感信息来自遣词造句，38%来自语气，另外55%则来自肢体语言。

梅拉宾在其后的职业生涯中花费大量时间与对他的发现的广泛歪曲做斗争。他说，他的研究结果只适用于非常具体的情境：当一个人在谈论自己的好恶时。每当听到他的发现被用于一般性沟通，他都会感到不安。

梅拉宾法则并非唯一一个被误解的有关肢体语言的广为人知的事实。另一个常见的误解是说谎者的身体"语言"会出卖他，比如看向右边、坐立不安、抓自己的手或者挠鼻子。无数研究发现，这都不是真的。举个例子，在调查有关失踪人员的信息时，后来被证明涉案的那些人并不会以这种方式暴露自己。

但是，如果你仔细观察，可能会发现，他们给出了一些细微的身体线索，暗示他们在说谎——瞳孔扩张，摆弄物体，抓耳挠腮。但问题是，讲真话的人也会做这些，虽然频度会小一些。这些并不是撒谎的迹象，而是情绪不安的一般表现。也许这就是大多数人都不善于鉴别说谎者的原因。即使是法官、警察、法医精神病学家和联邦调查局特工之类的专业测谎者，其表现也只比普通人好一点。

其他许多众所周知的迹象也无法透露太多。大多数人认为交叉双臂是心理防御的标志，这可能是对的，但也可能是完全相反的意思。几乎所有人都认为，走路时大摇大摆是具有冒险精神、外向并值得信赖的人的标志，而缓慢放松的步态则是镇定自若的一种表现。但事实上，行走时的步态和上述这些特征之间并没有相关性。

胜利的姿态

但有些肢体语言的确是可靠的、普遍适用的信号。来自各种文化背景的运动员在赢得比赛的时候会摆出同样的姿态——双臂上举，下巴抬高——而失败者则缩肩弓背。生来失明的运动员也是如此，这表明这些姿态是天生的。

我们还可以从人们肢体的移动方式中收集到

关于他们的准确信息。男性会认为在排卵期的女性的步态和舞蹈更性感。同样，相比较瘦弱的男性的舞蹈，女性和异性恋男性会更欣赏较强壮的男性的舞蹈。这也许是女性辨认良好伴侣、男性评估潜在对手的一种进化适应策略。

制造好印象

从根本上说，你的肢体语言实际透露了什么并不重要。重要的是其他人认为它透露了什么。所以，如果你想给人镇定自若的印象，那就采用缓慢放松的步态吧。

还有许多其他的小技巧，可以帮助你给人留下良好印象。例如，在求职面试中，稳坐不动、保持眼神接触、微笑并随着谈话的进展时而点头

是评估，不是调情

每个人都能识别调情的肢体语言，但用它来考量他人是否喜欢你，风险自负。有种流行的看法，女性会通过将自己的头发、整理服饰、点头和对视来表示对某位男性有兴趣。这是事实——但是，她们遇到完全没有兴趣的男性，也会有这类动作。类似的调情如果持续超过4分钟，才算是真正有兴趣的标志。女性会不经意地使用此类肢体语言来让男性继续说话，直到她们盘算清楚他是否值得了解。

的人，更有可能得到那个职位。而目光游移或回避目光接触、头僵着不动、表情缺乏变化的面试者更有可能被拒绝。"镜像效应"，即与他人互动时微妙地模仿他人的举止，也是建立密切关系的好方法。

有意伪装的肢体语言甚至能骗过自己。在一个著名的实验中，心理学家让有的志愿者保持"高威力"姿态，而另外的志愿者保持"低威力"姿态，时间都是两分钟。接着，让他们进行输赢概率为50:50的赌博游戏。那些保持高威力姿态的人，冒险的可能性要大得多。研究人员还采集了唾液样本，分别检测睾酮和皮质醇这两项权力和压力激素的水平。保持高威力姿态者的睾酮水平升高，而皮质醇水平下降。

情绪化的动作

身体姿态并不是肢体语言影响感受的唯一方式。坐直会产生正面情绪，而耸起肩膀会让你情绪低落。强作笑颜会使你感觉快乐一点，而皱眉则会产生相反的作用。注射肉毒杆菌会妨碍接受注射者皱眉，一般来讲他们会觉得更快乐。所以，虽然穆里尼奥在边线的反常举止并没有透露太多，但当他绽开笑颜，你会知道他是一位快乐的教练。

爱你的手足

我们身体构造里最容易被低估的恐怕就是手和脚了。两者都是对我们作为一个物种的成功至关重要的精密仪器。手是我们积极探索和操纵世界的工具，既灵巧又有力量。而脚完美地适应了直立行走和长跑。

如果向前方伸出你的手，你所看到的是人类特有的东西。我们对手指的控制能力比人类在进化上最近的表亲要强得多，而且我们拥有不同寻常的可以转动的拇指。用拇指垫依次碰触其他四根手指的肉垫，这个动作别的灵长类动物就无法完成。这就是著名的"拇指对向性"，使我们能够握住并精确操纵几乎任何物体。黑猩猩和大猩猩也有可对合的拇指，但其活动幅度比不上我们的。

我们的手也很强壮，让我们可以"有力而精准地抓握"，用拇指和其他手指来操作笨重且形状不规则的物体。黑猩猩的拇指太短，所以达不到类似的精准度。

自从人类与黑猩猩告别其共同祖先分道扬镳，我们的手进化得非常快。假定的人类祖先，也就是 200~300 万年前生活在非洲的南方古猿，并不拥有解剖学意义上现代的手。但对其手指骨的扫描显示，它们可以像人类一样抓握。

进化很可能选择了这种抓握能力，让我们的祖先能够制造和使用工具。迄今为止发现的最早的工具是大约 330 万年前制作的粗糙的、形状参差不齐的石器，当时可能被用来挖掘、刮削或切割。

调节控制

灵巧的另一个必要条件是脑力。制造工具不仅需要合适的肌腱、肌肉和骨骼，还需要控制它们并处理来自眼睛和手部触摸传感器的反馈的能力。

制造工具要求我们的祖先认识到用一块石头来改造另一块石头可以做出更好的工具。这是一个概念上的飞跃。所以，我们祖先制造的工具不仅让我们了解了他们的手，还让我们了解了他们大脑的思维能力。远古时代的工匠必须分别使用

平足

并不是每个人都有运动员般的脚。大约每 13 个人中就有一个是平足：行走时脚的中部会与地面接触。这令人惊讶，因为凸起的足弓一直被视为对直立行走的一项重要的适应。随着我们的祖先进化到两足行走，他们的脚形成了纵向和横向的足弓，提供有弹性的固定支撑，帮助他们通过抬起脚跟并用前脚掌推地向前行进。平足曾经被认为是一种缺陷，例如，它曾是不具备服兵役资格的理由之一。我们现在知道这是错误的：扁平足并不总是会造成疼痛或功能不良。

两只手来完成不同的任务——一只手固定一块石头，另一只手握着第二块石头敲击第一块。这一技能黑猩猩就很难掌握。

手、眼和脑的相互依赖在今天仍旧显而易见。每只手有 1.7 万个不同类型的感觉接收器，感知能力可以与眼睛媲美。女性因为手比较小，触觉敏感度普遍高于男性。大脑的感觉皮层（接收并解读来自身体各处的感觉信号）为手调配了大量资源。大脑的运动皮层也是如此，它负责计划并控制身体的自主活动。

运用手并协调其动作的能力并不是本能的，而是必须学会的。新生婴儿有一个让人欣喜的习惯，就是用整个小手抓握你的手指。这是他们唯一能做的，直到出生后 12 个月左右，他们才学会用手指和拇指配合抓握东西。要到至少 10 岁，他们才能发展出精准的控制能力。

一旦我们具备了完善的手脚控制能力，无论是弹钢琴、做椅子还是与人交流，可能性就会像滚雪球一样扩大。手势有可能是口头语言的先驱，也是数百万聋哑人的生命线。

两只"肉板子"

如果说我们对手知之甚多，那么对脚的理解还相对有限。脚的基本构造并无神秘之处：有 26 块骨头和 100 多条肌肉、肌腱及韧带。但关于这些部件是如何协同工作的，还没有勾勒出完整的画面。直到最近，针对经常穿鞋的西方人的脚的研究仍然非常少。但研究结果显示，鞋子会严重扭曲脚：与不穿鞋的脚相比，西方人的脚被挤压变形，呈现畸态。

因此，终身赤脚步行者是解剖学家理想的研究对象。他们的脚往往比较宽，行走时压力相对均匀地分布在接触地面的部位。明显的假设是，这些都是为了适应直立行走，在人类和黑猩猩分道扬镳后不久进化而来。脚的这些特征也使人类很擅长跑步。

乍一看，我们擅长跑步这种观点似乎不太可信。人类 100 米纪录保持者尤塞恩·博尔特可以在短时间内达到每小时 45 公里的最高速度。猎豹的速度可以轻易达到每小时 90 公里；灰狗、马，甚至黑猩猩都可以跑得比博尔特快。莫·法拉靠着 27 分钟多一点的成绩拿到了 2012 年奥运会 1 万米的冠军。一匹赛马可以在不到 20 分钟的时间内跑完同样的距离。

但是，一旦距离超过 10 公里，差距就逐渐抹平了。在马拉松比赛以及距离更长的情况下，人类是最优秀的跑者之一。状态良好的运动员可以保持每小时 15 公里的速度连续跑几小时，这与大自然的耐力专家们，包括野狗、斑马、羚羊和角马，不相上下。

这种能力有赖于 200 万年前人类祖先的脚、腿、臀部、脊柱和胸腔为适应环境发生的结构性变化。结论是，人类的身体就是为长距离奔跑专门"设计"的，这种适应也许是为了狩猎（让猎物跑到筋疲力尽）或搜寻尸体为食（让我们可以与狗和土狼争夺广泛分布的尸体）。也许你不这么想，但是，宝贝，你原本就为奔跑而生。

你的眼睛、耳朵和血……有多老？

请想象你买了辆自行车。一段时间之后，刹车片磨损了，你换了新的。再之后不久，你又换了轮胎。链子断了，后轮被拆下，车把断了，车座磨损，并且前轮生锈了。所有这些部件都被更换过，最后只剩车架是最初的配置。这还是同一辆自行车吗？

也许这并不重要。但想象一下，把上面自行车部件的例子替换为你的肌肉、皮肤、内脏、骨骼、心脏和大脑。如果所有这些都不是你出生时带来的，你还是同一个人吗？

可更新的身体部件

磨损是生命中的一个事实。坊间传言，你整个身体每七年就会更新一次。这个传说并不准确，但毫无疑问，身体的许多细胞确实在不断更新。那么，你真的每隔几年就换了个身体吗？如果真是这样，你一生中会用掉多少个身体？如果你活到白发苍颜，你的身体里还有部件是原来的配置吗？

这些问题出奇地难回答。很长一段时间以来，最好的猜测来自给大鼠和小鼠喂食放射性核苷酸的实验。核苷酸是 DNA 的构建材料。新的细胞将这些放射性化学物质纳入它们的 DNA，使得研究人员可以计算细胞的更替率。

此类实验表明，大小鼠周期性地更新它们的身体部件。那么人类呢？给人类喂食放射性化学物质然后杀了他们，不是一个可行的选项。也有间接的方法来观测某些组织，比如观察输入体内的血细胞会存在多长时间。但直到不久以前，我们都无法直接在人体内测定细胞年龄。

这个问题现在已经有了转机，这完全归功于一种类似碳定年法的巧妙方法，以及出人意料的冷战因素。

碳定年法依赖于测量有机物中的碳-14 含量。碳-14 是碳的一种稀有且微弱的放射性同位素，在宇宙射线撞击氮原子核时在大气中持续产生。它最终会衰变回氮，半衰期为 5730 年。

但在碳-14 衰变之前，它可以被植物吸收并转化为糖。动物吃植物，这样，所有生物体内都含有少量碳-14。你身体里大约每一万亿个碳原子中就有一个是碳-14，而不是正常的碳-12。然而，有机体在死亡时会停止吸收碳-14，已经进入有机体的碳-14 终将衰减完毕。

这种缓慢衰减使得针对考古样品的碳年代测定成为可能。通过测量曾经活过的事物中碳-14 和碳-12 的比率，可以推算出它的死亡时间——最远到 6 万年前。更久远的有机物因为如今遗留的碳-14 含量太低而无法测量。

然而，缓慢衰减也使这种方法不够精确。考古学的放射性碳年代测定只能精确到 30~100 年，对古埃及文物来说不成问题，但对于确定人体细胞的年龄却毫无助益。

出人意料的帮助

多亏近代历史上一段独特的插曲——冷战，我们才能以另外一种方式使用碳-14。1955 年至 1963 年间，地面核武器试验向大气层发射了大量碳-14。这个数值在 1963 年达到顶峰，大气中的

更新和衰老

如果身体的很大一部分都比我们年轻，为什么我们还会变老？为什么我们在暮年不能依旧皮肤光滑，跑起来健步如飞，一如少年？

答案在于线粒体 DNA，它积累变异的速度要快于细胞核中的 DNA。你一出生，线粒体就开始受到冲击，对此你毫无办法。所以，虽然你的细胞年龄只有你年龄的 1/3，但你的线粒体和你年龄相同。例如，皮肤中的线粒体 DNA 突变被认为造成了胶原蛋白质量逐渐下降，鉴于胶原蛋白是皮肤的支架，这就是皮肤会松弛并长出皱纹的原因。

碳 -14 水平达到正常背景值的两倍。这个"爆炸效应"在世界各地都被精确地记录下来。

碳 -14 也被人体吸收，包括其 DNA，这提供了一种测定人类细胞年龄的方法。

大多数生物分子都在变化，但 DNA 非常稳定：细胞生成时会有一套染色体，这套染色体在细胞整个生命过程中都保持不变。因此，一个活细胞的 DNA 中的碳 -14 水平与它生成时大气中的碳 -14 水平（减去因衰减而损失的极小的量）成正比。在 1955 年以前，大气中的碳 -14 水平大致保持不变。但在核试验比较频繁的那段时期，大气中的碳 -14 水平发生了变化。这意味着你可以提取 1955 年到 1990 年之间生成的细胞，测量细胞 DNA 中的碳 -14，然后估算它们的生成时间。

通过使用这一技术，科学家们终于估算出了人体自我更新的速度。

艰难的前线

前线细胞的日子最艰难，寿命也最短，包括肠壁细胞（5 天）、皮肤表皮细胞（2 周）和红细胞（120 天）。

肌肉细胞的平均寿命为 15.1 岁，肠道细胞的平均寿命为 15.9 岁。整个骨架每隔几年就会被完全更换。但是心肌似乎根本不更新。所以身体每七年就自我更新一次的常识并不算太夸张。

然而，大脑的情况完全不同，也许这就是为何虽然身体已经蜕变更新，你却依然觉得你是你自己。例如，视觉皮层和嗅球的神经元的年龄与它们的主人一致。

但并非整个大脑都会伴随你一生。与记忆密切相关的海马体每天大约有 700 个神经元被替换。这相当于每年约 0.6% 的替换率。如果你现在 50 岁，你的海马体大约有 1/3 比你年轻。

总之，不管你活了多久，你的身体平均只有 15 岁左右。不过，有些部件就如同那个可靠的、生锈的旧自行车车架，从始至终都会伴随着你。

人类为什么如此多毛？

老天，你是一只毛茸茸的野兽。你可能没觉得自己多毛，和黑猩猩相比，你看起来简直光秃秃的。但事实上，你的整个身体（除了手掌和脚掌）都遍布毛发。你总共有大约 500 万个毛囊，和黑猩猩及其他灵长类动物差不多。

但相似之处到此为止。毫无疑问，人类的毛发比较奇怪。虽然某些部位的毛发粗糙而卷曲，但我们身体的大部分毛发非常纤细短小，肉眼几乎看不见。我们的头发之长之奢华可以说是独一份的。我们几乎是唯一一种头发可以持续生长多年但同时也要忍受秃顶屈辱的动物。难怪我们和头发的关系如此纠结。

毛发二重奏

人类毛发有两种基本类型：一种是终毛，长在头部，如眉毛和睫毛；一种是柔毛，分布在人体其他部位。除此之外，不同类型毛发的主要区别在于，在毛囊停止提供营养之前，它们会生长多久。这决定了它们的长度和厚度。

毛囊会经历生长和休眠的周期。在生长阶段，毛发以每天约 0.4 毫米的速度持续生长，同时也变得更粗。但到了某个时间点，负责生成毛发的细胞会死去，于是生长停止。毛发脱落，毛囊休眠大约 6 个月，之后新的生发细胞出现，进入新的生长阶段。

生长阶段的长度由激素控制。腿毛大约生长 2 个月，这就是它们又短又细的原因。腋毛可以长 6 个月，而头发可以持续生长 6 年或更久。这意味着，理论上头发可以长到差不多 1 米长。

关于进化赋予我们如此独特的毛发组合的原因，有很多观点。占主导地位的观点是，当我们两足行走的祖先离开森林，迁徙到炎热的大草原上，他们需要保持身体凉爽，同时还要避免头部被太阳晒伤。体毛褪去，不仅去除了身上不必要的隔离层，还可以让皮肤通过出汗来冷却。褪毛也被假定是得益于衣服、火和洞穴居住等技术创新，这些创新使我们在夜间可以不必只依靠浓密体毛来保暖。与此同时，头部的毛发变得越来越粗厚浓密，以保护我们祖先的头部免受正午阳光的灼烤，同时还能在寒冷中保存热量。

基因证据表明，我们在大约 170 万年前褪去了浓密的体毛。那个时候，我们的祖先直立人正生活在炎热的热带草原上，这支持了温度调节假说。

看！没有寄生虫

但温度调节假说并不是唯一的可能。我们失去体毛也可能是为了提高识别他人、简化沟通或抵抗疾病的能力，因为浓密的毛发是寄生虫的主要栖息地。还有性选择假说，这是达尔文偏爱的解释。出于某种原因，我们祖先中毛发最少的人被认为最有吸引力，所以他们繁殖了更多的后代。无毛皮肤可能是展示健康状况的广告牌，以便吸引交配对象——类似性引诱，仿佛在说："看哪，我的身体多么完美，而且没有寄生虫。"

性选择假说也可以解释我们的头发。大多数人觉得一头浓密健康的头发有吸引力。的确，正是因为头发需要如此多的照料，所以它成了炫耀社会地位和性地位的完美的广告牌。梳洗颇费时间，所以，梳理完美的头发说明你富有资源，而且有良好的社交关系。如果这种解释是对的，那么头发的主要功能就是被修剪和设计，以便取得最佳的展示效果。这也许可以解释为什么长而油腻、蓬乱虬结的头发是社会地位卑微的标志。

史前发型设计

一些最古老的小雕像确实有打理整齐的头发。已知人类最古老的三维立体呈现，有 2.5 万年历史的布拉桑普伊的维纳斯牙雕，有优雅的齐肩长发。美发产品也不是什么新鲜事。在爱尔兰米斯郡沼泽里发现的有 2300 年历史的克洛尼卡万男子，头发上就抹着由植物油和松脂制作的发胶。

头发也可能被用来标识群体身份认同。在各个时代和不同文化中，我们都曾用发型作为组织成员

的标志：比如圆颅党[1]、拉斯特法里教[2]和洛卡比里[3]。

关于头发，我们说得足够多了。阴毛可能更不寻常。大多数灵长类动物生殖器周围的毛发要比身体其他部位的毛发细，但成年人类恰恰相反。

现在还没有一种被普遍接受的解释。一种可能是，由于浓密毛发恰巧分布在长着顶浆分泌腺的部位，有助于集中或散发标志性成熟的气味。阴毛可以在交媾时保护生殖器，并在其他时候，例如走路时，减少摩擦，还可以为我们最敏感的部位保温，使其免受风寒。

无论阴毛进化出来目的何在，现在许多人花在打理阴毛上的时间堪比打理头发的时间，同时毫不留情地除去身体其他部位的毛发。我们并非无毛，但不是因为不肯努力。

[1] 17 世纪英国资产阶级革命时对议会派的称呼。这些人不像骑士党那样留长发，而是按清教徒的习惯剪短发。
[2] 20 世纪 30 年代牙买加兴起的黑人基督教教派，其标志性发型是长长的脏辫。
[3] 美国山区摇滚，乐手通常用特别的发蜡梳头，由侧面往后梳，额头的头发立起来一些，脑后的发型有点像鸭尾。

秃顶

可怜的男人，他们是除了短尾猴之外唯一经常蒙受发际线后退之辱的灵长类动物。

在 30 岁之前，1/4 的男性已经开始秃顶，等到 45 岁，这个比例变成了一半。男性秃顶的模式有可循的路径：开始是太阳穴，然后是头顶，最后开始全方位"撤退"，留下一个寸草不生的脑袋。

然而实际上并非如此。秃头并不意味着不长头发，而是长着错误类型的头发。秃和不秃的脑袋上的毛囊数量差不多——大约 10 万个，但秃头的毛囊停止正常工作，只能长出纤细无色的绒毛来。

声音泄露了你的秘密吗？

那是 1927 年，BBC 成立刚刚五年，收音机还是新生事物。当和肉体分离的声音随着无线电波飘入英国几乎每个起居室，英国心理学家汤姆·哈瑟利·皮尔想要弄清楚人们在听广播时心里想着什么。

他招募了 9 个人，其中包括自己 11 岁的女儿、一个法官、一个牧师，让他们朗读《匹克威克外传》里的一段。朗读连续三个晚上在全英国播送，听众被要求从《广播时代》里剪下一个表格，填上他们对朗读者的印象，然后把表格邮寄回来。

近 5000 个听众回应了，很多人对朗读者做了非常详细的描述，甚至讲述了他们的人生故事。无论是对是错，听众所形成的印象的强度让人惊奇。皮尔确认了我们也许本能地知道的东西：声音可以具有很强的暗示性。无论你偷听隔壁房间还是上班时接电话，人们说话的方式都会让你在心里描绘出有关他们的清晰的图像。

吸引力的强弱

也许声音可以传达的最明显的信息是说话者的性别——主要通过音高。很多物种的雄性声道比雌性长，导致雄性可以发出比较深沉的声音。深沉的声音似乎会让潜在的对手和配偶感觉他们更强大。这也许是性选择在起作用：长久以来，雌性都倾向于选择声音更洪亮的雄性，于是进化就偏爱雄性拥有较长的声道。

人类男性的声音通常比女性低一个八度。研究表明，女性倾向于觉得声音低沉的男性更有吸引力，而男性偏爱音调较高的女性。排卵期之前两天女性音高甚至会轻微提升，这也许是为了提升吸引力。

除了音高，其他细微的性别信号也可能在起作用。举例而言，两个声音以相同频率说话，单词结尾的齿擦音 s（比如 centuries）的发音方式不同，可能会使之听起来更雄性化或雌性化。

可以从声音里收集到的另外一个特征是说话者的年龄。当我们渐渐变老，我们的语速会变慢，同时随着肌肉张力降低，我们的声音会变弱，而且呼吸更重。有些人会选择做声带整形手术，让自己的声音再度年轻起来。但上述线索都不是有关年龄的绝对指标。

关于我们说话方式的一个更有趣的方面是，人们往往相信自己单纯依据声音就可以判断说话者的生理特征。的确，有些生理特征会影响音量、

张口无言

语音是我们的"听觉面孔"，所以难怪语言障碍会对生活造成破坏性影响。比较常见的是口吃或者结巴，在世界范围内影响了大约 7000 万人。每一种语言都有专门的词来描述口吃，口吃者常常被歧视，并且做出种种被误导的尝试，企图解决这个问题。我们基本上不知道导致口吃的原因。近期的研究显示，其根源可能是大脑细微的差异，这个发现也许终将导向迫切需要的治疗方法。

音高和音色，比如嘴唇、下腭、鼻子和胸腔的形状。但根据声音判断这些特征非常困难。人们在按要求将声音与面孔配对时，结果只比碰运气好一点。但有趣的是，我们能够根据声音判断说话者的身高。

领袖之音

涉及通过直觉判断人们的心理特征时，事情变得十分棘手。这些判断似乎基于非常粗糙的刻板印象。

无论男性还是女性，较深沉的声音普遍被认为代表着更强的工作能力和领导力。举例来说，在美国的男性公司首席执行官中，声音更低沉者往往比音高较高者管理着更大的公司，并且每年多挣超过15万美元。对女性的声音也有类似判断。在被要求只通过声音来评价女性政治家时，人们总是偏爱其中声音更低沉的那些，而且表示会为她们投票。已故英国首相玛格丽特·撒切尔的顾问们显然了解这个效应：他们训练她降低音高，以此来增强她的权威感。

当然，过犹不及。很多人（也许是无意地）使用"气泡音"来增强其声音的权威感。气泡音使声音降低到沙哑的程度。但无论男性还是女性听众都不怎么喜欢。在吸引力、教育程度、能力和可信任度等方面，使用气泡音的人都被认为比不上正常发音的人。

口音偏见

对我们的判断影响甚至更严重的是口音。我们对口音的依赖很可能具有进化上的益处，因为口音帮助我们制造文化认同，让我们可以分辨自己人和外人。如今，我们从口音得出的推断纷繁复杂，影响了我们对吸引力、威望和智力的感知。这让我们对偏见门户洞开。

电视和电影长久以来用刻板的口音印象来引导观众。像《老友记》里面钱德勒时好时分的女朋友贾尼丝刺耳的纽约鼻音，或是华泽尔·古米治[1]的口音，常常被用来显示愚蠢。也许这些偏见在娱乐方面问题不大，但在真实世界中很可能导致严重的后果。如果播放被告的录音给英国人听，操着伯明翰口音就比女王口音更容易被认定为有罪。口音很重、让人不容易听懂的人比较倒霉：听众往往不相信他们所说的。

我们的声音对我们的生活有重要影响。语音被描述为我们的"听觉面孔"是有一定道理的。当然，如果你不喜欢自己的脸，你没有太多办法去改变它——至少不会太容易。但语音不同。我们中很多人微妙地、常常是下意识地根据社交环境的变化改变自己说话的方式。所以，如果你想推销你的听觉面孔，学习妥当地谈吐发音吧。

[1] 趣味电子游戏 *Worzel Gummidge* 的主角，一个稻草人。

你的身体里未必只有你自己

你可能认为你会一直在你母亲心里,而她也会一直在你心里。你也许是对的——在严格的字面意义上。出生时你很可能留了点自己的碎屑在母亲体内。当然,你也从母亲那里得到了她的一点组成"材料":她的细胞活在你大部分器官甚至大脑里。它们待在那里几年甚至几十年,插手你的生理和健康。你自己的孩子以及你的兄弟姐妹也一样。

当然,你的血液、皮肤、大脑和肺都由你自己的细胞构成,但并非完全如此。我们大多数人是会行走、会说话的细胞拼合体,有来自母亲、孩子甚至兄弟姐妹的使者潜入我们身体的每一部分。欢迎来到奇异的微嵌合体世界。

混血

微嵌合体这个概念最早出现在 20 世纪 70 年代。过去,人们认为孕妇与其胎儿的血液是完全分开的。但后来,人们在一个怀着男孩的妇女的血液中发现了带有雄性 Y 染色体的细胞。胎盘是母体和胎儿之间相互输送营养、氧气和废物的器官,它也会让一些血细胞通过。如今我们知道,这些细胞在胎儿出生后还会在他们各自体内留存很久。

发现这些微嵌合细胞有点靠运气,它们相对较少,而且似乎在体内到处移动,在不同的时间点,它们在不同器官内的数量会起起落落。一些人相信,通过足够的测试,我们会发现,就算并非所有人,大多数人也都是微嵌合体。

有一些问题正在被解答。例如,外来的细胞似乎到处都有分布。到目前为止,已育女性被测试过的每个器官,包括大脑,都有来自孩子的细胞,这些细胞可以存活长达 40 年。微嵌合细胞可能对健康有一定影响:有较多微嵌合细胞的人容易患上特定的自身免疫疾病,但患甲状腺癌和乳腺癌的风险较低。他们甚至可能更长寿。

加速疗愈

这些细胞在某些条件下是如何发挥作用的,也慢慢清晰起来。患围产期心肌病的孕妇,心脏会变得虚弱并增大。她们中的一半会康复,但我们不知道原因。

为了了解更多情况,美国研究人员制造了这种病的小鼠版本。他们让雌鼠和细胞中携带绿色荧光蛋白的雄鼠交配。有一半的胎儿遗传了这种蛋白,这让它们的细胞在母亲体内更容易被识别。然后,研究人员诱发怀孕的雌鼠心脏病发作。令人惊讶的是,胎儿细胞回到母亲受损的心脏组织,转化为心肌和血管细胞,来加速母亲心脏的愈合。

事实证明,胎儿为母亲提供了胚胎干细胞储备。这为新疗法带来了希望:可以用胎儿细胞来治疗其他形式的心脏病吗?

有意思的是,通过其他动物研究,我们现在知道胎儿细胞可以在母亲大脑中转变为神经元。这些细胞是在修复损伤,还是正常发育的一部分,尚有待发现。它还引出了另外一个问题:母体细胞是否在其后代的大脑中发挥着积极的作用?

微嵌合细胞对健康的影响甚至可能包括有助于再下一代的出生。先兆子痫是一种很险恶的疾

极端混合

　　1998 年，马萨诸塞州一位 52 岁的妇女发现了一个有关自己过去的可怕秘密。因为她需要做肾脏移植手术，她的三个儿子都做了配型检测，以便确定他们中的哪一个可以成为捐赠者。令人难以置信的是，结果竟然显示她不是他们的亲生母亲。她的医生花了两年时间才解决这个问题，最后发现她是一个嵌合体，她在母亲子宫中和她的异卵双胞胎姐妹融合了，发育出单一的身体。双胞胎的另外一位的细胞在她的血液中占了主导地位，而用来做配型检测的正是血液。但在她的其他组织包括卵巢里，来自姐妹俩的细胞相安无事地并存着。完全嵌合体比微嵌合体罕见得多——迄今只发现了大约 30 例。也许还有许多未被发现的完全嵌合体，他们只是不知道自己是两个不同的人的混合体而已。

病，在孕妇中的发病率大约为 6%。它通常在怀孕最后三个月发作，可能导致母亲和婴儿双双遇险。通过对有先兆子痫风险的孕妇进行研究，科学家发现患这种疾病的孕妇没有携带来自母亲的细胞。而近 1/3 免于先兆子痫的孕妇携带了来自母亲的细胞。母亲的细胞在其怀孕的女儿体内起了什么作用——如果有的话——还有待发现。

寻找原因

　　除了对健康的影响，关于微嵌合体的其他问题仍然存在：例如，为什么会发生这种情况？这也许是进化机制在起作用：如果胎儿可以通过转移一些细胞给母亲来提高自己存活的机会，那么进化很可能会选择这一过程。

　　还有一个问题是外来细胞如何躲过宿主的免疫系统，毕竟免疫系统的使命就是打败入侵者。我们知道微嵌合细胞可以变成一种免疫细胞。会不会是它们以某种方式嵌入我们的身体防御系统，变成了我们"生物自我"的一部分？对这个机制的理解很重要，因为它有可能在器官移植过程中帮助阻止排斥反应。

你的生物自我

　　无论这些谜题的答案是什么，我们都迫切需要反思生物自我这个概念。我们现在知道我们的基因组里有很多源自病毒的 DNA（见第 114 页），我们的口腔、肠道和皮肤是与我们还算和平共处的数十亿微生物的家园。现在我们发现自己的细胞并不都是自己的。不太恰当地引用诗人约翰·多恩的话，"没有人是一座孤岛"。如今，我们更像是会走路、会说话的生态系统。

我们可以重建他

　　学会说我们神经的生物电语言已经开始把我们从身体的脆弱中解放出来。在这里，你看到莱斯·鲍正在游泳，锻炼他的假肢，他是这种知识的受益者。40 年前，他在一次可怕的事故中失去了两只胳膊。2013 年，巴尔的摩约翰·霍普金斯大学的研究人员把曾经指挥他移动胳膊的神经重新接在他胸部的肌肉上。如今这些胸部肌肉起到放大器的作用，增强来自大脑的神经信号，然后将其输入装在他假肢里的电脑。莱斯只要想想转动手腕或伸直手肘，就能让假肢听从大脑的指挥。

Credit: Zackary Canepari/
Panos Pictures

聪明的大脑需要一个身体

"我思故我在。"勒内·笛卡儿写道。他不了解其中的一半。

笛卡儿的著名格言来自他那篇提出"二元论"概念的论文，"二元"意即思想和身体是不同的实体。这是一个很容易理解的区分；我们往往认为思考是专属大脑的工作。然而越来越清楚的是，思考关系到整个身体。没有来自身体的输入，大脑就无法产生自我意识，处理情绪，或者思考关于语言和数学的高端思想。身体远远不止筋骨肉，事实证明它也是管理运行的大脑。

身心连接最基本的方面是大家熟悉而又困惑的"具身感"，即我们占据并拥有自己身体的感觉，它是自我意识以及由此而来的觉知意识的核心原则。

具身感是大脑在处理感官信息时创造出来的，出奇地容易操纵。有个特别怪异的实验叫"橡胶手幻觉"。把一只橡胶手（或硬胶手套）放在你面前的桌子上，接着把你自己的手放在你看不见的地方，然后让别人用完全一致的动作抚摸橡胶手和你的手。看着假手被抚摸，你渐渐会觉得它是你身体的一部分。这是由视觉和触觉之间的不匹配造成的，而大脑解决这一问题的办法是认同它看到的东西。

类似的实验设置可以使人觉得自己的整个身体仿佛被转移到了假人甚至芭比娃娃身上。如果有人同步抚摸你的脸和屏幕上随机出现的脸，你渐渐会觉得屏幕上的形象就是你自己的映像。

这些幻觉不仅告诉我们大脑和身体是怎么结合起来创造具身感的，还展示了身体是怎样参与心理过程的，也就是所谓的"具身认知"。

例如，正在经历芭比娃娃幻觉的人认为他们周围的空间比事实上要大得多，这表明具身感会影响我们如何解读进入眼睛的感官信息。

具身认知在情感中也起着作用。你也许认为你微笑是因为你快乐，但事实恰恰相反。快乐的感觉在很大程度上来自微笑时的生理感觉。强迫自己微笑会改变你的情绪；当一个人因注射了肉毒杆菌面部肌肉僵硬，难以完成皱眉这个动作，他阅读悲伤或愤怒的句子所需的时间比他接受注射前要长。

移动弹珠

身体的运动还会影响对情绪的处理。在一个实验中，科学家要求志愿者将放在高架上的盒子里的弹珠转移到放在低架上的盒子里，或者反过来，同时谈论对他们具有积极或消极情感意义的事件，比如那些让他们觉得自豪或惭愧的事情。

当志愿者们往高处转移弹珠时，他们回忆和讲述积极故事的语速明显比较快，反之亦然。而当他们被问到一些中性的问题——比如"昨天发生了什么？"——如果当时他们在往高处转移弹珠，就更有可能谈论积极的事情；如果在往低处转移，则更有可能讲述消极的事情。

具身认知还有可能牵涉抽象思维过程。例如，数学思维似乎以某种方式依附于我们的运动和空间经验。当人们被要求读出一系列随机的数字时，他们眼球的移动方式反映了他们的思维过程。如果后一个数字比前一个数字大，他们通常会先向上向右移动眼球，然后才读出来。如果比前一个数字小，他们会向下向左移动眼球。数字之间的差越大，水平移动的距离就越大。这种相关性强到仅仅通过观察志愿者眼球的移动，就能相当精确地预测后一个数字的相对大小。

人们在幼年时期可能就学会了数量和空间运动之间这种联系。孩子看着一杯水被倒满或者积木垒起来，就会理解高度增加意味着更多数量，从而产生一种直觉——高就是多。

无意识攀爬

其他研究表明，语言也关乎具身体验。每次我们听到一个动词，大脑似乎就会模仿与其意义相关的动作。例如，听到"攀爬"这个词，控制手臂肌肉的神经区域就会被激活。

甚至像"好"和"坏"这样的抽象概念，似乎也和我们的具身感相关联。在另一个实验中，志愿者被要求对一种叫作 Fribble 的动物形物体做出判断。Fribble 都是成对出现，一个在左，另一个在右，彼此看起来略有不同。每一对 Fribble 出现后，志愿者都会收到一条指令，比如"圈出看起来更聪明的 Fribble"，或"圈出看起来比较不诚实的 Fribble"。

大多数志愿者表现出或左侧或右侧的偏好，在大部分情况下，他们的偏好与惯用手一致。左撇子的人偏爱左边的 Fribble，反之亦然。研究人员的结论是，我们倾向于把善良和美德与自己的惯用手联系起来。

总之，很难否认思想本质上既是心理的，也是生理的。鉴于身心如此高度融合，人工智能研究者现在认为，如果没有身体，真正的人工智能是不可能实现的。我们行动，故我们思考。

创造的姿态

杜鲁门·卡波特曾经把自己描述为"平躺的作家"，他说："如果不躺下，我就不会思考。"他说的可能很有道理。压力是创造力的大敌，我们躺着的时候会觉得更放松。人们躺着解字谜所需要的时间比站着少大约 10%。还有其他方法可以让创造力的汁液流动。比如，从肘部弯曲右臂，模仿奥古斯特·罗丹的雕像《思想者》的姿势。在为日常用品找出创新性使用方法的任务中，摆出"思想者"姿势的人成绩更好。

眼球横向移动也有帮助，有可能是因为眼球左右移动暂时增强了大脑左右半球之间的交流，从而提高了创造力。

我们逃得出新陈代谢的樊笼吗？

我们人类似乎可以分成惠比特犬和海象这两大部族。惠比特犬族人想吃什么就吃什么，却总是瘦削苗条，而海象族人只是瞟一眼食物就会成斤长肉。这听起来很不公平。

这两类人的差别在很大程度上应归因于新陈代谢，也就是保持身体持续运转的化学反应的总和。我们对这些新陈代谢方面的差异有何了解？我们能利用这些知识让我们海象族人不那么……像海象吗？

储存能量

新陈代谢的主要工作之一是生产能量。我们摄入的脂肪、碳水化合物及蛋白质最终会到达我们的细胞里，从而进入复杂的生化路径网。其终端产品是维持我们身体运转的能量。剩余的能量以两种形式储存起来：肝和肌肉中的糖原，以及，当糖原储存饱和时转化成的脂肪。

细胞代谢的速度，也就是我们的代谢率，是由位于颈前部的甲状腺所释放的激素控制的。甲状腺功能亢进的人吃得很多，体温较高，瘦得像耙子。相反，甲状腺功能低下的人吃得较少，身体变得湿冷，体重容易增加。这两种失调症困扰着大约 1/1000 的男性，在女性中更常见，每 100 人就有 1 人甲状腺功能亢进，1000 人中有 15 人甲状腺功能低下。

确定一个人的静息代谢率绝非易事。被测者要在一个叫代谢室的小房间里待差不多一整天，在这期间对他的氧气消耗量，以及他产生的热量、二氧化碳和含氮废物等进行测量。得到的结果是他们的能量消耗和支出概况。

以这种方式测量，会发现胖人在静息状态下会比瘦人消耗更多能量，这似乎自相矛盾。但之后你会意识到，体积大的人有更多细胞需要维护。另外，这里重要的不仅仅是细胞数量，还有类型。例如，1 千克脂肪细胞每天只消耗可怜的 4 卡路里。相同重量的肌肉细胞每天消耗 13 卡路里。但与心脏和肾脏细胞相比，这些都微不足道，1 千克心脏或肾脏细胞每天会消耗 440 卡路里。肥胖的人往往器官也比较大，这是他们能量消耗较高的另一个原因。

激素微调

阻止体重增加的方法之一可能来自激素控制。如今，我们已经知道一些抑制食欲的激素。我们了解最多的是瘦素，由脂肪细胞分泌，是对进食的反应。另一种是酪酪肽，由肠道分泌，也是对进食的反应。近年来，研究焦点已经转向胃泌酸调节素，这是另一种似乎可以抑制食欲并促进新陈代谢的胃肠激素。通过此类化学物质来控制新陈代谢将会是一个挑战，因为它们之间的相互作用及其对大脑和其他器官的影响非常复杂。尽管如此，一些研究人员还是认为激素控制可能会带来真正的益处。

此类数据揭示了为什么通过增加肌肉来提高代谢率如此困难。用 1 千克肌肉取代 1 千克脂肪，每天不过多消耗了 9 卡路里：很难说这是变成惠比特犬族的秘诀。这些数据还揭示了为什么男性需要比女性摄入更多能量，因为他们的脂肪相对较少，而肌肉相对较多。最后，此类数据还说明了为什么随着年龄的增长人们需要摄入的能量越来越少：平均而言，20 岁的男性比 60 岁的男性多 5 千克肌肉。

静息代谢率能解释的也就这么多了。我们都知道，一个人锻炼得越多，消耗的能量就越多，但人们还是会疑惑，为什么有些懒人很瘦。一个可能的解释是，这些人比自己所意识到的要活跃得多。对自封"沙发土豆"的人的研究发现，瘦人每天坐着的时间比轻度肥胖的人少 2.5 小时。这一差异相当于每天多消耗 350 卡路里，假以时日，足以让飞燕变成玉环。

天然倾向

然而运动并不是唯一的因素。有证据表明，有些人天生就比其他人更容易发胖。若干对同卵双胞胎过量饮食一段较长的时间之后开始显示出差异。在一对双胞胎内部，体重增加的趋势是相似的。在不同双胞胎之间，体重增加的差异却可能高达 3 倍。这些结果有力地表明，基因在影响我们增重的倾向。

哪些基因在起作用尚不清楚，但科学家已经确认了五个能可靠地预测增重倾向的特征：身体不强健；低肌肉量；低睾酮水平（睾酮促进肌肉

生长）；对抑制食欲的瘦素不敏感；在消化食物和吸收营养时燃烧脂肪较少。

所以，有些人的身体比其他人的身体更善于应对过量进食的情况，前者会燃烧更多能量，不积累脂肪。抗肥胖者和易肥胖者的区别不仅仅在于对食物的直接反应。在过量进食两天后，抗肥胖者报告说，他们停止食用富含能量的食物，比如蛋糕。他们的大脑对此类食物的图像的反应也比易肥胖者迟钝。更重要的是，在过量进食之后的两三天内，易肥胖者变得更无精打采，而抗肥胖者则保持平时的活跃。

隐秘的器官

另一个需要搞清楚的对新陈代谢有影响的因素是肠道菌群。研究表明，在给老鼠喂食肥胖动物的肠道微生物后，它们也会发胖。移植体形较瘦的动物的肠道微生物可以帮助接受者降低体重。尚不清楚微生物群是如何达到这种效果的，但似乎有额外的"器官"在肠道里指导增加体重这件事。

新陈代谢及其与体重之间的关系极其复杂。没有任何单一的因素能给出良方，但了解所有影响确实会给我们海象族提供一些控制体重的工具。是否会有那么一天，我们能蜕变成惠比特犬族？至少目前，这个愿望的实现依旧遥不可及。

脂肪怎样使你变瘦？

"管住嘴，迈开腿"可能是我们这个时代人们的一致呼声。在许多国家，不仅仅是发达国家，许多高热量食品使肥胖成为主要的健康危害。这种威胁的代表是堆积在屁股和肚子周围的储存多余能量以备不时之需的白色脂肪细胞。不幸的是，对很多过着久坐不动的现代生活的人来说，这些储备能量永远也用不上。

有些科学家认为这个问题的答案也在脂肪细胞中——这好像有点自相矛盾——但不是白色脂肪，而是它的亲戚棕色脂肪，后者热衷于消耗能量。事实上，每克棕色脂肪细胞能产生的热量比身体其他任何一种细胞的 300 倍还多。

婴儿肥

人们过去曾经认为只有婴儿才有棕色脂肪细胞，因为他们需要这种脂肪帮助调节体温。棕色脂肪细胞的数量会随着年岁的增长而减少，但事实上，许多成年人的锁骨、肩膀和上背部仍然存有棕色脂肪细胞。这引出了一个有意思的点子，用棕色脂肪炼炉般的能力来燃烧积存的脂肪。工作量不会很大：肥胖通常都是因为每天只多摄入了几卡路里能量，日积月累而来。

棕色脂肪细胞之所以呈现棕色，是因为它们含有异常大量的线粒体，一种给细胞供能的微小结构。这些线粒体也不是一般的线粒体：它们含有一种叫增温素或解偶联蛋白的蛋白质，其唯一目的是产生热量。

棕色脂肪暴露在寒冷环境中时会被激活，所以发挥其益处的最好方法是你经常给自己降温。

哺乳动物刚到寒冷的环境中会通过打寒战来保持体温。对啮齿类动物的研究表明，经过几阵寒冷后，棕色脂肪会接管体温调节工作，于是寒战消退，但能量消耗保持不变。

这种效应也会发生在人类身上，如果我们愿意很长一段时间每天待在 16°C 的环境中 6 小时的话。但只有在保证减肥成功的前提下遭受这种折磨才值得。不幸的是，证据喜忧参半。短暂的寒冷可以增加棕色脂肪的活性，降低体脂，但这并不能证明其间的因果关系。到目前为止的研究表明，棕色脂肪细胞在减少体脂方面可能只起了很小的作用，而其他机制，包括寒战，可能也在起作用。

即使棕色脂肪确实能帮助减肥，很多人也可能会因为需要忍耐低温而畏缩不前。幸运的是，有些化合物似乎可以模拟寒冷的效果（见下页方框）。其中之一是米拉贝隆，一种药物，被研制出来以平息膀胱过动，也能增强棕色脂肪细胞的活性。12 名服用该药物的志愿者的静息代谢率平均每天增加了 203 卡路里。有趣的是，米拉贝隆还可以分解白色脂肪。

增加棕色脂肪

上述所有方法有一个共同的潜在问题，那就是，许多人，尤其成年人，只有很少的棕色脂肪细胞。所以，问题来了：我们能增加棕色脂肪吗？从理论上讲，这可以实现，做法是从身体中提取脂肪前体细胞，将其置于可促使它们变成棕色脂肪细胞的化学物质中。这已经在小鼠身上成功实现了，把处理过的细胞注射回动物体内，它们会发展成棕色脂肪细胞。同样的过程在人身上也可能行得通。

也许还有另一种选择。几年前科学家发现了第三种脂肪，叫作米色脂肪。它与棕色脂肪有不同的起源，不是只长在身体个别部位，而是遍布白色脂肪中。最重要的是，米色脂肪细胞含有产热蛋白 UCP1。

与棕色脂肪相比，米色脂肪有几个潜在的优势。暴露在寒冷中不仅能促使米色脂肪细胞产生热量，还有额外的好处，就是增加米色脂肪细胞的数量。在这一点上，它比棕色脂肪强。

伪装的寒冷

如果你一想到要靠暴露在冷空气中来减肥就会颤抖不已，可能还有温暖些的方法供你选择。辣椒素是让辣椒产生灼烧口感的主要物质，似乎也能以类似暴露在冷空气中的方式刺激棕色脂肪。在高脂肪饮食中加入辣椒素喂给小鼠，它们的代谢提高了，且体重没有增加。每天摄入一定剂量辣椒素的人，其棕色脂肪的活性提高了，消耗了更多能量。有利的一面是，辣椒素价格低廉，相对安全，需要多少就可以种植多少。不利的一面是，我们仍然需要大量实验来证明它能够可靠地刺激棕色脂肪并导致体重降低。

另外，对啮齿动物的研究表明，白色脂肪有可能变成米色。当小鼠被暴露在寒冷的环境中，它们会自然而然地产生化学信号，作用于一种被称作巨噬细胞的免疫细胞。这会刺激白色脂肪细胞变成米色。当小鼠被注射同样的化学信号时，就好像它们受了冻一样，白色脂肪变成米色脂肪，而最好的一点是，这会消耗更多能量。

主开关

我们还发现了一种基因"主开关"，指示白色脂肪细胞停止储存能量，转而消耗能量——高效地将白色脂肪细胞转化为米色脂肪细胞。研究人员正在利用基因编辑技术探索通过基因疗法治疗肥胖症的可能性。

无论白色、米色还是棕色脂肪，我们对脂肪细胞以及如何操纵它们的理解都在快速发展。虽然将米色和棕色脂肪应用于减肥产业还有很长的路要走，但有很多值得乐观期待的消息。

HOW
TO
BE
HUMAN

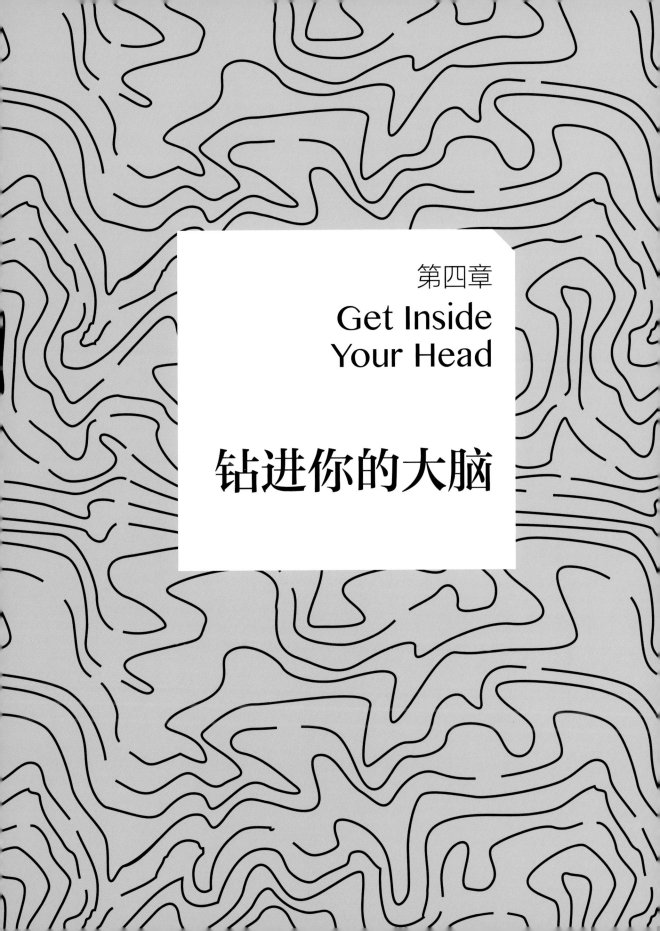

第四章
Get Inside
Your Head

钻进你的大脑

思想的本质

如果可以，请试着想象一下没有思想的生活。对一个人来说，没有思想几乎无法称其为存在。思想充满我们清醒着的每时每刻，思考自然而然地发生。可以说，思考之于人类，就像飞行之于鹰和游泳之于海豚一样。

但是，思考是一回事，理解什么是思想是另一回事。正如雄鹰不需要理解空气动力学就能飞行，海豚不需要学习流体力学就能游泳，我们大多数人对思想的本质虽无深入理解，也可以思考。

那么思想是什么呢？这个问题的难度令人吃惊。思想是一种极其多变且复杂的现象。我们可以思考的事情多到让人难以置信：物体、人、地点、关系、抽象概念、过去、未来、真实的事物和想象的事物。我们用思想来解决问题和发明东西。我们可以思考"无"，甚至思考思想本身。

为了让讨论取得进展，我们首先需要界定一些概念，因为"思想"这个词可以用来指三种完全不同的东西。

选择你的概念

在第一种意义上，思想指的是一种精神事件。想到某事就是把它带入意识。在另一种意义上，它指的是一种精神机能。正如存在与知觉和语言相关的机能，也存在一种或者多种和思考能力相关的精神机能。在第三种意义上，它指的是某种精神活动。正如你可以进行观看或聆听这样的活动，你也可以进行思考这种活动。

让我们来看看作为精神事件的思想。什么是思想，它们与其他类型的精神事件的区别是什么？

假设你在生篝火。你可以看到火焰并感受到热量。这些纯粹是知觉性的。但你也可能开始思考，如果风向变了会怎样，或者燃烧的原理是什么？这些事件是由知觉经验引起的，但它们本身并非知觉，而是思想。

想一个苹果

作为一种精神机能的思想也可以通过知觉和思想之间的对比来说明。比方说，为了知觉到一个苹果，你和它之间必须有某种因果关联。光线

不要想白熊

试图控制思想的方向可能会适得其反。在一项著名的研究中，心理学家丹尼尔·韦格纳告诉一组志愿者"想着白熊"，告诉另一组"不要想白熊"。5分钟后，结果显示第二组想到白熊的次数比第一组还多。这就是所谓的"白熊效应"：试图压制一个念头通常会事与愿违。

蒂姆·贝恩是澳大利亚墨尔本莫纳什大学的哲学教授，也是《思想：一个非常简短的介绍》一书的作者。

必须被苹果反射出来，并由你的视觉系统进行处理。但思考一个苹果就不需要这样的关联。知觉和思想的另一个对比在于它们各自让我们认识到的属性的范围。知觉只能让我们接触有限范围内的属性。你可以看到苹果是红的，但你无法感知到苹果起源于西亚，或者它的基因比一个人的基因还多。但是，你可以在对苹果的思考中掌握这些特征，因为你不仅可以想"那个苹果是红色的"，还可以想"苹果起源于西亚"或者"那个苹果的基因比一个人的基因还多"。

精神活动

那么，思想作为一种精神活动呢？虽然思想可以孤立地产生，但它们一个接一个产生的情况可能更常见。有时候，思想是通过关联性连接的，一个念头会自然而然、毫不费力地导向另一个念头，就像文字联想游戏一样。想到瑞士，可能会触发滑雪的念头，接着可能想到下雪，然后想到圣诞节，诸如此类。

虽然顺这种思想之流而下不无快感，但思维的力量在于某种更系统的东西：它让我们能够使用证据和逻辑。

让我们来看一下这串思考："苏格拉底是人"，"所有人类都会死"，"苏格拉底会死"。它们之间是通过推理连接起来的，如果前两个想法是正确的，那么第三个也是正确的。思考的主要价值来自我们将想法组织成连贯的链条的能力，"看到"从什么可以推出什么。换句话说，我们对思考的兴趣主要在于推理。

在区分了思想这几个不同方面之后，我们现在可以将注意力转向思想的本质。它到底是什么？

过去人们认为，思想需要某种非物质的媒介——灵魂或非物质的心灵。现代理论家通常反对这种观点，而倾向于唯物主义的说法，认为思想只涉及物理过程。

有许多原因让他们相信这一点。或许最有说服力的是功能磁共振成像扫描仪可以探测到思想对应的大脑里的物理活动模式。

在一项研究中，研究人员要求志愿者在"加"或"减"两个选项之间进行选择，然后给他们两个数字来执行他们选择的操作。通过功能磁共振成像扫描，研究人员能够以70%的准确率判断志愿者的决定是"加"还是"减"，从而解读出他们隐藏的意图。大脑成像离完全破译"思维的语言"还有漫长的距离，更不用说设计出能读懂人们想法的机器了，但它的确暗示了思想是种物质状态。

语言是必不可少的吗？

关于思想本质的一个有争议的问题涉及语言在思考中的作用。关于这个问题，有很多观点。一些学者认为我们借助语言来思考，而另一些则认为，除了让我们沟通思想，语言在思考中不起作用。真相有可能介于两个极端之间。

进入这个争论的方法之一是考量非人类动物能够产生什么样的思想。许多物种都有一定的追踪数学特性的能力。老鼠可以被教会按杠杆一定次数，之后获得一份食物奖励。黑猩猩可以相当准确地比较不同的数量。让它们面对两个托盘，每个托盘上各有两堆巧克力碎片，它们通常可以确定哪一个托盘上的巧克力碎片总量较多。黑猩猩也能掌握简单的分数。当人们把半杯牛奶给它们看时，它们可以为得到一份奖赏指向半个苹果，而忽略四分之三个苹果。这些技能大概需要类似思考的能力。

另一个领域也发现了非人类动物有类似思考的表现，那就是对心理状态的理解。至少，灵长类似乎有能力根据其他动物正在看什么判断出它能看到什么，或者它也许了解什么。它们会跟随其他动物的视线定位其注意的目标，并从其他动物的视线中把食物移开。

增强的能力

一些非人类物种至少拥有原始形态的思维能力，这似乎很清楚。但其他物种不可能达到人类思维能够囊括的范围。是什么导致了人类思维的复杂性呢？答案看起来与语言有关。

我们可以通过一个实验来看看语言是如何增强思维能力的。示巴是一只黑猩猩，受过用数字来代表物品的训练。研究者给了示巴两盘食物，一个大盘，一个小盘。为了得到大盘里的食物，她必须指向那个小盘。她明白这个规则，但她无法抑制自己的本能，还是会指向大盘——直到盘子被盖住，标上代表食物数量的数字。

使用符号使示巴超越了她正常的能力，将她的思维从知觉中分离出来。这种分离是人类思想的一个显著特征，使用符号可能为此提供助益，甚至很有可能是必要条件。语言还可以通过其他

重要的方式促进思维。把思想用语言表达出来，让我们能够后退一步，对它们进行批判性评估。

主动还是被动？

把思考视作精神活动提出了另一个关键问题：我们能对思考施加何种控制。思考是有意的、受到控制的行为，还是大体被动的行为？

假设我问你，为什么民主政体倾向于不和其他民主政体开战。（有一种常见的说法，民主政体之间从未相互大战，但事实并非如此。）如果你没有思考过这个问题，你可能需要思考一下。

思考具体包括什么呢？如果你的体验跟我的相似，那么你只需要问自己一个问题，然后等着某个答案浮现在你脑海里。你无法通过有意识地遵循某种规则来产生所要求的想法。

思想从何而来？

总的来说，思考通常不过是"问自己问题，并等潜意识来回答"。在这种情况下，意识的角色似乎是个看护人，其工作就是确保思维的火车不偏离主题。所以，我们对思考的方向有一些有意识的控制，但这种控制很弱。

人类思想的潜力显然是巨大的。它不受我们的身体和知觉能力所受的那些限制：我们无法看到或造访遥远的空间和时间，但我们可以思考它们。然而，我们的头脑能把握的内容有限制吗？要说现实的某些层面超出了我们思维能力所及的范围，这令人难以置信。世界似乎没有哪个层面是我们无法思考的。

站在巨人的肩膀上

人类思维的一个显著特征是它发生在社会环境中。我们生在思想者中间，又在最擅长思考的那些人指导下学习思考。的确，童年是延长的学习思考的学徒期。文化传播使得一代人最杰出的思想可以被传递给后来的人。其他物种的认知突破通常在每一代都需要重新发现，与它们不同，我们可以在祖先的思想之上继续搭建。我们不仅继承了他们思想的内容，还继承了产生、评价和交流思想的方法。

思想的极限

是否有理由认真对待认知极限这种可能呢？有的。考虑一下其他物种的认知极限。黑猩猩也许能思考某个范围内的事，但很难让人相信它们有能力思考量子力学。也许这就是缺乏语言导致的限制之一。如果有某些现实层面是其他有一定思考能力的物种无法进入的，那么也许也有一些现实层面是我们无法进入的。

接受现实的某些层面超出了我们的理解能力是一回事，界定它们是什么则完全是另一回事。是否有可能划定人类思想的边界呢？

你可能会担心这个问题是荒谬的。如果某个思想是我们无法思考的，假设我们不能思考它，又怎会知道它是无法被思考的呢。但是，试图确定思想的极限并不自相矛盾。关键是要把思及某个思想与实际思考这个思想区别开来。正如我们可以知道我们不知道的事情——已知的未知——同理，我们也许可以思及无法思考的问题：可思考的不可思考。

无论人类思想的边界在哪里，毫无疑问，我们离那里还很遥远。有些思想，深刻、重要和深远的思想，还没有被人思考过。思想已经引领我们走了很长的路，谁知道它会将人类带往何处。

你现在在想什么？

你的大脑具有无可匹敌的创造力，但同时也是狂野纷乱的思绪、特殊的记忆、奇怪的迷恋和虚妄的信念的家园。只有你知道里面发生了什么。你可能会认为它的工作方式完全正常或者惊人地怪异，但你是怎么知道的呢？毕竟，没有人曾经进入过另一个人的大脑。什么算是"正常"的大脑？真的存在这种东西吗？

例如，大多数人大部分时间在想什么？有传言说，男人每7秒钟就会想到性。这几乎可以肯定是假的。研究人员把按铃发给一些学生，要求他们在想到性的时候就按一下，得出的结论是，男生平均每天想到性19次，女生平均每天10次左右；想到食物和想到性的频率差不多，男生每天18次，女生14次；至于睡觉，男生10次，女生9次。

其他研究表明，在大多数人的自发思考中占据主导地位的令人愉快的主题除了性、食物、睡觉，还有社交和购物等。单调乏味的思考似乎是人类共有的。即使在知识分子中，崇高的思想也不常见。但黑暗的念头也相对少见。例如，除非直接面对死亡，我们大多数人几乎不会想到死亡。

认知涂鸦

对死亡的病态痴迷影响着大约15%的人，但一般而言，强迫性思维相当常见。我们往往把无目的的念头描述为随意或松散的联想链，但如果你发现自己的思绪一再蜿蜒返回熟悉的领域，这种情况并不特殊。就像认知涂鸦一样，强迫性或仪式性思维可能只是占据闲散大脑的一种方式。

此类思维曾经具有进化优势，让我们做好准备，以应对未来的风险。这能够解释为什么它们常常与可能的威胁有关，例如不洁。

当然，很多时候，你的想法被你正在做的事情引导，无论是工作、社交，还是看电视。至少在你专心致志的时候是这样。大多数人认为自己比一般人更容易走神。事实上，很难判断正常情况是什么样。在实验中，人们被要求阅读列夫·托尔斯泰的《战争与和平》等书籍的节选，然后随机打断他们，询问他们在想什么，结果显示，我们有15%~50%的时间在开小差。

注意力持续时间

如果你的注意力持续时间较短，不要担心。人们专注于一项任务的能力存在很大差异。小孩子不容易集中注意力，也许是因为发育中的大脑尚未学会控制处理接收到的感觉信息的区域。这种能力会持续增强，在20岁左右达到平台期并持续到中年，然后逐渐减弱。注意力的平均持续时间之短让人震惊。微软的一份报告称只有8秒。但并没有证据表明科技让我们的专注力变得更糟。

那么记忆呢？显然，你所拥有的整套记忆是你独有的。但你可能想知道为什么你的大脑会偏爱某些类型的记忆。长期记忆分为两大类。语义记忆记录事实，比如火车时刻表。情景记忆记录我们经历过的事件，例如某次乘火车旅行。符合刻板印象的是，女性的情节记忆往往比男性好。另外，在语义记忆方面，男性对空间信息的记忆更好，而女性通常在和语言有关的任务上表现更好，比如回忆单词表。性格类型似乎也是一个因素：对新体验持开放态度的人，往往有更好的自传体记忆。

年龄的增长对关乎个人经历的记忆的影响大于对事实记忆的影响。并不是我们的大脑超负荷了，我们的记忆容量实际上是无限的。大脑结构的逐渐变化才是罪魁祸首。无论你是什么年纪，记忆通常都跟遗忘相关。所以，如果你的记忆似乎在以某种神秘的方式变化，不必过于担心。记忆是非常个人的事情，能反映出你认为重要的东西。

自言自语

普通人头脑的奇怪程度会超出你的想象。即使凭空听到声音也没那么奇怪。我们中 60% 的人经历过"内心对话"，我们的日常思考会采用这种来回对话的模式。此外，有 5%~15% 的人会凭空听到画外音，虽然只是短暂地或偶尔听到。

约有 1% 没被诊断患有精神疾病的人会听到重复出现的声音。大约有同样比例的人被诊断患有精神分裂症，这挑战了这两者相关的假设。事实上，扫描显示，没被诊断患有精神疾病但听到声音的人的大脑与那些没听到声音的人的大脑几乎没什么不同。

我们的记忆也编造故事。这种虚构是某些记忆障碍的症状之一，使人们形成虚假的记忆。但没有记忆障碍的人也会虚构记忆。实验表明，如果人们被迫做出一个随机的决定，之后他们会编造出故事来解释它。

一种解释是，这有助于我们理解这个个体不断遭受信息轰炸的世界，并为我们基于无意识原因所做的决定提供有意识的理由。我们的谎言可能更加自私：通过对自己撒谎，我们得以更好地对他人撒谎。

类似妄想的信念

即使是你那些奇怪的信念也不会让你显得多么与众不同。从前，相信不可能的事情会被当作精神失衡的标志。今天我们知道，大多数人拥有至少一个类似妄想的信念。这些是会让你被诊断患有精神疾病的信念的温和版本，例如，你的家人已经被绑架并由伪装者替代。我们大多数人似乎并不会被这些类似妄想的信念所困扰。

所以，如果你有妄想，不能集中注意力超过 8 秒，刚被介绍完就忘记了别人的名字，并且无法停止想到性或食物，祝贺你。你有着正常的人类大脑。

我自何处开始，在何处结束？

你的自我意识是如此具体的东西，因此听到这个你也许会感到震惊：它很可能是你的大脑创造的幻觉。你甚至无法确定你的身体自我的起点和终点，就像"橡胶手幻觉"所揭示的。你的手被放在屏幕后面，你看到的是一只假手。然后，你的真手和假手同时被以同样的动作抚摸。过了一会儿，你的大脑将假手整合进它的身体蓝图，你开始感觉假手才是你的手。如果有人想要刺它，你会缩手，而你的大脑正准备感受疼痛。这就是感觉的力量，你知道假手不是你的手，但视觉和触觉信号会覆盖你的认知。

Credit：Daniel Stier

想象的可怕力量

在争夺太阳系控制权的亚比克－隆特战争期间，行星卢卡克和行星斯洛克兰形成了。爆发战争是因为两个6岁的男孩无法就由谁来统治他们共同想象的世界达成一致。最后，战争通过外交手段解决了，他们决定把这个想象的世界一分为二：凯文得到了亚比克，建立在卢卡克星球上的一个国家；而西蒙得到了隆特，建立在斯洛克兰星球上的一个国家。

凯文和西蒙（不是真名）详尽复杂的想象世界是幻想出来的，但这种想象并不罕见。超过1/10的美国大学生记得类似的想象世界；2/3的7岁以下儿童有想象中的朋友。这种现象也不是童年专有的。据说阿加莎·克里斯蒂在70岁时还和她想象中的伙伴聊天，科特·柯本自杀前写的遗书是给儿时想象中的朋友博达的。更常见的是，成年人通过小说、电影和白日梦来放纵自己的想象力。

我们为什么要花大量时间沉浸在虚构的世界中呢？过去心理学家常常认为，我们凭空想象，然后用虚构的情节、人物和物品来充实细节的倾向是一种精神缺陷。现在，想象在人类思想中起到的核心作用已经被承认。

定义想象是困难的。如果它指的是超越此时此地并利用我们的心智穿越或超越时空的能力，那么它包括以下一切：从幻想独角兽、想象发生在上周末的一件事，到搞清楚晚上到城市另一端参加社交活动的最佳路线。如果使用这个定义，我们就是在持续不断地运用我们的想象力。

独角兽

想象力狭义一些的定义是，思考我们知道不真实的那些可能性的能力。这个定义包括独角兽和未来事件，但不包括记忆。即使是这个狭义的定义，也涵盖了很大一部分人类思想。

我们所有人都会想象，但孩子沉浸在想象里的时间比成年人多，因此想象力研究往往把更多精力放在孩子身上。这些研究表明，想象在我们的成长中是件正经事。花更多时间玩假装游戏的孩子更善于回答反事实问题，类似"如果……将会怎样？"这种情况。

不存在的朋友

许多年幼的孩子都有想象的朋友，他们中的大多数也非常清楚他们那不存在的玩伴的虚拟本质。研究想象力的研究人员说，孩子们在与假想的朋友交谈时经常会停下来，跟他们说："你知道，这是假的。"或者，当被询问是在哪里认识的这些朋友时，他们会承认，这是"我编出来的"。在一项对83名有假想朋友的孩子的研究中，1/3的孩子自发给出这种澄清，只有两个孩子对其朋友是否存在表现出困惑的迹象。

看似玩耍的行为实际上是测试事物及事件之间因果关系的一个安全场域。当一个孩子跟另一个说"假装那是一只老虎笼,我是动物园管理员,而你是老虎"时,她并非只是闹着玩,而是在探究这一场景中所有可能的情况及其后果。

想象出来的朋友

另一种揭示出很多有关童年想象的情况的假装游戏是有一个假想的朋友。这种现象曾经被认为是那些不善于与现实世界建立关系或互动的孤独的孩子的避难所,但现在很清楚,这是正常童年里常见的元素。

假想的朋友可以满足各种各样的目的,从单纯的好玩到表达恐惧、探索情感,或者通过实验认识神秘的成人世界。心理学家就儿童和成人之间的劳动分工有一种说法。童年是研究开发部,在这个分部我们可以对世界做各种实验,发展我们的创造性思维,同时不必为生存顾虑所困扰。我们在此期间获得的技能让我们为成年后进入生产营销部做好了准备。

假想的朋友还可以帮助孩子应对现实生活中的困难。儿童心理学家已经发现了引人注目的证据,表明假想的朋友为来自弱势背景的孩子、被困在美国寄养系统中或需要应对战争和冲突带来的极端压力的孩子,提供了某种精神支持。

一些研究还表明,有假想的朋友的孩子拥有更强的心智理论,这意味着他们可以更好地理解他人的心理状态并与之建立联系。

这可能与我们这个物种的起源有深刻的联系。

我们早期祖先的心智理论的进化是我们获得独特的想象技巧的第一步。另一个里程碑是人类进化成直立行走的两足动物,这要求骨盆变窄。为了适应母亲变窄的骨盆,人类婴儿出生时头骨有弹性,大脑较小,在童年时期才长足尺寸。所以,双足直立为漫长的童年奠定了基础,而童年充满了想象的游戏,在此期间,我们的大脑继续发育,并接受文化的塑造。

想象力不仅是我们作为人类必不可少的一部分,可能还与人类获取世界统治权的进程密不可分。在智人首次出现在非洲之后的几万年里,他们生活在小型的、孤立的狩猎 - 采集群体中,这些群体逐渐遍布各大洲。直到 1 万年前,出现了以定居社会为中心的大型文明,人类在全球的统治才得以巩固。想象力在这个过程中起到了关键作用。

大型社会和将它们凝聚在一起的力量完全是人为创造的。国家、部落、宗教、婚姻、金钱和法官的执法权是我们创造性思维的主观产物,如果没有这些创造,现代人类社会就无法维持。所以,也许 1 万年前我们祖先大脑中涌动的、使人类这个物种最终统治了世界的东西,是人类想象力的重大升级,达到了可以想象出法律、国籍或宗教等抽象概念的水平。这也解释了为什么人类是地球上唯一发展出科技文明的生物。

为什么你总在走神？

准备，稳住，专注。接下来你会读到一些非常重要的东西。我们会尽力吸引你的注意力，但这不会太容易。几乎可以肯定，干扰会发生，可能是一个回忆挟持了你的注意力，也可能是饥饿，或者与性有关的事。你可能已经走神了。

在你读这些句子时，几乎可以肯定你的大脑至少会开一次小差。事实上，根据一些估测，我们一生中接近 50% 的时间都花在从当下向头脑中的世界漂移上了。

西格蒙德·弗洛伊德认为这种走神是属于婴儿期的。如今我们知道这是健康心智的标志。走神如此重要，以至于我们的大脑不想放过任何机会，常常在不该走神的时候走神。

走神极其常见。我们 20% 以上的时间在开小差，只是自己往往意识不到（见第 88 页）。而在现实世界中，这个问题更严重。一些随机要求人们报告自己心理状态的实验表明，接受测试者几乎有一半时间都在走神。

长期以来，缺乏专注力被视为严重的缺点。把事情做完被认为关乎一个人的执行控制力——一种屏蔽干扰、保持思路和专注于一项任务的能力。

关于执行控制力的说法有很多。执行控制力较强的人往往能出色地完成分析性问题，比如数学和语言推理任务，通常智商也比较高。当然，高智商往往与学术和职业的成功联系在一起。

但分析能力强并不意味着什么都强。具有高水平执行控制力的人，在面对需要创造性灵感闪现的任务时常常比较吃力。

我们来看一个脑筋急转弯。哪个单词可以分别跟"high""book"和"sour"这三个单词组合，构成另外一个单词或短语？要解决这个问题，你无法只用分析的方法排查单词表。答案常常是突然出现的。那些工作记忆容量高因而有良好执行控制力的人会发现，面对这些问题，他们的表现不如那些经常走神的人。（答案是"note"。）

灵活的思维

其他得到公认的灵活思维测试的结果也是如此。例如，"不寻常用途任务"测试要求人们为像砖块这样平淡无奇的物体想出具有创造性的用途，然后对答案的数量和独创性打分。工作记忆容量较低且容易走神的人，在这个测试中比执行控制力优秀的人表现更好。

这些发现为回答"我们为什么如此容易走神"这个问题提供了线索：走神可能会导致创造性思维，打破执行控制力强加的严格限制。在白日梦中得到灵感当然是合理的。创造力的一个重要技能是将完全不相干的概念联系起来，这种联系常常出现在走神的大脑中。

这些发现也与最近的一个意外发现密切相关。对走神的大脑的扫描显示，精神漫游的时间与大脑中一系列区域的活动相关，这些区域被称为"默认网络"，会在我们头脑清醒但悠闲的时候被激活。

这个大脑网络一直隐藏在显而易见之处。多年来，研究人员把人放在扫描仪中，观察他们的大脑在执行特定任务时的活动。他们没有注意到，在实验任务之间的"休息"时间，大脑活动往往会激增。

默认网络的发现解开了一个由来已久的谜。大脑是人体中能量消耗最大的器官之一，它仅占人体总重量的 2%，但消耗的能量却占到总量的 20%。奇怪的是，不管它在做什么都会疯狂地消耗能量。

如果大脑就像一台电脑，在被要求完成一项任务之前一直处于待机状态，那么这种"无事忙"的表现就不合理。现在我们知道，情况并非如此：未被要求集中注意力时，大脑的默认网络会启动。

白日梦网络

神经科学家研究了默认网络的活动模式，认为它们的工作就是做白日梦。这听起来像一种精神上的奢侈，其目的却极其正经。这个默认网络是我们将过去所学用于未来计划的终极工具。其中协助搜索和分类的神经路径可能对创造力至关重要，帮助我们评估并连接头脑中不相关的概念。这种工作看起来如此重要，以至大脑一有可能就会投入其中，只有当它不得不将有限的血液、氧气和血糖分配给更紧迫的任务时才会中断。

这个推测很吸引人：做白日梦所牵涉的神经路径可能对创造力很重要，能帮助我们评估并连接大脑中不相干的概念。所以走神也是有益处的。

因此，如果你在读这篇文章的时候走神了，无须自责，因为几乎不可能不走神，而且，你走神时虽然没做什么，但也在忙。

创造力润滑剂

酒精可能是专注力的敌人，但专注力可能是创造力的敌人。所以从逻辑上讲，酒精应该是创造力的朋友。你瞧，它的确是。研究人员让一群学生分别喝下伏特加和蔓越莓汁，接着让他们解决一系列棘手的字谜，它们需要的是创造性而非分析性解决方案。饮酒者比喝软饮料者更容易走神，但他们解答谜题更多更快。

你的记忆不只是为了记住

欢迎，时间旅行者！你的身体也许被困在此时此刻，但你在精神上是自由的。你只需回忆起过去发生的一件事，就已经完成了一项据我们所知为人类所独有的壮举。

我们都是记忆的集合。记忆指导我们如何思考、行动、决策，甚至界定了我们的身份。然而记忆是个谜。为什么我们记得某些事情，但不记得另外一些？为什么记忆会捉弄我们？记忆是一个东西，还是很多东西？

至少我们很清楚最后一点。记忆由许多不同的组件构成。广义上讲，记忆有三种类型：感官记忆、短期记忆和长期记忆。

记忆接力

感官记忆是最容易消逝的，它在将相关信息转移给短期记忆之前，会短暂地保留输入的信息。这是一个临时存储处，能够存储大约 7 项长达 20 秒的信息，比如密码之类的数字，或者解字谜时需要的操作信息。重要的信息会被从短期记忆转入大脑的长期存储设施，并在你的余生中一直保存在那里。

长期记忆也分成不同的种类：存储事实的语义记忆；程序记忆，比如骑自行车的技能；记录你生活中发生的事件的情节记忆或自传体记忆。

自传体记忆与我们作为人的感觉最紧密地联系在一起，像对毕业日、初吻或失去某个特别的人的日子的记忆，都是自传体记忆，也是我们的自我不可或缺的一部分。

想到自传体记忆，我们会很自然地把它想象成一本精神日记——你的私密之书。比方说，要重现你上学的第一天，你只需掸掉封面上的灰尘，翻到相关的页面。但这种常识性的看法存在问题。为什么这本书的内容如此不可靠？为什么我们会忘记关键的细节，混淆很多东西，甚至会"记住"一些子虚乌有的事件？

如果记忆的目的仅仅是记录过去，这些缺陷令人费解。但如果记忆还有其他目的，这些缺陷就讲得通了。记忆研究者现在开始意识到：记忆让我们能够想象未来。

最早提示这种可能性的蛛丝马迹来自对失去自传体记忆的失忆症患者的研究。这些失忆者很难制定计划，仿佛在被剥夺过去的同时，他们也被剥夺了未来。

大脑扫描支持这个观点，每次我们想到未来，都是在撕碎自传的书页，并用这些过去的片段拼接出一个新的剧本。记忆让我们既可以向前又可以向后投射，就像一台多功能"精神性时间旅行器"。

我不记得！

在其他一些方面，我们的自传体记忆是不完整的。生命的某些阶段会产生大量记忆，而另一些阶段则只有相对零碎的报道。为什么我们会记得一些事件，而不记得另一些呢？

小孩子是臭名昭著的健忘症患者。从很小的时候起，我们的大脑就开始记忆，甚至早在出生之前就开始学习简单的关联，但我们无法有意识地记起约 3 岁前的具体事件，甚至很难回忆起 6

岁生日之前的很多事情。

　　有三个不同的因素能够解释这种模糊的记忆。一种可能性是，巩固记忆的海马体和大脑其他部分的神经通路还没有发育成熟，所以经验未被固化为长期记忆。此外，语言的发展也很重要，因为文字为我们提供了悬挂记忆的支架。孩子们在学会用语言描述某件事之前，不会记住这件事。

我是谁？

　　对我们自身的同一性的觉知也很重要。能在镜子中认出自己的幼儿可以在一周后回忆起某些事件。能在镜子中认出自己是形成自我意识的一个标志。而那些没有通过镜子测试的幼儿的记忆则是一片空白（见第 88 页）。

　　随着我们的成长，自传体记忆变得更加活跃，最后开始超速发展，在成年早期达到巅峰。与生命中的其他阶段相比，我们更有可能记住发生在这个时期的事情。这种"记忆隆起"可能是发育中的大脑结构发生变化的结果，也可能是由于我们的大脑在青春期和成年早期感受到的情绪要强烈得多——与强烈情感相关的记忆会在大脑中停留更长时间。这种现象也可能仅仅是因为我们生命中许多重要的里程碑和仪式都发生在这个阶段。

　　我们甚至可以预测这个隆起。当孩子们被要求想象他们未来的人生故事时，大多数事件都发生在成年早期。这一发现与回忆和对未来的预期在大脑中分享相同的机制的观点相吻合。

　　随着年龄的增长，记忆会逐渐消退，对未来的展望也变得不那么重要了。但是，许多老年人仍然具有把自己从此时此地解放出来、穿越回生命中重要时刻的能力。自传体记忆也许并不可靠，但它仍然是我们不可或缺的一部分。

虚假记忆

　　将记忆引入歧途非常容易。如果车祸目击者后来被问及车停在树前还是树后，他们很可能会记得车祸现场有一棵树，虽然事实上那儿并没有树。这种"错误信息效应"甚至可以被用来说服人们相信自己参与过他们本应知道从未发生过的事件，比如乘坐热气球或参观迪士尼乐园。然而，对于某些事件，记忆是非常坚实牢靠的。例如，戴安娜王妃去世和9·11事件制造了持续几十年的强烈而生动的记忆，这就是所谓的"闪光灯记忆"。

今天你会读谁的心？

想象一下这个场景：莎莉和安妮这对朋友在一家酒吧里喝酒。当莎莉去洗手间的时候，安妮决定再买一轮酒，但她注意到莎莉把手机忘在她面前的桌子上了。为了安全起见，安妮在去吧台之前把手机放进了她朋友的包里。那么，莎莉回来时，她会期待在哪里找到她的手机？

如果你回答她会检查她落下手机的桌子，恭喜你！你具备"心智理论"，也就是理解他人可能拥有与自己不同的知识、想法和信念的能力。

如果这听起来没什么特别的，那就再想想。我们认为心智理论是理所当然的，但它关乎其他任何物种都做不到的事情：暂时摆脱我们自己关于这个世界的想法和信念，设身处地体验他人的生活。

这个过程也被称为"心智化"，不仅让我们从别人的角度看待世界，预测他们的行为，还让我们学会说谎并发现他人的欺骗行为。心智理论水平也许可以决定我们的朋友数量，它也是宗教的一个要素——毕竟，对精神世界的信仰要求我们能够设想不在眼前的心智。在有人发明心电感应这个概念之前，这是我们能找到的最接近读心的方法。

莎莉－安妮测试

关于心智理论的最初想法出现在 20 世纪 70 年代，当时人们发现，儿童在 4 岁左右认知会有巨大飞跃。这一点在"莎莉－安妮测试"中得到了最好的体现，这个测试对上述酒吧里两个朋友的故事做了改编，用木偶和球来代替人和手机。

当被问到"莎莉回来时，她会去哪里找球？"，大多数 3 岁的孩子会毫不犹豫地说她会到安妮放球的新地点去找。因为他们知道球的位置，无法想象莎莉会不知道。但在 4 岁左右的孩子那里，这个情况发生了变化。大多数四五岁的孩子意识到，莎莉会期待球还在她之前离开时的位置。

这种能力对我们作为一个物种的成功是必不可少的。如果没有心智理论，我们将无法跟上复杂的社会生活节奏——谁知道关于谁的什么，谁会去想关于谁的什么，以及他们可能会怎么做。想象一下你不具备至少是大胆猜测他人所知所想的能力，却又不得不在由亲戚、盟友和对手组成的复杂地形里跋涉的情景。

更大的社会，更大的大脑

的确，需要跟上日益复杂的社会关系可能是大脑进化的一个关键驱动力。就猴子和猿类而言，它们生活于其中的群体越大，它们的前额叶皮质面积就越大；前额叶皮质是大脑最外面的部分，是处理高级思维的区域。人类也一样。人类的前额叶皮质的大小与其社交网络的大小以及通过心智理论测试的能力之间存在着相关性。

尽管心智理论在人际关系中至关重要，但并非每个人的心智理论水平都能达到同等高度。年龄是个决定性因素。心智理论能力在童年时期突然出现，随着年龄增长而发展，直到 20 多岁时才发展成熟。

改变的并不是心智理论本身，而是我们如何用计划、注意力和解决问题等认知技巧把心智理论应用于社交场景。而这些认知技巧在青少年时期还在发展。因此，青少年可以把他们的自我中心和拙于社交归咎于心智理论还在发展这一事实。对家长来说，好消息是大多数青少年最终都能学会如何设身处地为他人考虑。

超越第二阶

　　甚至心智理论也不是决定因素。有些人在社交场合就是比其他人反应更灵敏，他们似乎有一种心电感应能力，能够理解他人的想法、需要和欲求。

　　要理解这种差异，我们必须超越简单的莎莉－安妮测试，因为几乎所有 5 岁以上的人都可以不假思索地通过这种测试。莎莉－安妮这种设想代表了最简单的层次，被称为"第二阶"心智理论。

　　现在想象一下，我们在莎莉－安妮这个故事中引入第三个角色，一个小偷看到安妮移动了手机。读出他的想法对大多数人来说都不难：他想偷手机，他知道它在哪里，但也明白他必须在莎莉或安妮回来之前动手。这就是第三阶心智理论。第四阶对几乎每个人来说也都很简单：再加上一名便衣警察，他见证了整个过程。站在他的角度，弄明白他对其他三个人的所知所想有何了解并猜测他接下来会做什么，是相当容易的。

读心作业

　　但如果再上一阶，有些人就跟不上了。5 个人中大约有 1 个不能越过第四阶心智理论。还有 1/5 的人会卡在第五阶。只有前 1/5 的人能达到第六阶的高度。

　　即使你没有处在第一梯队，通过练习来提高这种能力也是可行的。最好的方法之一是阅读文学小说，这要求你跟上他人的所知所想。研究人员甚至在 60 岁以上的人身上观察到了进步。想做一个更好的读心者永远不会太迟。

读心诗人

　　除了帮助我们跟上社会生活，心智理论能力对欣赏虚构作品也至关重要。引人入胜的人类戏剧往往专注于追踪"谁知道有关谁的什么"，或者至少是自以为知道些什么。没有心智理论能力，肥皂剧就演不下去。有些人甚至提出，莎士比亚的天才就在于，他让观众同时追踪多个心智状态，几乎把观众的心智理论能力推到了极限。例如，在《奥赛罗》中，观众必须搞明白，伊阿古想让奥赛罗误以为他的妻子苔丝狄蒙娜爱着凯西奥。喜剧，尤其是闹剧，也严重依赖心智理论能力。比如，《弗尔蒂旅馆》里的曼纽尔可能会说："我什么都不知道……"

你认为掌控你的是你自己吗？

你认为你知道自己在想什么吗？再想想。我们很大一部分精神生活发生在肉眼看不见的地方，那里曾经被认为是我们最卑劣欲望的化粪池。

那个地方就是潜意识（或无意识），一个黑暗的、声名狼藉的心智角落，最初由西格蒙德·弗洛伊德提出，属于他那如今遭到质疑的精神分析理论的一部分。弗洛伊德和他的追随者认为，无意识不过是一种情感性的、冲动的力量，与更有逻辑性、更超然的有意识的心智相冲突。

现代神经科学家肯定不同意他的观点，但在有一点上，他们的确和弗洛伊德意见一致：我们的大脑有一种神奇的解决问题的本领，并不需要意识的参与。潜意识思维过程似乎在许多我们认为人类独有的心理机制中——包括创造力、解决问题、记忆、学习和语言——都扮演了关键的角色。对某些任务而言，它优于理性的、有意识的思考。

一些科学家甚至认为，我们日常活动的绝大部分是由潜意识掌控的，我们不过是它所指挥的行尸走肉而已。这是比较极端的立场，但潜意识的力量毋庸置疑。

对潜意识的现代研究始于20世纪80年代一个著名的实验。加州大学旧金山分校的本杰明·里贝特告诉志愿者，他们可以在任何时候按一下按钮，只要他们想这么做。志愿者按钮的确切时间由超级精密的时钟记录。志愿者们头皮上还放置了电极，来测量他们大脑的生物电活动。

这个实验揭示出，神经元的活动比人们有意识地决定按下按钮要早近半秒。最近，一个类似的功能磁共振成像扫描实验发现，在人们有意识地决定采取行动之前10秒钟，分布在大脑前额叶皮质上的神经就已经忙碌起来了。

这些实验结果有时被解释为否定了自由意志的存在，但它们同样可能意味着我们确实拥有自由意志，只不过是由我们的无意识思维行使而已（见第46页）。无论对自由意志的态度是什么，实验都表明，在意识的表面之下，有一些重要的心理过程在冒泡。

突破

进入这些心理过程需要一些巧妙的实验技巧。其中一个叫"遮掩"，首先给志愿者展示一个单词，只延续几十毫秒，接着显示一个图像，遮住之前的单词，阻止志愿者有意识地感知它。随着遮盖图像出现前单词显示时间的增加，单词会突然跃入志愿者的意识中，伴随着脑部扫描结果中可见的特征性活动。

被遮掩的词进入意识，通常发生在展示时间达到50毫秒左右时。如果该词具有情感意义，更能吸引注意力，需要的展示时间也更短。神经影像证实了这一点，一旦这个词被有意识地感知到，大脑很多区域都会活动起来。

遮掩实验表明，无意识信息可以影响有意识的想法和决定。例如，看到被遮掩的单词为"盐"，志愿者更有可能从单词表中选择一个和盐相关的单词，比如"胡椒"。

此类实验改变了我们对意识和潜意识之间关系的看法：后者牢固地占据着掌控地位。我们的无意识大脑不间断地监测着世界，当输入的信息变得足够重要时，就把它推入有意识的觉知领域。把意识想象成一盏聚光灯，则潜意识控制着它什么时候打开，往什么地方打光。

无意识也是大脑的自动驾驶中心。我们在日常生活中所做的许多事情都发生在有意识的觉知层面之下，除了吞咽和呼吸等惯常任务，还包括驾驶、打高尔夫球或触摸打字（盲打）等技能。刚开始学习这些技能时，它们占据了我们所有的注意力，但通过练习，这些技能被分配给潜意识，我们的注意力被释放出来，服务于其他任务。

无意识的领域也是我们做出瞬间判断的地方。如果你曾经在公共汽车上对陌生人一见钟情，或者感觉到似乎毫无道理的不信任，那是因为你的无意识在执勤。令人惊讶的是，这些瞬间判断往往相当准确。实验表明，见到一个人仅仅2秒钟后，我们就能判断出他的自信程度、性偏好、经济上的成就和政治倾向。

不眠不休的无意识

甚至在我们睡着之后，我们的无意识仍在工作。如果你曾有过在闹钟将响未响的那一刻醒来的奇异经历，那是你的无意识在意识打盹时计时。

无意识并非只负责那些枯燥的工作。某些你以为理性的、有意识的思考会更有效的情况，无意识思考可能实际上表现更好。有时候，我们不得不基于大量难以比较的信息做出艰难的选择，例如，租哪套公寓或签哪个手机合同更好，如果你不主动思考，往往反倒会做出更好的决定。在这些情况下，似乎无意识在权衡利弊方面更为称职。

见而不视

一个进入无意识思维的有点吓人的方法是研究有"盲视"这种症状的人。人们因受伤或中风大脑受损，这在很偶然的情况下会导致他们意识不到自己的视觉，但不会影响他们在凌乱的房间里移动、辨别物体以及对表情做出反应的能力。这表明，他们虽然可能不是有意识地看见视觉刺激物，但能够用潜意识处理看到的事物并做出适当的反应。

和默认网络（见第94页）一样，无意识处理信息的方式也可能对创造力很重要。它把来自整个大脑的各种互不相干的信息联系在一起，而不受负责大脑目标导向的额叶的干扰。这使得它能够产生新奇的想法，这些想法将在灵光闪现的瞬间进入意识层面。这种无意识的思考还可以解释那些豁然开朗的时刻——问题的答案凭空闪现，或者，那些我们绞尽脑汁都想不起来的词或名字在我们放弃搜索之后忽然出现在脑海里。

为什么我们这么容易养成坏习惯？

我们人类是习惯的创造物。我们每天所做的事情中，大约有 40% 不需要有意识的思考，这不仅包括健康的行为，比如刷牙，还包括不健康的行为，比如吸烟。和生活中的许多事情一样，习惯是一把双刃剑。

为什么养成和打破习惯如此困难，一直以来都是个谜。即便如此，掌控我们习惯的前景还是颇有吸引力的。举个例子，有一种被普遍接受的说法，形成一个新习惯或摆脱一个旧习惯需要 21 天。遗憾的是，几乎没有任何证据支持这类观点。但这种情况已经开始改变。神经科学家正在描绘当新习惯形成、长期以来的旧习惯被打破时大脑回路活动情况的精确画面。

理解习惯的第一个挑战是搞清楚习惯实际上是什么。依照通俗的看法，习惯常常被认为是不可取的，例如不良的餐桌礼仪或吸烟。

然而，从科学的角度看，习惯被广泛定义为在某种情况下惯常发生的行为，这些行为常常是无意识地进行的。习惯一旦形成，就像一个程序，会自动运行。

这个过程在使日常生活变得更简单方面起到了至关重要的作用：如果你每次刷牙或上下班路上都要全神贯注，生活会变得让人无法忍受。事实上，我们日常多达 40% 的行为是习惯性的。在你十分娴熟地做出某种行为时，你通常在想别的事情。

半途清醒

习惯性行为有可能惊人地复杂。你有没有这种经历：上了自己的车，想开车去超市，却在去公司的途中忽然清醒过来？或者是想开车回家，但去了你已经搬离的房子？这些"失误"都是习惯性行为的表现。

从实用的角度来看，这一切都是有意义的，但这也表明：当有意识的行为变成一种习惯时，大脑会发生一些变化。

病理性习惯？

咬指甲也许不礼貌而且不雅，但它并不会改变或威胁生命。不良习惯在什么情况下会变成一个问题，比如成瘾或强迫症？有证据表明，患有强迫症、图雷特氏综合征或对药物上瘾的人，他们和习惯形成有关的大脑回路受到了干扰。研究发现，强迫症患者比较容易出现"行动失误"，无意识地做着习惯性动作。厌食症也可能是一种比较极端的习惯。

然而，使用药物的情况要更复杂，因为药物的神经毒性会影响大脑。所以，具有形成习惯的强烈倾向会使你容易上瘾，而药物本身可能会使你更容易掉入习惯的陷阱。

当老鼠学会了在迷宫中找到路径，并开始出于习惯走同样的路线，其大脑纹状体区域的脑电波会变慢。这可能显示习惯已经形成。当猴子形成新的习惯时，它们纹状体的活动也发生了类似变化。

重要的是，研究表明，纹状体内的细胞在一个行为开始和结束时的活动方式就好像在示意自动驾驶程序何时打开何时关上。你也许会认为这是大脑在"分块"，即通过把事项清单切分成独立的组块来记忆它们。如果你曾在背诵电话号码时被打断，你可能得从头开始，因为你只记得作为数字块序列的完整号码。

行为分块使我们得以避免在例行活动中浪费宝贵的脑力。但这显然有一个缺点：你的大脑也可以习惯不健康或不可取的行为。

大多数习惯一开始是积极的、目标导向的行为：你想要一个更整洁的卧室，所以你每天早上都整理你的床。重复足够多的次数后，行为就会变成自动。像咬指甲这样的坏习惯，开始时也是目标导向的，比如用来缓解压力。但它也会变成习惯，很快，你在咬指甲时会意识不到自己正在做什么。

恼人的是，我们的大脑并不会区分好习惯和坏习惯。这方面的证据来自对意志力的研究。意志力的供给是有限的；我们在白天用得越多，它消耗得越多，这意味着我们在晚些时候的尝试中更有可能放弃。

当意志力耗尽，比如在有压力或感到疲惫的时候，我们会回过头来依赖习惯，无论好习惯还是坏习惯。难怪学生们发现，在考试期间，自己吃零食的不健康习惯会加强。但看似矛盾的是，像读书或锻炼这类好习惯也会加强。

我们还知道，习惯是由某些暗示或环境触发的。例如，如果你给在电影院或会议室看片的人提供爆米花，通常在电影院的人会吃掉更多，即使爆米花不新鲜。可能是环境暗示触发了大脑信号，纹状体被通知启动吃爆米花这种习惯性行为。

戒除坏习惯

了解习惯是什么，是怎样形成的，由什么触发，有助于回答这个价值百万美元的问题：如何摆脱坏习惯，保持或养成好习惯？

习惯和环境之间的关联，解释了为什么我们离开家乡、换工作或搬家的时候是改掉旧习惯或刻意培养新习惯的最好时机。另一个建议是，不要因为偶尔的疏忽而患得患失。一项研究跟踪了大约 100 个试图培养新习惯的人，发现偶尔的疏忽不会造成长期的后果。而且，这会让习惯的养成变得更容易。意志力就像肌肉，虽然会被消耗掉，但随着练习，它也会变得更强。

那么，你需要练习多长时间呢？民间智慧认为，习惯的养成需要 3 周时间，但科学研究得出的数据是大约 10 周，涵盖的范围从 18 天到 254 天不等。但是，好习惯一旦养成，可以持续一辈子。

不要相信你以为的

我们人类有两种思考方式。第一种非常迅速，依靠直觉，被称为系统1，它毫不费力地解决我们每天要面临的无数问题。我们只在遇到复杂的脑力任务时才使用系统2。遗憾的是，我们这种认知机制会产生可预见的错误。

问题1

乒乓球拍和球总共值1.10英镑。球拍比球贵1.00英镑。球值多少钱？

答案

许多人会凭直觉回答，球值10便士。但这就意味着球拍值1.10英镑，而总花费是1.20英镑。正确答案是球5便士，球拍1.05英镑。

偏见

直观的答案是10便士，它突然出现在你脑海里。要避免系统1这个答案，你得花费一些精力，使用系统2来进行数学计算。有些人会自动启动系统2，但很多人不会。请注意，虽然你知道答案，但10便士看起来仍然是个很有吸引力的答案。

问题2

D A 2 5

这四张卡片，一面是字母，另一面是数字。你应该把哪两张卡片翻过来，以证明下面的陈述是正确的："如一面是D，则另一面是5"？

答案

大多数人会选择D和5。但问题中没有要求5的反面是什么，所以把5翻过来也没用。正确的答案是D和2，因为如果2的反面是D，问题中的陈述就是错误的。

偏见

这揭示了确认偏差。我们认为我们正在理性地权衡各种选择，但其实我们已经选择了偏爱的选项（D和5是最好的）并想确认它。事实上，检验这个陈述的最好方法是尝试证伪。

问题3

玛丽姨妈看了一系列新闻报道，讲的是发生在她居住的镇子另一头的入室盗窃案，她忧心忡忡，于是拨通了你的电话。她家位于一个安全的郊区，有积极的社区守卫和防盗报警器。你是让她冷静下来，还是建议她加强安全措施？

答案

最好的选择是让她冷静下来。

偏见

系统1遵循简单的规则或启发机制。"易得性启发"促使我们评估事物的相对重要性，依赖的并非证据，而是我们最容易想到的东西。我们通常记得的是媒体所报道的。玛丽姨妈家并没有比一个月前受到更多威胁，但那些新闻报道使她觉得更不安全了。

问题4

你有一支蜡烛、许多图钉和一盒火柴。请只使用这些物品，把蜡烛固定在墙上。

答案

清空火柴盒，用图钉将其钉在墙上。把蜡烛放在火柴盒上。划一根火柴，点亮蜡烛。大功告成。

偏见

如果你认为火柴盒只适合用来装火柴，那么你显示出"功能固着"的倾向。通常这是一个好的捷径，比方说，为某项任务找到合适的工具，但它也可能限制你解决问题的能力。

问题 5

琳达 25 岁，非常聪明，单身，直率。在大学学习哲学期间，她被社会正义问题深深吸引，参加了环保抗议活动。请将下列陈述按可能性从大到小排列：

A. 琳达在书店工作，还上瑜伽课。
B. 琳达是银行出纳。
C. 琳达是银行出纳并且在环保运动中很活跃。

答案

B 一定在 C 之前。

偏见

从统计学上看，琳达是一位银行出纳的可能性比她是银行出纳兼积极的环保主义者的概率更大。把 C 放在 B 之前是"合取谬误"的一个例子。它把系统 1 的直觉置于概率逻辑之上。

问题 6

一对父子遭遇车祸。父亲当场死亡，儿子被送往医院。他即将接受手术的时候，外科医生说："我不能做这台手术——那男孩是我儿子！"请解释。

答案

外科医生可能是男孩父亲的同性伴侣。但更有可能的是，外科医生是他的母亲。

偏见

大多数人被问到这个问题时都没答对：这是"典型偏见"的一个例子。为了快速理解，我们的记忆将人、地点、事物分类，并将信念和期望与它们联系起来。以这种方式形成的结论往往简单且错误。

问题 7

你在商店买牛仔裤，找到了一条合适的。但你被价签吓了一跳：150 英镑。太贵了！你回家以后，在网上找到同样的牛仔裤，标价 100 英镑。你下单购买并因为占了便宜而得意。但真的便宜吗？

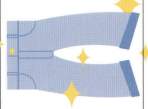

答案

牛仔裤的成本只有 100 英镑的几分之一，所以答案是否定的。

偏见

人类倾向于"锚定效应"：我们容易过于依赖一条信息，这会影响后来的决策。150 英镑的锚使 100 英镑的价格看起来很便宜。许多商店利用"锚定效应"，定个高价，然后在此基础上给出折扣。

问题 8

湖面上有一小片睡莲。每天，睡莲覆盖的面积会增加一倍。如果睡莲覆盖整个湖面需要 48 天，那它需要多长时间能覆盖湖面的一半？

答案

47 天。

偏见

这与问题 1 相似。直觉的答案是 24，因为"一半的湖面在一半的时间内被覆盖"。现在启动系统 2，然后往回想。如果湖面在第 48 天整个被覆盖，那么早一天，睡莲就覆盖了一半的面积。

为什么聪明人也会做蠢事？

"地球有其边界，但人类的愚蠢没有极限。"居斯塔夫·福楼拜曾经这样写道。从中产阶级的流言蜚语到学者的演讲，这位法国小说家到处都能看到人类的愚蠢。他写给诗人路易丝·柯莱——正是她赋予他创作《包法利夫人》的灵感——的信中充斥着对蠢货同类多姿多彩的挖苦谴责。连伏尔泰也没有逃过他严厉的审视。这种痴迷驱使他把生命最后几年都用来为一部愚蠢百科全书收集素材。书还没写完，他就去世了，也许是被愚蠢气死的。

记录人类愚蠢的广度本身看起来就像愚人之举，这可以解释为何对人类智力的研究往往集中在智力范围上端。然而，单单是人类智力范围的跨度就引出了许多有意思的问题。如果聪明是一种优势，为什么并非所有人都聪明？是不是聪明也有缺陷，有时不那么敏锐的人也会占上风？为什么甚至最聪明的人也容易——嗯，犯蠢？

抽象推理

在试图研究人类智力的差别时，我们往往把注意力集中在可以得出单一数据的测试上。智商被普遍认为是不完美的量尺。尽管如此，它的确捕捉到了一些有意义的东西。也许智商最适合被当作衡量抽象推理能力的尺子：你的智商越高，就越容易理解掌握微积分这样的概念。智商120的人觉得微积分很容易，而智商70的人觉得它容易的概率就很低。智商似乎还可以用于预测学术和职业成就。

有许多因素决定了你在智商量尺上的位置。

大约1/3的智力差别应归因于我们成长的环境，比如营养和教育等因素。但基因对智商的影响更大，超过40%。

在生活的某些方面，低智商显然是一种障碍，这提出了一个问题：为什么低智商基因依旧存在？一种可能性是，卓越的脑力是有代价的。遗憾的是，在这一点上，我们证据不足。少见的认可高智商的劣势的研究之一报告说，在第二次世界大战期间，高智商士兵的死亡概率更高。但这个结论没多少分量，也有可能是其他因素扭曲了数据。

还有一种可能是，我们智力的差异出现在文明缓和了驱动大脑进化的挑战之后。随着人类社会变得更依靠协作，思维较慢的人可以搭高智商者的顺风车。有些人声称，从公元前1000年拉一个人出来放在现代社会中，以今天的标准来衡量，他应该是非常聪明的。

这个想法有一些支持者，但证据并不可靠。我们无法轻易地估测我们远祖的智力，同时，近几十年里人类的平均智商实际略有上升，这就是著名的"弗林效应"。

也许问题在于过分强调智商的所谓好处。智商低的人也可以做聪明的事情，比如说多种语言，甚至从事复杂的金融交易。反之，高智商并不能保证一个人的行为是理性的。智商也无法让人避免多数人乐于为其贴上"愚蠢"标签的那种非理性的、不合逻辑的行为。你真的可以非常聪明，同时又非常愚蠢。事实上，愚蠢出现在智商高的人身上是最危险的，因为他们常常占据着责任重大的职位。如何解释这一明显的悖论？

认知科学家丹尼尔·卡尼曼因在人类行为方面的研究获得了诺贝尔经济学奖。他提出了一种观点。经济学家们曾经假定人是天生理性的，但卡尼曼发现并非如此。在我们处理信息时，大脑可以接入两个不同的系统：思考系统或直觉系统。智商只测量了前者，而我们在日常生活中的默认状态是使用直觉系统。

直觉是有用的，它提供了认知捷径，穿过超载的信息，指导我们快速做出决定。直觉的认知偏见包括刻板印象、确认偏见和对模棱两可的抵制——容易被第一个解决问题的方案所诱惑，就算它显然不是最好的。如果我们不加反思地依赖这些偏见，它们会使我们的判断偏离正轨（见第108页）。

考虑一下这个问题：炸鱼和炸薯条一共花费1.80英镑。炸鱼比炸薯条贵1英镑。炸薯条多少钱？直觉的回答是80便士，但这是错的（正确答案是40便士）。

元认知

没有能力认识到或抵御这些偏见，往往是愚蠢决定的根源。因为这与智商无关，染上这些偏见的容易程度激发了另一种智力评测方式，叫作理性指数（RQ）。

RQ还可以测量"风险智力"，风险智力定义了我们评估概率的能力。例如，我们往往高估自己中彩票的概率，而低估离婚的可能性。糟糕的风险智力会导致我们做出不良选择，并对此毫无意识。

RQ与智商不同，它并不取决于你的基因或后天环境。最重要的是，RQ依赖所谓的元认知，也就是评估自己知识的有效性的能力。具有高RQ的人已经习得了提高这种自我意识的策略。一个简单的方法是，在做出最终决定之前，思考你对一个问题的直觉答案的反面。这有助于你对自己知道什么、不知道什么发展出敏锐的意识。

所以，无论你多么聪明，永远不要忘记你和一个聪明的白痴之间只隔着一个简单的错误。

无知不是福

愚蠢的一个主要原因是缺乏知识，而不是缺乏智力。对某事一无所知的人常常对自己的能力表现出荒谬的自信。经典的例子是一个叫麦克阿瑟·惠勒的初出茅庐的罪犯，在监控摄像头的全程监视下抢劫了匹兹堡的两家银行。当警察给他看监控录像带时，他完全无法相信。"但是我涂了柠檬汁！"他抗议道。柠檬汁又称隐形墨水，惠勒认为把柠檬汁涂在脸上能够让他在镜头前隐形。关于"邓宁－克鲁格效应"，有很多类似的例子被记载下来。这个效应，简言之，就是说无能者的无能常常使他们认识不到自己的无能。

为什么我们都有偏见？

在你脑海里召唤一下最近的两位前白宫居民，乔治·W. 布什和巴拉克·奥巴马。很有可能，你对其中一位充满热情，而不喜欢另外一位；你可能认为自己不喜欢的那位是美国有史以来最糟糕的总统之一。

布什（共和党总统）曾使选民们分裂成两个阵营，大约有 50% 的美国人喜爱他，其余的讨厌他。对于奥巴马（民主党总统），分裂则更加严重。在某个时间点，有 81% 的民主党人认为他十分胜任自己的工作，但只有 13% 的共和党人同意。

那么多人对同一个总统做评判，怎么会得出如此不同的结论？一个显而易见的解释是，他们有偏见——受到政治归属、媒体、朋友、家人以及其他很多因素的影响。

这个解释是正确的。但究竟是谁有偏见呢？这取决于你问谁。那些认为奥巴马是个好总统的人，觉得保守派和他们的媒体有偏见。那些不认为奥巴马是个好总统的人，觉得自由派有偏见。事实上，双方都是对的。

偏见的面纱

任何心理学家都会告诉你，你所想和所做的一切几乎都受到你完全没有意识到的偏见的影响。你并没有直面世界的本来面目，而是透过用偏见和自利的伪善织成的面纱来看它。

如果你想要理解这个问题，想想自己对布什、奥巴马，甚至唐纳德·特朗普的看法吧。你可能认为自己的观点是建立在一系列证据之上的诚实客观的评价。也许你会不情愿地承认，因为你是自由派 / 保守派，可能倾向于给某位总统多留一些余地，但接着你就会打消自己的疑虑：自由 / 保守是唯一的理性选择，所以这没问题。

你刚刚经历了朴素现实主义的幻觉——确信自己，也许只有自己，是在如实地感知这个世界，所有持不同看法的人都是有偏见的。这种确信很难避免。

如果这时你在想："是的，对，其他人可能是这样，但我不是。"那么你就遭遇了这个幻觉的另外一面：偏见盲点。大多数人会很乐意承认这种偏见是存在的，但只存在于其他人身上。

雷达侦测不到的地方

为什么我们如此狭隘？问题是，我们的偏见早在童年和成年早期就已形成并固化了，在我们潜意识中意识雷达侦测不到的区域运作。这并不是说人们不做内省，反思自己的判断和信仰。很多人都会反思。但是，他们的偏见无法被有意识地审查，于是他们跳到结论上：他们的信念是正确的，建立在理性推理的基础上。

很多偏见只是我们惯常抱有的积极错觉的无害变体，目的是保护脆弱的自我，避免面对现实，例如"优于常人效应"让我们相信自己在很多可取的能力上高于平均水平（见第 52 页）。

另一些偏见则比较严重。很少有人相信自己是种族歧视者，并且真诚地认同自己的信念，但他们会一再被自己的大脑出卖。

这些"内隐偏见"可以通过实验室测试被揭示出来。在这类测试中，志愿者会看到一些快速

追忆需谨慎

并非只有观点和知识会偏离现实，回忆也是重大嫌疑人。这方面的大多数证据来自"虚假记忆研究"，心理学家会故意将虚假记忆植入人们的大脑。在一个著名的实验中，伪造的照片和父母证词被用来说服人们相信他们小时候曾经乘坐热气球旅行过。现有的记忆也是可以被改变的：当被问及他们对戴安娜王妃之死的记忆，包括他们是否看过车祸的"录像"，接近一半的人说他们看过，虽然并不存在这样的录像。

闪过的面部图像，紧接着是"好"或"坏"这样的词。志愿者被要求确定看到的词是褒义还是贬义。一般来讲，志愿者在看到白人的脸后会更快地识别出褒义词，而看到黑人的脸后会更快地识别出贬义词。这些测试也暴露出对性别和同性恋无意识的负面态度。

另类事实

观点显然很容易带有偏见，就连"事实"也受偏见的影响，而且，人们擅长解释世界以符合自己现有的信念。例如，大多数科学家和政府都相信人类正在改变全球气候这个事实，被环保主义者视为我们确实正在改变全球气候的显而易见的证据。而站在对立面的人只看到一个阴谋。无论有多少新的信息，都不会改变他们的立场。而总的来说，两个阵营都真诚地相信自己的观点是不带偏见的、理性的。

自利的偏见

与此类似，我们搜寻符合自己信念的信息，忽略或否定那些不支持自己信念的信息。这种"确认偏见"已经通过实验被反复证实。例如，实验要求人们阅读一系列有关死刑这种颇具争议性的话题的证据。即使遇到两方皆可利用的论据，大多数人还是会以一种自利的方式来解释证据，接受支持其原有观点的信息，而忽略或否定反对的信息。可怕的是，他们并非有意识地这样做。同样，用与其信念相抵触的新信息来质疑他们，往往只会强化他们原有的立场。

我们还运用"事后聪明偏见"来简化并合理化过去。如果你问某个人为什么买他拥有的那辆车，他们会说"卓越的燃油效率"，而实际上他们只是因为某些无法解释的原因选择了那辆车。某人实际上出于什么原因买了某辆车显然并不重要，但我们会在诸如气候变化、疫苗接种等事实上，处于截然不同的"事实"宇宙里，这才是当今世界的重大问题。可悲的是，就算知道自己有偏见也没有什么用。即使是研究偏见的科学家，也说他们只能尽力识别自己的偏见。

第五章

Your Deep
Past

你遥远的过去

进化是如何塑造我们来主宰世界的？

想象一下你沿着自己家族的历史脉络穿越回过去。首先你会见到你的父母、祖父母和曾祖父母。接下来你会遇见在你出生之前已经逝去的祖先：16个曾曾祖父母，32个曾曾曾祖父母，依此类推。继续向前追溯，很快你就会遇见生活在史前时代的人们。

他们仍然是人类。即使5000代之前，你的直系祖先在身体和心智上都跟你没有明显差异。但渐渐地，非常缓慢地，你的家族开始有所改变。如果再向前追溯5000代，他们和现代人的区别就比较明显了；他们矮小、粗壮，眉毛更浓，前额向后倾斜。

最终，追溯到大约700万年前，你会遇见完全非人类的祖先。那是我们，也包括你，与黑猩猩最后的共同祖先。

缺失的环节

我们对这种生物了解不多，那个关键时期的化石记录也少得令人沮丧。但是，如果它活在今天，毫无疑问我们会认为它是非人类灵长类动物。它还没有开始直立行走，全身覆盖着毛发，大脑很小，下颌宽大，没有发展出语言。虽然这一切都指向它不是人类，但它的确是你的曾曾曾（重复几千次）祖。

我们如何从彼处到达此处？换句话说，你和你家族的遥远过去是什么样？

这个故事实际上是一连串幸运的意外。如果其中任何一个没有发生，就没有今天的你。

首先出现的显著的人类特征是两足行走。早在600万年前，你的祖先就已经开始用两足行走了。

有很多理论来解释这种适应。查尔斯·达尔文提出，两足行走把双手解放出来，便于制作工具。但已知最早的工具只有340万年的历史。两足行走可以让你的祖先在抱着婴儿的同时觅食，或者使其在树冠中移动更方便，后腿移动，同时用手抓握。红毛猩猩和其他灵长类动物在觅食的时候就以这种方式在树枝上移动。也许这样可以躲避日晒，或者使捕食者能看得更远。

今天还有其他人类存在吗？

几个世纪以来，人们对传说中生活在遥远地方的大脚野人和雪人等类人物种深深着迷。这些的确是好故事，但其中可能有真实的成分吗？

大多数科学家断然否定了这种可能性，但也有一些愿意考虑一下，他们指出，其他类人物种与我们的祖先共存，直到距今相当近的时期。弗洛里斯人，又名"霍比特人"，是一种身形矮小的类人，直到1.8万年前还生活在印度尼西亚的弗洛里斯岛上。另一个叫丹尼索瓦人的物种大约3万年前生活在西伯利亚。

一个大胆的推测：也许还有类似的人类表亲的小部落存在于欧亚大陆的偏远地区，比如喜马拉雅山或高加索地区。

不管两足行走是怎么出现的，在大约 170 万年前，发生了第二阶段的进化，你的祖先离开了森林，前往大草原。解剖学上最重大的变化发生在这个阶段——肩膀向后，双腿变长，骨盆发展完全适应了双腿站立的生活。

与此同时，还发生了别的变化：我们褪去了大部分体毛（见第 68 页）。这可能也是对迁到酷热的大草原的一种回应，在这里，保持凉爽比保持温暖更具挑战性。

迅速变大的大脑

在同一时期，一个更微妙但影响更深远的变化也即将发生。如果你疯狂到试图咬断自己的手指，你会发现这很难做到。而相比之下，黑猩猩的下颚非常有力，可以一口咬断手指。

下颌肌肉无力是我们和我们近亲的差别之一。这得归因于一种叫 MYH16 的基因（该基因编码一种肌肉蛋白）中发生的单一突变。这一突变发生在大约 200 万年前，它使上述基因失去活性，导致我们的下颌肌肉变小很多。

煮熟食物这样的创新也为下颌力量的丧失创造了条件。下颌肌肉的弱化带来了巨大的影响，为大脑的快速进化铺平了道路。其他灵长类动物的下颌肌肉对整个头骨施加的力量限制了它的生长。但我们基因的突变削弱了这种限制。不久之后，人类的脑容量就开始突增。

什么驱使这种突增发生是另一回事。环境很可能对心智提出了挑战。社会的发展应该也起到了一定的作用，当然还有语言的演化（语言是非常重要的里程碑，但很难确定时间）。一个较大的大脑对能量的需求多到令人难以置信：大脑在你休息时所消耗的能量约占人体总消耗量的 20%，而其他灵长类动物的这个比例约为 8%。所以，早期人类必须改变他们的食谱来支撑这个需求。过渡到吃肉应该有帮助。大约 200 万年前，人类饮食中加入了海产品，为大脑的生长提供了 omega-3 脂肪酸。吃煮熟的食物可以减少消化需耗费的能量，这点可能也有帮助。这使人类祖先进化出更小的内脏，将多余的能量用于大脑构建。

拥有了超过其他动物的大脑，这个世界就是我们祖先的了。他们完成了一些史诗级的迁徙。180 万年前，直立人第一次从非洲迁徙到亚洲。大约 100 万年后，尼安德特人的祖先找到了去欧洲的路。大约 12.5 万年前，智人初次尝试进入中东，但这次尝试没有持续多久。

最后的推进

大约 6.5 万年前，一群现代人类离开了非洲，征服了世界——对任何物种来说，这都是非凡的成就，更不用说一群矮小无毛的猿了。人类首先推进到阿拉伯半岛，然后到了黎凡特。他们从那里向东西两侧扩张，在大约 4 万年前占据了整个欧亚大陆和澳大利亚。最后一次大的推进发生在 1.6 万年前，西伯利亚远东地区的人们越过白令海峡进入美洲。

无论你的个人家族史具体情况如何，你都是 6.5 万年前生活在大草原上的那群人类的直系后代。

病毒已成为你的一部分

你认为自己是人类？你（很可能）看起来像人，也像人类一样思考和行动。但从基因层面来看，现在已经很清楚，你无法声称自己是彻头彻尾的人类。你的许多DNA来自病毒。

病毒所占比重不小。人类基因组大约9%源于病毒。除此之外，还有被称为反转录转座子的怪异的类病毒，它们除了自我复制，似乎没有别的功能，大约占人类基因组的34%。总之，你近一半的基因组是由类病毒DNA组成的。所有这些让人不禁要问：它们是如何进入那里的，它们是否改变了我们的进化路径，它们现在对我们有何影响？

和谐共处

我们要记住，病毒是寄生者。它们只能通过侵入人类或其他生物的活体细胞并劫持宿主的装置和新陈代谢来复制自己。我们往往认为病毒是短期访客，想想感冒病毒或埃博拉病毒这样的潜在杀手。但是病毒也可能与宿主相对和谐地长期共处。

即使病毒一开始是个杀手，随着时间的推移，它也可能降低侵略性，与宿主达成双方都能接受的协议。以黏液瘤病毒为例，兔子在19世纪中叶被引入澳大利亚，它们大规模繁衍，成了主要的有害物种。1950年，科学家在野外释放黏液瘤病毒，三个月内就杀死了澳大利亚东南部99.8%的兔子。

然而，有些兔子的基因发生了变异，使它们逃过了这一劫。自然选择做了剩下的工作：几代之后，这些变异扩散开来，如今，澳大利亚的兔子与黏液瘤病毒共存，建立了基本无害的共生关系。有证据表明，人类进化过程中也发生了类似的情节——瘟疫杀手后来与宿主和平共存——尽管我们不知道具体是什么时候，有哪些病毒。

侵入我们的基因组

人类和病毒之间关系的另一个关键方面是所谓的"内生化"过程，即病毒将自己的遗传物质植入宿主的DNA。人类免疫缺陷病毒（HIV）也许是这个过程最广为人知的代表。HIV是一种逆转录病毒：它的基因由RNA构成。为了复制，它必须首先将自己的RNA转化为DNA，然后才能将DNA整合进人类基因组。

HIV必须侵入一种叫作淋巴细胞的白细胞才具有传染性。如果它侵入了另一种类型的细胞，它的DNA会变成一种非传染性的内源性逆转录病毒（ERV）。此外，如果它侵入了生殖细胞，精子或卵子，ERV就会遗传给后代。

人类基因组包含了来自50个病毒家族的数千种ERV，这表明，在我们的进化历史中，生殖细胞系的内生化已经发生过许多次。我们似乎是一系列残酷却富有创造性的病毒性流行病的幸存者。

进化红利

麻烦不只来自逆转录病毒。2010年，科学家在包括人类在内的许多哺乳动物的基因组中发现了来自另一类病毒——博尔纳病毒——的基因。它似乎在大约4000万年前混进了我们某位祖先的生殖细胞。

控制

已经侵入人类卵子和精子的病毒DNA（可以一代代传下去）并不只是形成基因。这些人类ERV（见正文）还可以在调节其他基因的表达方面发挥作用。启动子是帮助激活或抑制基因表达的DNA序列。在人类基因组的2000个启动子中，近1/4被证明含有病毒成分。甚至β-珠蛋白——运送氧气的血红蛋白的主要成分之一——这样的重要蛋白质，也部分地由逆转录病毒片段控制。

对宿主来说，新病毒基因的到来应该为它的进化提供新的材料。如果一种病毒引入了有用的基因，我们会期待自然选择作用于它，鼓励它通过后代的延续而扩散。那些不会带来益处的基因将被忽略，而任何损害宿主生存的序列都应该被清除。大多数ERV带来的影响都是负面的或中性的。人类基因组中散布着这种整合的残迹。这也许可以解释反转录转座子的起源，它们看起来越来越像被严重降解的旧病毒的残余。

至于正向选择，科学家们现在已经发现了很多序列。第一个发现是一个逆转录病毒的遗迹，这个病毒在不到4000万年前混入灵长类动物的基因组，远远早于人类谱系分化出来的时间。它创造了所谓的W家族ERV，人类基因组中大约包含

它的650个版本。其中一个位于7号染色体上，包含一个叫ERVW-1的基因——最初被编码为病毒外壳中的一种蛋白质，但现在人类胎盘的运作离不开它。ERVW-1的表达由另外两个病毒片段控制，一个来自原始病毒，另一个来自第二代逆转录病毒。

重要作用

这些是支持病毒DNA在人类生命体中起着重要作用的证据。我们还有很多其他的例子。在胎盘中至少活跃着7种其他病毒基因，包括ERVW-2，它对器官的构建很重要。

人类ERV在其他生物过程中似乎也很重要。例如，在发育的胚胎中有两种人类ERV基因的大量表达，但它们的作用尚不清楚。许多人类ERV家族似乎对大脑的常规运行很重要。例如，ERVW-1和ERVW-2在成人大脑中有广泛表达。

所以，一直以来，病毒对人类的进化做出了重大贡献，很可能这种贡献会持续下去，将人类的发展带向新的、未知的方向。对我们现代人来说，像埃博拉和兹卡之类的新病毒还会继续造成悲剧。然而，对我们的后代来说，这些灾祸可能至关重要。

逝者的轮廓

在世界各地我们的史前祖先居住的洞穴中，都发现了手形图案。它们是通过向放在墙上的一只手喷洒颜料做成的。这个图案位于法国南部的蓬达尔克的洞穴中，复制了附近的肖韦洞穴中一幅 3.2 万年前的作品，后者是已知最早的描绘人类形体的作品之一。在此之前，我们的祖先被认为经历了一场创造力大爆发——也许是由大脑的变化引起的——它使得艺术，尤其是动物形象，蓬勃发展。但为什么是手呢？一些人认为，手形图案是突破性的，它显示出穴居人可以用 2D 轮廓来表现 3D 物体。另一些人则认为，手形图案构成了史前密码的一部分，是文字的先驱。目前对此尚无定论：原始艺术家的意图依然神秘。

你身体里的尼安德特人

大多数家族的历史中都藏着一段耻辱的秘密：一个任性的叔叔，一个私生子，或者一次不可告人的收养。作为整体的人类大家庭也不例外。事实上，我们都部分地是我们不愿面对的不当性关系的产物。

我们知道，我们的近亲尼安德特人在大约4万年前就灭绝了。另一个近亲丹尼索瓦人在大约1万年前也灭绝了。一种假设是，他们灭绝后只留下智人独存于世。但现在我们知道，这些人类种群并没有完全消失。他们的踪迹就藏在我们所有的细胞里。

这是因为，在现在（也许该满怀感激）无法确定的某个时刻，我们的直系祖先与这些远古人类种群相遇并交配。那些非同寻常的邂逅保存下来的基因遗传至今。如今，非洲血统以外的人口大约拥有2%~4%尼安德特人的DNA；美拉尼西亚土著的DNA中有3%~4%来自丹尼索瓦人；中非的一些狩猎-采集群体从一个我们只知道曾经存在但尚无法识别的已灭绝人类种群那里继承了少量DNA。

遗传学家已经证明，如果将现存人类所有的古老DNA组合起来，能还原出相当大一部分原始基因组。一项研究表明，丹尼索瓦人约10%的基因组仍然"活着"，主要存在于巴布亚新几内亚土著身上。此外，大约40%的尼安德特人的基因组可以用现今活着的人携带的零散基因组合出来，随着更多研究的进行，这个数字还会慢慢增长。

红头发和雀斑

我们以令人惊讶的方式表现这份基因遗产。它在一定程度上导致了现代人类在生理上的差异，例如，红头发和雀斑与尼安德特人的DNA有关。这些基因还会影响我们的健康，帮助我们在极端环境中生存。

无论你是否喜欢，杂交显然是我们过去的一部分，我们对和谁杂交以及他们与我们的祖先如何共存知之甚少。基因证据表明，我们至少有七次与其他人类种群制造后代。

离家出游

我们的祖先至少有七次与其他现已灭绝的人类种群交配，也可能有更多次。通过从远古人类化石中小心地提取DNA并分析它们基因组的差异，遗传学家可以对交配发生的时间和地点进行有根据的猜测。到目前为止，他们已经发现，在欧洲，我们和一个已灭绝人类种群之间最近的一次性邂逅发生在大约4万年前。再早1万年，智人在东南亚与丹尼索瓦人交配。在那之前，我们和尼安德特人在如今的中东地区至少有过两次交配。那是在6万年前，走出非洲的伟大迁徙被认为就发生在不久之前。

你也许正试图想象这些性邂逅是怎样发生的，请记住，在我们的 X 染色体上只有很少尼安德特人和丹尼索瓦人的 DNA。假设交配基本上是单向的，即雄性尼安德特人和丹尼索瓦人与雌性智人交配，而后者在智人群体中抚养混血儿，这种现象就能得到解释。这意味着混血儿（和他们的孩子，以及他们孩子的孩子）总是有一个 X 染色体来自智人，逐渐稀释和削弱了外来的 X 染色体。

另一种解释是，人类的 X 染色体缺乏古老的 DNA，可能是因为女性混血后代生育能力有问题，因此，她们携带的尼安德特人或丹尼索瓦人的 X 染色体很少能遗传下来。以上两种解释也可能都是正确的。

不育可能不完全是遗传造成的。混血儿是否曾经因为外貌特异而难以融入群体？在罗马尼亚发现的令人吃惊的 4 万年前的男性下颚骨可以提供一些线索。研究发现，它携带 9% 的尼安德特人 DNA，远远超过现存大多数非洲血统以外人口携带的 2%~4%。遗传学家说，下颚的主人和尼安德特人的混血子女应该只隔了几代。那个混血儿甚至可能是这个人的曾曾祖父辈。简言之，这个下颚骨是我们迄今对尼安德特人混血后代最近距离的窥探。

在受过良好训练的解剖学家眼中，这个下颚骨不像是属于一个标准配置的普通人类祖先的后代。它奇特地混合了人类和尼安德特人的特征。例如，与现代人的牙齿相比，它的后臼齿大得惊人。但是，对解剖学家来说显而易见的特征，在下颚

骨主人活着的时候未必显得奇怪。因此，尽管他们骨骼微妙的形状之下也许隐藏着令人好奇的基因秘密，但在现实生活中，混血儿可能看起来和其他人一样，而且受到同样的对待。

事实上，有证据表明，混血儿从一开始就是人类社会的一个特征，这再次表明他们很好地融入了人类社群。最近一项对非洲某些狩猎－采集部落的研究表明，早期智人与大陆上其他远古人种（尼安德特人和丹尼索瓦人在非洲大陆上的同类）的交配很普遍。这种杂交有可能给了我们祖先一些特质，使他们能够经受住更新世该地区环境的剧烈变化。

神秘的人种

通过对狩猎－采集者基因组的统计分析，我们可以说，这种杂交到 9000 年前才结束。可惜的是，在尼日利亚发现的 1.2 万年前的混合了古老和现代特征的头骨，是迄今为止发现的与智人共存近 20 万年的其他非洲人种的唯一痕迹。除非我们找到更好的证据证明他们存在，否则这些神秘的人种都不能被正式命名，即使他们可能在我们物种的生存中扮演了关键角色。

还有一个更大的谜团。在西伯利亚发现的一块尼安德特人脚趾骨表明，智人和尼安德特人曾在 10 万年前杂交，而那个时期我们的祖先被认为只生活在非洲。这指向一个颇有争议的结论：早期的人类先驱在人类大规模走出非洲之前就已经离开非洲大陆，遇到了他们失散多年的表亲，并且引诱了他们。或者更糟。

文明对你的身体做了什么？

人类的身体不再是曾经的模样。众所周知，由于饮食得到改善，人们变高了；同时，由于暴饮暴食和较少活动的生活方式，人们变胖了。但是，在过去几千年里，文明已经通过无数令人惊讶的方式改变了我们的身体。

有些转变是我们在一生中不断打造形成的，属于暂时的变化，一旦我们回到石器时代的环境中，这些变化就会消失。而另外一些变化有可能源于基因，例如最近发生的进化。对我们来说，先天与后天复杂的相互作用很难梳理清楚，但这些变化的广度和规模显示出人体可以在很短时间内轻松适应新的生态环境。

在解剖学意义上，现代人是在 20 万年前出场的。他们作为狩猎 - 采集者生活在小的游牧群体中，直到大约 1 万年前，农业的出现导致了永久定居，以及文明此起彼伏地兴起。

快速进化

认为进化能够在过去几千年中发生的观点，与所有公认的智慧相抵触。我们不是被教导自然选择要经过数百万年吗？但看起来在这一点上我们搞错了。我们现在知道，使人们在婴儿期之后能消化牛奶的基因是随着几千年前人类开始放牧奶牛而出现并逐渐扩散的。这是一个文明引起生理变化的例子。那么身体变化呢？

通过比较古代人类的遗骸（它们能够保存至今可能纯属偶然，也可能是筹划的结果）和现代人类，我们可以推测出文明对我们的身体做了什么。除了变胖变高，我们的肌肉也没有原来那么

发达了，几乎可以肯定，这是因为我们不再像以前那样频繁地使用肌肉。另外，不需要支持大块肌肉的骨骼会变得更加细弱，因此，我们可以根据化石记录追踪我们肌肉萎缩的情况。

我们的骨骼比我们祖先的细长或纤弱，不仅整体直径缩小了，横截面上致密的外层皮质也变薄了。另外，骨骼强度也下降了。古代和现代股骨的比较显示，从距今 200 万年到 5000 年，人类骨骼强度下降了 15%。之后这种趋势加速，仅仅 4000 年又下降了 15%。

逐渐减弱的力量

这种变细和弱化从我们使用工具减少身体参与就开始了，从斧头到犁，再到汽车。我们坐着的时间越来越长，这种生活方式意味着我们的生存越来越不需要依赖身体力量。很难说这个过程有多少是由基因变化引起的，如果我们重返石器时代的生活方式，有多少变化是可逆的，因为我们不知道哪些基因参与其中。

能够确定的是，人的身体在一生中对运动的反应能力令人印象深刻。以职业网球选手为例，他们握拍的手臂的肱骨比另一条手臂的相应骨骼强壮 40% 以上，相比之下，非运动员双臂肱骨的差距只有 5%~10%。这一点很重要，它表明，只要我们的身体接受足够的锻炼，我们在力量方面依然保有祖先的能力。强壮的骨骼意味着较少的骨折。即便考虑到从前的人类寿命较短这一事实，髋骨骨折在过去也比较少见，在考古标本中几乎看不到。

开放结构

脊骨似乎也采用了更加开放的结构。从维苏威火山爆发时被埋葬的罗马庞贝古城遗址发现的人类遗骸显示，在公元 79 年，一种叫隐性脊柱裂的疾病的发生率只有今天的一半。隐性脊柱裂通常表现为脊椎最下端的骶骨没有发育完全，我们之中大约 1/5 的人患有这种疾病。在大多数情况下，这种疾病没有外在的症状，虽然可能已经导致了背部的问题。

两眼之间的厚度

将一个世纪前的女性头骨和今天的女性头骨相比，你会发现一些奇怪的现象。现代女性眼睛内侧略上移的位置骨骼增厚的概率提升了 50%。在 30 多岁的女性中，这个概率几乎翻了两番，从 11% 上升到 40%。文明是导致这种症状的原因。

较小的家庭、较少的母乳喂养、肥胖、缺乏运动和使用避孕药都增加了女性接触雌激素的机会，这就是她们头骨变厚的原因。现代女性一生中有 1/8 的概率患上乳腺癌，雌激素也被认为是主要诱因。

动脉的失去和获得

其他身体变化的起源更神秘。我们中有些人的手臂上多了一根血管。事实上，肘正中动脉存在于人类胚胎中，根据教科书上的说法，它通常会在怀孕第八周萎缩并消失。现在越来越多的成年人有肘正中动脉，比例从 20 世纪初的 10% 上升到 20 世纪末的 30%。在同一时期，主动脉的一段失去了帮助甲状腺供血的一个分支。这些变化有可能是因为孕妇饮食和生活方式的不同而产生，也可能是由于现代医学和福利制度，自然选择放松了控制。

甚至我们的指纹也会随着时间而变化。有人比较了 1920 年之前和之后出生的人的指纹，发现了两组指纹的差异。平拱、凸拱和螺纹在后一组更常见，正箕纹在后一组则比较少见。没人知道原因。

也许我们应该担心，文明对我们的身体有如此大的影响。但也有一线光亮：随着自然选择对我们放松了控制，人体也变得更加多样。这可能是件好事，因为谁知道我们在未来需要适应什么。

121

你的皇族血统

我们中大多数人认为自己的家谱只包括少数近亲，但向前追溯数代人，你的近亲数量实际上会变得非常大。继续向前追溯，最终每个人都是你的直系祖先。这意味着你几乎肯定是皇族后裔。

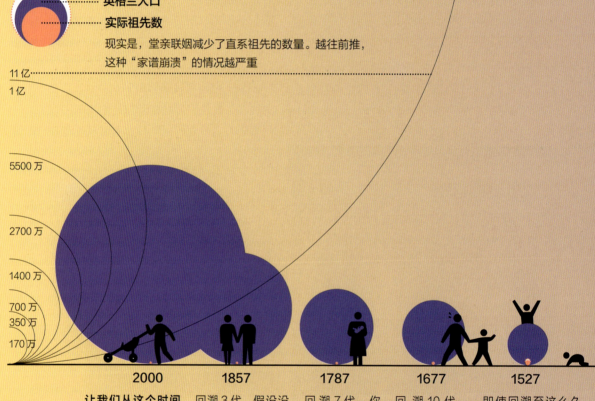

颜色示例

理论上的直系祖先数
鉴于每个人都有 2 个父母、4 个祖父母，依此类推，其直系祖先的数量理应每一代都翻一番

英格兰人口

实际祖先数
现实是，堂亲联姻减少了直系祖先的数量。越往前推，这种"家谱崩溃"的情况越严重

11 亿
1 亿
5500 万
2700 万
1400 万
700 万
350 万
170 万

2000

让我们从这个时间点向前推算，假设一代人的时间是 30 年。一个出生于 1947 年的 53 岁的人开始探究他的家族史

1857

回溯 3 代，假设没有堂亲结婚（这是合法的，但非常罕见），你曾祖父母的数量是 8 位

1787

回溯 7 代，你有 128 个曾曾曾曾祖父母

1677

回溯 10 代，你有 1024 个曾曾曾曾……祖父母

1527

即使回溯至这么久远的时候，堂亲结婚也未产生很大影响，你的直系祖先的数目是 31,438，和理论上的数量 32,768 非常接近

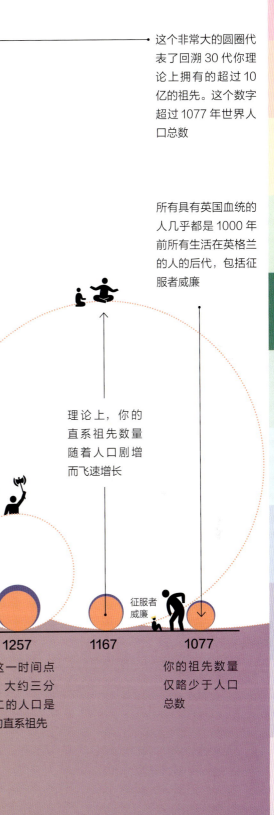

这个非常大的圆圈代表了回溯 30 代你理论上拥有的超过 10 亿的祖先。这个数字超过 1077 年世界人口总数

所有具有英国血统的人几乎都是 1000 年前所有生活在英格兰的人的后代，包括征服者威廉

理论上，你的直系祖先数量随着人口剧增而飞速增长

征服者威廉

1467
人口已经减少到 130 万，是几个世纪以来的最低点，但你的祖先数量在继续增长

1377
黑死病。英国人口减少到 220 万。与此同时，你理论上的祖先数量大约有 100 万

1317
你理论上的祖先数量是 419 万，超过了人口总数 320 万。事实上，堂亲婚姻抑制了你的祖先数量的增长

1257
在这一时间点上，大约三分之二的人口是你的直系祖先

1167

1077
你的祖先数量仅略少于人口总数

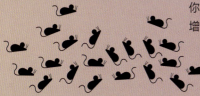

动物是如何将我们塑造成人的？

在世界任何地方旅行，你都会看到一些很普通的事情，它们甚至不会引起你的注意。有人的地方就有动物——被遛，被放牧，被喂食、喂水、洗澡、刷毛或抱着。狗、猫、羊这些是被驯养的动物，但你也会看到人和猴子、狼、熊狸等野生动物生活在一起。与动物的密切接触并不局限于某一文化、地理区域或族群。它是一种普遍的人类特征，表明我们与动物相处的愿望根深蒂固，源远流长。

从表面上看，这完全不合理。在野生环境中，除了人，没有别的哺乳动物会收养另一个物种的个体：獾不会照顾野兔，鹿不会养育小松鼠，狮子不会照看长颈鹿。这种现象有很合理的原因。因为进化的终极奖赏是通过你的后代和后代的后代延续你的基因，而照顾另一个物种的个体不利于你延续自己的基因。你给它的每一口食物，为了让它感觉温暖（或凉爽）和安全所耗费的能量，都是从你的亲属身上分走的。即使宠物给了人类无条件的爱、友谊、身体的关爱和快乐，也不能解释我们和其他物种为什么能建立这种关系，是怎样开始的。谁会把像狼这样凶猛的掠食者带回家，然后期待数千年后它会变成充满爱心的家庭宠物？

为了理解这个引人入胜的谜题，我深入回顾了人类与动物之间亲密关系的起源。我发现了一长串踪迹，一条进化的轨迹，我称之为"动物联系"。此外，这一长串踪迹与人类进化过程中最重要的三个发展相关：工具制造、语言和驯养。如果我是对的，人类与其他物种的亲密关系就不仅仅是出于好奇心。相反，和动物的联系是一股极为重要的力量，它塑造了我们，推动了我们在全球范围内的扩散和作为一个物种的成功。

最早的工具制造者

这串踪迹从大约 330 万年前开始。这是考古记载中在肯尼亚图尔卡纳湖畔发现的第一件片状石制工具出现的年代。石器的发明不是件小事，它要求重大的智力突破，能够理解物体表面的特性是可以改变的。当然，回报也很丰厚。差不多这个时期的动物骨骼化石被发现带有切痕，这表明我们的祖先从那时起就使用工具来处理动物尸体。在那之前，他们基本上是食素的、直立行走的猿类。有了工具，就不需要进化出让肉食动物成为高效率猎手所需的特征，例如敏捷的动作、善于抓取的爪子、锋利的牙齿、强壮的身体和适合捕猎的敏锐感官。我们的祖先通过学会将沉而钝的石头改造成像剃刀片和刀子一样小而锋利的物件，开辟了自己的适应路径。换句话说，早期人类设计了一条成为捕食者的进化捷径。

这带来了很多影响。有利的一面是，食用更有营养的肉类和脂肪是增加相对大脑体积（人类谱系的标志）的先决条件。由于猎物尸体往往比树叶、水果或根茎体积更大，肉食者可以少花一些时间搜寻食物和进食，多花一些时间在学习、社交、观察他人和发明工具等活动上。不利的一面是，成为捕食者导致我们的祖先与其他共享同一生态系统的掠食者直接竞争。为了在竞争中占上风，他们需要的不仅仅是工具。这就是与动物的联系起作用的地方。

帕特·希普曼是宾夕法尼亚州州立大学帕克分校退休的人类学副教授。她是《动物联系：关于什么造就了我们人类的新视角》一书的作者。

激烈的竞争

300万年前，在非洲有11种真正的食肉动物，包括今天的狮子、猎豹、豹和三种类型的鬣狗的祖先，以及五种现已灭绝的物种：一种长腿鬣狗、一种类似狼的犬科动物、两种剑齿猫和一种"假"剑齿猫。以上动物中只有三种体重比早期的人类轻，所以，在死去的动物旁边晃荡是一件非常危险的事情。人类作为这片大草原上新的掠食者，在争夺刚被杀死的羚羊这类奖品时，必定遭遇了激烈的竞争。而到了170万年前，也许是因为激烈的竞争，两种食肉动物灭绝了，而我们祖先的体型已经变得足够壮硕，在存活下来的所有食肉动物中排第五。

为什么我们的祖先在真正的食肉动物濒临灭绝的时候还能存活下来？结成社群活动当然有帮助，但鬣狗和狮子也是群居动物。因为有了工具，早期的人类能够迅速从死尸身上切下一块肉，并把它运到安全的地方。但最重要的，使我们的祖先在与真正的食肉动物的竞争中有机会获胜的，是他们密切注意潜在猎物和潜在竞争对手的习性的能力。知识就是力量，所以我们对其他动物的习性有了深入了解。

这产生了连锁反应。掠食者需要大面积的捕猎区域，否则他们很快就会耗尽食物供应。从600万或700万年前人类登场到大约200万年前，所有的古人类都生活在非洲，没有出现在其他任何地方。后来，迫于新的生活方式的要求，早期人类经历了一次戏剧性的领土扩张。他们以惊人的速度从非洲蔓延到欧亚大陆，在大约180万年前抵达位于遥远东方的印度尼西亚，可能还有中国。这不是有意的迁徙，只是逐步扩张到新的狩猎区域。起初，对其他物种习性的洞悉确保了我们作为捕食者的成功，现在，这种成功驱使着我们跨越了欧亚大陆。

艺术中的动物

大约从5万年前开始，在欧洲、亚洲、非洲和澳大利亚出现了大量史前艺术。史前艺术使我们能够偷听到我们祖先的谈话。在这些艺术作品中，动物主题最为普遍——动物的颜色、体型、习性、姿势、运动和社群习惯。

如果你考虑一下其他可能被描绘的主题，这个焦点就更加引人注目了。人类的形象、社会交往和仪式很罕见。植物、水源和地理特征更加罕见，尽管它们是生存的关键。没有表现如何建造住处、生火或制造工具的图像。有关动物的信息在那时比所有这些都重要。

关键主题

生活方式和生态上的巨大变化意味着收集、记录和分享知识变得越来越有优势，为加强沟通提供了动力。没有人怀疑语言的出现是人类进化的一个主要方面。然而，语言是如何产生的仍然是一个谜。我相信，我是第一个提出在 330 万年前出现的重要的"人类－动物关联"和语言起源之间的连续性的人。

史前时代没有留下文字和语言，所以我们无法寻找它们。但我们可以寻找符号——因为文字本质上是符号。而在史前艺术中，我们发现占绝对主导地位的是动物。很明显，这是我们祖先积累和交换的信息中最关键的主题。这些信息的复杂性和重要性促使他们发展出更成熟精密的沟通方式。成熟语言的神奇之处在于，它由词汇和语法规则组成，可以通过无数种方式组合，从而表达细微层面的意义。

随着我们祖先与动物的联系越来越密切，动物联系的第三个也是最后一个结果出现了。长期以来，驯化一直被与耕作和家畜饲养联系在一起，这是大约 1 万年前由狩猎和采集发展出来的经济和社会层面的一个变化，被称为新石器时代革命。家畜通常被视为商品，是"活的食物储藏室"，反映了新石器时代革命的基础动力是对更充足的食物保障的追求。但这种观点有一些根本性的缺陷。

首先，如果驯养是为了知道下一餐从何而来，那么最初被驯养的就应该是某种食物来源。但事实并非如此。已知最早的狗头骨可追溯到 3.2 万年前。这个时间是有争议的，因为其他分析认为狗的驯养大约发生在 1.7 万年前，即使如此，也意味着狗的驯养要比其他动物或植物早 5000 年。然而，如果你想要可以做食物的动物，狗并不是一个好的选择：它们的祖先是狼，有潜在的危险，最糟糕的是，它们吃肉。如果驯养的目的是有肉吃，你应该不会选择一种每天吃 2 千克肉的动物。

我反对动物被驯化只是为了食物这种观点的第二个理由看起来有些矛盾。农耕生活要求饥饿的人们把可食用的动物留下来，让它们在下一年

动物的安慰

我们与动物的联系可以追溯到 330 万年前，到今天依然和过去一样重要。这种根本的重要性解释了为什么与动物互动会带给我们各种身心益处，以及为什么每年用在与宠物和野生动物相关的物品上的支出如此巨大。

和动物在一起，有助于成就人类。与动物的联系支持了我们进化过程中的三个关键发展：工具的使用、语言和驯养。我们在规划未来时最好能注意到这一点。如果我们这个物种诞生于拥有丰富动物种类的世界，它能在被我们摧毁了生物多样性的世界中继续蓬勃发展吗？

繁殖。只有当你对相关物种非常熟悉，知道如何从长远考虑中获益，不把它们都吃掉才符合逻辑。所以，为了让一种动物成为可移动的食物储藏室，我们的祖先必定已经和它们近距离生活了很多代，对其繁殖可以施加一定程度的控制。谁会提前这么久来计划晚餐呢？

然后是最关键的证据。被宰杀做食物的家畜能提供的肉量比野生动物多不了多少，却需要更多管理和照料。这种做法并不能改善食物保障。我认为驯化是由另一个原因引起的，它抵消了畜牧业的成本。所有的家畜甚至半驯养的动物，都能提供丰富的可再生资源，只要它们还活着，人类就能持续受益。它们可以为牵引、运输和犁地提供动力，毛皮可以用于取暖和编织，奶可以作为食物，粪便可以作为肥料、燃料和建筑材料，此外，它们还能提供狩猎援助，保护家庭或住宅，帮助处理废物和排泄物。家畜还是一种可移动的财富来源，可以实现字面意义上的自我繁殖。

持续供应

驯化基于我们对动物的了解，使它们得以持续生存并保持健康。驯化一开始必定是偶然的，经过漫长的相互增进交流的过程，我们不仅能够驯服其他物种，还能通过选择性育种改变它们的基因组，以增强或弱化某些特征。

这种照料关系给我们的祖先带来的巨大好处是持续提供的资源，这使他们能够迁徙到之前不宜居住的区域。如果没有我们的祖先在大约330万年前开始捕猎时，动物联系所带来的近距离观察、知识积累和沟通技巧的进步，人类进化过程中的下一个里程碑将不可能出现。

如果我是对的，我们与其他动物的联系并非纯粹出于怪癖——远非如此。人类 - 动物关联提供了一种因果关系，使我们能够理解人类发展史上三个最重要的飞跃：石器的发明、语言的起源和动物的驯化。这使得动物联系在一定意义上成为关于人类进化的一种宏大的统一理论。

第六章
Possessions

所有物

你能应付一无所有的生活吗？

在区分我们与其他动物的诸多特征中，极为明显的一条很少被提及，因为我们基本上觉得这理所当然：我们拥有物品。

的确，有些鸟也会收集闪亮的物体，用来筑巢，或制造工具以获取食物。黑猩猩也会筑巢和制作工具，不过往往只用一次。穴居动物如海狸也会布置自己的小窝。但这些动物中没有一种像我们这样依赖自己所拥有的物品。

对我们来说，没有基本物品的生活几乎无法想象，比如没有衣服、生火的办法和蔽身的屋顶，更不用说手机、电视或牙膏了。拥有物品是人类最典型的特征。

那么，这个习惯是怎样演化的呢？我们知道，我们的远祖拥有的许多可以生物降解的物品，比如动物毛皮，无法保存数千年。但是，我们可以从留存至今的残余中看出，人类最初拥有的东西中有一些是工具。最早的石器可追溯到大约 330 万年前，虽然是为了特定任务而设计的，但它们很粗糙，是否会被长期保存很值得怀疑，更有可能是一次性使用的，像今天的黑猩猩所用的工具一样。因此，它们可能尚未导致所有权观念的产生。

但随着工具越来越精巧，它们应该也会变得值得拥有——它们会被保存、修理，也许还会被争夺。到了 30 万年前，成熟的燧石打火技术出现了。矛头和箭头出现了，而且不同族群有不同的设计。制造这些工具需要技巧，它们甚至可能是某些猎人的财产，得自某次猎杀，然后被反复使用。

我们祖先最早的所有物之一可能是火。甚至到了今天，某些狩猎－采集者仍被认为拥有火，因为他们在徒步寻猎时携带着余烬。大约从 80 万年前开始，我们的祖先可能做了同样的事。

衣服似乎是较晚的创新。体虱寄居在衣服中，它们的基因演化轨迹表明，衣服出现在大约 7 万年前。

我们的假设是，有衣服、火和复杂工具的人应该会比没有它们的人在生存和养育后代方面更成功。随着早期人类向北方比较寒冷的区域迁徙，这些东西会变得越来越重要，成为名副其实的生命支持系统。

欲望的对象

另一个微妙但意义重大的转变，发生在物品开始不再因其实用价值而是因其作为欲望的对象而具有价值时——也许是因为它们好看或者赋予了所有者某种社会地位。一个例子是珠宝，现存最早的证据是在阿尔及利亚和以色列发现的有 10 万年历史的贝壳做的珠子。

一些考古学家认为，在这一转变发生时，我们与物品的关系发展到了不曾在其他动物身上观察到的复杂程度。他们认为，物品不再仅仅关乎实用和生存，而开始成为我们祖先自我意识的一部分。例如，如果一个人由于珠宝而得到认可，这些装饰品很可能成为他的自我认同的一部分。

4 万年前，当现代人到达欧洲时，物品已带有刻痕和标记，这是所有权的明显标志。然而游牧的生活方式限制了他们能够拥有的物品数量。一些考古学家认为，为了克服这个限制，携带更多东西，袋子和婴儿袋应该也属于人类早期的所有物。

地位的象征

人类的生活方式从游牧向定居转变，改变了这一切。物品可以被积聚，也确实这样发生了。一种新的社会和经济形式开始出现。随着群体规模的扩大和等级制度的形成，地位取决于对名贵物品的所有权，比如拥有精美服装和珠宝。有个问题尚未找到答案：如果没有这种不断生长的物质文化，社会是否还会变得复杂和等级化？

面对环境灾难，游牧民族可以很容易地迁移到一个更安全的地方。定居的人却无法这样选择。作为替代策略，他们选择了积累所有物。土地、食物、家畜和喜欢的物品都可以作为抵御干旱和洪水的保险措施。用这些物品与邻近的群体进行交换，是自身收成不佳时获取粮食的一种途径。随着社会变得越来越大，越来越复杂，物质商品变成了财富储藏，个人之间和群体之间活跃的交易导致了货币概念的出现。

世界上有一些族群生活在简单的社会中，也不渴望更多财产，但这样的族群为数甚少。对大多数人来说，物质主义是一种生活现实。在我们的物质世界里，也有人猛烈地反对浮华和炫耀性的消费心理。我们能打破占有过多物品的习惯吗？专家的意见是不会。占有心理先于财富概念出现，可以追溯到生存心理。

我的泰迪熊去哪儿了？

占有的观念在我们生命早期就出现了。婴儿在两个月大的时候就开始意识到他们拥有自己的身体，并在一岁之前形成对毯子和泰迪熊之类的"安慰物品"的依恋。根据心理学家的说法，这些是他们的照料者的临时替代品。他们在生命的第二年里开始说话，21个月大的时候，一个表明所有权概念逐渐树立的词出现了："我的"。"可怕的两岁"的特点是，他们会为了物品的所有权而争吵，尚未发展起来的同理心和爱发脾气的倾向使之变本加厉。两岁大的孩子会为他们实际拥有的玩具争得不可开交。到三岁的时候，如果有人想拿走其他人的玩具，他们甚至也会提出抗议。这表明他们对所有权的理解已经超出了自己的利益。

走向极端

需要何种生存装备取决于你在地球上哪个地方。专家们针对几种
极端环境推荐了一系列生存装备包。有一样东西他们全都推荐了：
无论到哪里都要带卫生纸。

热带森林

忘记防水装备吧，一般而言湿了
再晒干更简单。

睡觉最好选择顶上架着
防水布的**吊床**。

留在地面上的**食物**很可能
第二天就不见了。

有时会缺**水**，所
以每当找到水
源，尽量多存一
些。

防蛭袜可以包住脚，并在膝
盖处系紧，便于预防吸血动
物。

蚊帐还可以
防御蝎子、
蜈蚣、蝙蝠
和蛇。

如果你计划待较长时
间，你需要一把**砍刀**。

南极洲

永远不要独自离开基地。以两人或
两人以上为单位活动。

南极上空的臭
氧洞意味着皮
肤很容易被灼
伤。用**防晒系
数 50 的防晒
霜**。

多层较轻的衣服比一两层厚
重的衣服要好。10% 的热
量会通过头部散失，所以要
带备用的帽子。

太阳镜必须带侧片并防紫
外线，以防止雪盲症。

石蜡可以为烹饪
和融冰提供光和
热，要多带。

你需要**无线电通信设备**和基
地保持每日联系。

在营地周围工作时，每人
每天需要摄入热量达到
3500 卡的食物。多带巧
克力和**花生酱**。

沙漠

不要用帐篷，
睡在外面看星星。

准备一个**帐篷包、睡袋和箔毯，睡在架起来的行军床上**，以避开寻找热源的蝎子。

多层衣服最适合挡风、防尘、防灰，以及偶尔防雨。

园艺棉手套很适合为手和手腕遮光。

温度会高达 42°C，每人每天可带 7.5 升**水**。

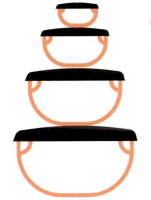

沙子无孔不入，所以确保所有东西都存放在**可以密封的容器**里。

水中的微生物是真正的威胁，所以请使用净化药片、微型过滤器，或**把水煮沸**。

晒伤是头号敌人：**戴帽子、太阳镜，涂防晒油，穿长袖和长裤。**

求生包在过去 5000 年里发生了怎样的变化？

在社交媒体 Instagram 上，成千上万美国人发布了带有"日常携带"主题标签的照片，展示自己日复一日携带的工具、武器和装备。男人也会通过"口袋垃圾"来炫耀他们口袋里的东西，女人则更喜欢"我包里有什么"。

两组的核心物品非常相似。我们每天随身携带的东西都具有特殊的实用性、具体性、亲密性和象征意义。作为制造工具的物种，我们就是我们所携带的。而我们所携带的物品，在剥离过度消费的混乱之后，可以显示出我们真正的需要。

时光倒流

作为进化心理学家，我们自然会好奇当今的日常物品是否可以和我们远祖的联系起来。对后者来说，严酷的生存条件决定了他们能拥有的大部分物品。

可惜的是，我们没有任何史前的"口袋垃圾"或者"我包里有什么"的图片，但我们确实有一些来自冰人奥茨的有用线索。 奥茨是一个生活在 5300 年前的男人，1991 年，有人在意大利阿尔卑斯山发现了他封存在冰里的尸体。自那以后，我们从他的基因组、他大脑中表达的蛋白质，以及他肠道微生物的组成和让他送命的箭伤中了解到很多有关他的情况。他的物品也得到了很好的保存：各式各样的衣服、工具、武器、打火器、补给品和恶劣天气装备，适合他作为士兵、猎人、露营者和探险家的角色。

在现代人眼里，他的许多装备很原始。但奥茨并不是我们的一位遥远的祖先：在他解剖学意义上的现代人身体里，有一个解剖学意义上的现代大脑。在时间尺度上，我们与苏格拉底的距离，并不比苏格拉底与奥茨的距离更远。所以，我们应该能够在他所携带的东西和我们的必需品之间找到相似之处。

有许多相似非常明显。奥茨携带的木蹄层孔菌和燧石可用来生火，类似打火机。他携带的多孔菌白桦茸块具有抗菌和抗寄生虫的特性以及止血的功用。它相当于古代的便携急救箱，配有抗生素、驱虫药片和胶布。

绑腿、靴子和包

同样，奥茨的衣服和行李相当于我们的日常

关键人物

虽然不在他所携带的物品之列，但奥茨生活的另一个方面也揭示出如今的需要。几千年来，他的同族生活在稳定的定居点，通常是在山顶，以防突袭。如果奥茨有很高的地位，他应该会住在一个有栅栏和警卫的社区，他的豪宅面积巨大但可能有点土气，邻居们对出现的可疑人物非常敏感。几乎所有"口袋垃圾"或"我包里有什么"的图片，都包括住宅钥匙。这个普遍的随身物品开启了温暖、庇护、安全，以及通向我们其他所有物的通道。

杰弗里·米勒是新墨西哥大学阿尔伯克基分校的心理学副教授，著有《必须拥有：我们所购买的一切背后隐藏的本能》一书。

必需品。他那破旧的经常缝补的山羊皮绑腿就像是他最喜欢的牛仔裤。他那双熊皮底、鹿皮面的鞋就像一双粗糙的靴子。他的皮背包就像今天的包，用来装必需品。

但是，奥茨的武器直指我们寻找必需物品的核心，那就是获取食物的能力。他的长弓还没有完成。如果他活得足够长，能制作完成，它将是件可怕的武器，能够杀死 40 米以外的动物。同样，奥茨最珍贵的所有物也许是他的斧子——斧刃几乎是纯铜打造的。它可以砍倒树木，劈柴，抵御其他人和掠食动物的进攻。安全和保暖也是我们的核心需要。

当然，在当今世界大部分地区，我们不再需要用武器来获取食物和安全，而这正是我们今天真正需要的东西的核心。考虑到现代超市、医院、警察和军队，真正的类似物品是借记卡、医疗卡、驾驶证和护照。作为实物，它们只是纸片和塑料卡片，但作为身份技术，它们可以接入庞大的金融、医药、安全和政府管理系统提供的所有承诺。

史前的潇洒

奥茨的大部分物品看起来纯粹是实用的，但很清楚的是，也有些东西有炫耀的意味。拿他的条纹外套做例子。它是用一条条山羊皮缝合而成的，深色和浅色交替，应该会呈现出引人注目的图案。几乎可以肯定，奥茨的斧头代表了威望和地位；在被正式埋葬的氏族伙伴中，只有不到 1/5 的人有类似的斧头陪葬。我们看到，即使是必需品，也无法逃脱需要和欲望混合的灰色地带。像奥茨的斧子一样，我们携带的东西可以超越实用，带有高度象征意义——宝马汽车钥匙、超大尺寸安全套、倩碧口红。

最后，我们最先进的必需品——智能手机——在奥茨的求生包中没有真正的类似物。有了它，我们可以接入人类的知识，购买商品或服务，并召唤所有形式的帮助。我们可以和 50 亿拥有手机的人中的任何一个交谈，可以通过 GPS 确认自己的位置，通过 Yelp 获得食物，通过 Airbnb 找到住处，通过 Match.com 找到伴侣。如果说铜斧是奥茨携带的最独特的身份象征，那么智能手机就是我们的。

与文明接轨

显然，在物理层面上，我们的技术要比奥茨的更好、更轻、更强大。我们的现代靴子完胜奥茨漏水的鞋。抗生素对细菌的杀伤力比白桦茸强。

然而，我们随身携带的必需品的真正力量来自它们允许我们进入的物质、社会和信息生态系统。汽车钥匙、住宅钥匙、借记卡、护照和智能手机不仅仅是硬件；它们是输入-输出设备，让我们的大脑和身体与现代文明接轨。有了它们，我们就可以进入关乎人类合作、共同责任和象征地位的巨大网络，其规模是奥茨和他的同辈无法想象的。

所以，我们所需要的不过是我们随身携带的东西。下次你离开家，拿着钥匙、手机和钱包，想一下你带了什么——整个物种所有力量、知识和虚荣就浓缩在寥寥几件物品中。

关于你，你的东西说了什么？

环顾你家，有多少东西是因为有用而买，又有多少是因为好看而买？你可以舍弃这一切吗？

答案几乎肯定是 NO。我们和我们所拥有的物品的关系远远超越有用或是审美。在很大程度上，我们所拥有的物品帮助界定我们是谁以及其他人怎么看待我们。这些物品让我们对自己是谁，来自哪里，也许还包括我们将去往何方，有所意识。

这种赋予物品丰富意义的倾向出现在我们很小的时候，随着年龄增长而继续发展。1977 年，一个对芝加哥多代家庭所做的调查显示，较年轻的人往往珍视有多种实际用途的物品，比如厨房的桌椅，而老人家往往珍视会引起回忆和沉思的物品。

禀赋效应

心理学家把认为自己所拥有的物品的价值超过他人对该物品的价值评估的现象称作禀赋效应。这个效应也说明了为什么我们试穿某件衣服或者试驾某辆车后更有可能买下它。想象某种东西是自己的似乎会让我们认为它更有价值。

买新东西的动力部分来自我们想象这个新东西会如何改善我们的生活并给他人留下深刻印象的能力。这种"蜕变的希望"正是广告想尽一切办法要利用的。无论我们是否认为自己是物质主义者，我们在买新东西的时候的确都像打了一针快乐剂。

但那种愉悦转瞬即逝。很多人觉得需要不断买东西来延续那种状态，甚至不惜借钱去买。我

们的消费文化已经到了很难分辨正常行为与执迷和强迫症的界限的地步。

通过追求物质让自己快乐的人，也许是在尝试填充生命中的某些空缺，也许是情感上的。但反过来看未必是对的，渴望更多物质似乎并不会让人更不满足。比如，孤独往往会让人追求更多物质满足，反过来却不一定对。

我们拥有的物品在增强我们的自我认同感方面扮演了重要角色。在我们被迫放弃自己的东西时，这种影响尤其明显。因为那就像放弃我们自己的一部分，其过程可能令人难受，甚至是创伤性的。在火灾或其他自然灾害中失去家园和财物的人往往在自我认同上有极大的困扰。他们的过去消失于弹指间。监狱和军队等机构尝试利用这个效应，收走个人衣物，发放标准化用品，其目的是削弱人们的个性，以期重塑他们。

不同于我们对自己的看法，我们会因为某些物品能赋予我们社会地位和身份而乐于追求它。这种影响也许正变得越来越强。例如，研究表明，如今 20~35 岁的年轻人比前几代人更倾向于通过购买名牌手袋和高端时尚用品来获取地位感。

为什么会这样呢？一种观点是，千禧一代从父母那里得到的钱比他们的上几代人得到的要多，或者是因为他们更容易借到钱。这些趋势也可以解释所谓的"幻想落差"。在美国进行的一项研究显示，20 世纪 70 年代以来，青少年拥有昂贵物品的强烈愿望和他们为之工作的意愿之间的落差越来越大。

当拥有走上歧路

囤积症是一种较新的精神疾病，直到最近科学家们才借助脑部扫描仪将其与强迫症区分开来。当被问及是否要扔掉一个物品时，囤积症患者的前扣带和岛叶皮层过度活跃，这些区域处理的是重要性、相关性和突出性。囤积症患者似乎非常担心做出错误的决定，因此推迟了所有决定。

强迫性购买尚未被列入精神疾病。专家们对于它是否与成瘾、冲动控制或强迫症有共同的基础无法达成一致。强迫性购买当然与囤积症不同，后者存在于许多文化中，而购物成瘾只存在于市场经济中，市场上有很多东西可买，而且购买者有收入可花。

嫉妒的力量

我们对新事物的追求背后还有另一个因素：攀比。嫉妒是一种强有力的情感，在基本层面上可以被视为关乎公平和尊严。有些人拥有很多，而另一些人几乎什么都没有，这公平吗？剥夺对一个人的自我价值有何影响？嫉妒并不局限于富裕社群。世界各地的社区生活水平和收入各不相同，但这些社区内部相对地位的影响始终存在。

出于很多原因，拥有东西的欲望在我们心中根深蒂固。如果无法轻易摆脱这种欲望（就算我们想要摆脱），我们是否至少能从所买的东西中获得更多快乐？答案似乎是大写的肯定。

我们知道，一旦收入提高到可以维持舒适生活方式的水平，额外的钱并不会提高生活质量。但这可能是因为处于这种情况的人花钱的方式不对。位于加拿大温哥华的不列颠哥伦比亚大学的心理学家伊丽莎白·邓恩的研究表明，把钱花在体验或者他人身上，会比花在其他事物上带来更长久的满足感。所以，带全家度过一个美好的假期可能会比买一套新的音响系统为你带来更持久的快乐。

另一个策略是，思考一次新的购买会如何真正地改善生活。虽然我们有蜕变的期望，但它经常是模糊的，购买的乐趣很快就消失殆尽。所以，在散尽辛辛苦苦赚来的钱之前，邓恩建议要仔细考虑，新东西会怎样让生活更美好，特别是，它将如何节省你最宝贵的商品——时间。

塑料梦幻

　　贸易可能始于史前时期，在食物短缺时维持食物供应，但它逐渐演变成获得想要的物品和提升地位的一种途径。今天，世界上存在着额度达数十亿美元的贸易，涵盖几乎所有你能想到的物品，其中有许多来自中国小商品城这样的地方。这个庞大的市场位于上海西南 300 公里的义乌市，是世界上最大的小商品批发市场。上午订购 1000 个小玩意儿，下午茶时分就可以取货。并非只有花哨的塑料制品，还有电子产品、时装，甚至汽车配件。2017 年全世界 70% 的圣诞装饰品都来自这里。史前人类会怎么看待这些？

Credit：Rich Seymour/
INSTITUTE

占有的未来

很多人对自己拥有的物品怀着一种两难的感觉。他们喜爱自己珍视的物品，但也为由超级消费主义主导的世界正在耗尽全球资源并产生如山的垃圾而烦恼。幸运的是，新的技术提供了一些新奇的方法来帮助人们摆脱这种困境。

减少浪费所带来的负罪感的一个显而易见的方法是延长我们所拥有的物品的寿命。荷兰人戴夫·哈肯斯在相机的镜头马达停止工作后，去找制造商要求修理，却收到一个再熟悉不过的答案：现代电子产品无法修理，扔掉再买一台新的。

这个回答启发了哈肯斯，他自己就是一名设计师，于是发明了"模块手机"——由可拆卸部件组成，每个部件都可以拆下来修理或者毫无难度地更换。从处理器到摄像头和屏幕，他把每个部件都做成单独的模块。他的方法在一次网上请愿中得到了数十万人的支持。随后，手机制造商摩托罗拉宣布他们也一直在研究类似的方法。

实现自愈的小设计

延长物品寿命的另一途径是让它们能够自行修复。LG 推出 G Flex 手机时，在它背面添加了一种"自愈"聚合物涂层，可以慢慢修复轻微的划痕。

在手机内部，类似概念也在研究中。有一些可充电电池的硅阳极在充电过程中会退化。研究人员发明了一种自愈性聚合物涂层，将硅片固定在一起，使其保持电接触，从而保持电荷。将来，这种方法也可以确保嵌入我们衣服里的可穿戴电子产品寿命更长。

按需 3D 打印也为延长物品寿命提供了可能

性，特别是，如果它能让我们为模块手机打印部件的话。在家里打印还可以减少运送的环境成本。

告别实物

除了延长物品寿命，新技术还承诺以其他方式改变我们与我们喜爱的某些物品之间的关系。例如，以前你想要听一张唱片或读一本书，就必须买一个实物。但这种情形已经有了很大改变。

让我们回到 2010 年，看起来不久之后我们就都会下载音乐并阅读电子书了。但自那时以来，那个版本的未来已经被一个更复杂的版本所取代。在截至 2016 年的四年中，英国唱片业协会的数据显示，数字音乐下载量下滑，而黑胶唱片的销量正在飙升：2016 年，黑胶唱片的销量达到了自 1991 年以来的最高水平。电子书的命运也没有那

丢掉实物，走向虚拟

在某些领域，数字技术有望完全淘汰商品的实物版本。音乐、照片、电影，还有很多其他的东西，都可以存储在一台电脑上。这一运动的倡导者承认，尽管数字物品比实物容易移动，但还是要消耗资源。它们也造成了自己的混乱。管理和组织数据文件需要时间和注意力。虽然现在囤积被定义为囤积实物，但出现数据囤积症患者可能只是早晚的事。

么确定了：美国出版商协会的数据显示，2015 年电子书的销量开始下降。与此同时，平装书的销量继续增长。

这表明，数字媒体将不会取代旧技术，而是与它们共存。我们似乎选择用不同的形式来应对我们想要的不同类型的体验：比如，在家里听黑胶唱片，每天跑步或通勤时听数字音乐。对于某些书籍，我们想要拥有一本实体书，放在家里的书架上。

热气腾腾的流媒体

有一种形式的数字技术的声势正在不断壮大：内容流媒体。在流媒体上，音乐、电影和电子游戏等媒体实际上是被租赁而非拥有。想想 Spotify、Netflix 和 Steam 吧。流媒体是全球音乐行业增长最快的收入来源。根据英国唱片业协会的最新数据，从 2015 年到 2016 年，流媒体音乐增长了 2/3。

数字世界也承诺通过分享经济等运动来改变我们的所有权观念。如今，在线技术被用于共享食物、出行工具、购买和销售二手商品。此外，像 Airbnb 这样的住宅共享服务仍然在继续增长。普华永道的国际分析人士认为，2013 年至 2015 年，欧洲共享行业的价值增长了差不多两倍。

情感依恋

一个大问题是，数字技术将怎样影响我们与物品之间的关系。有些人认为，这实际上会增强我们对所有物的情感依恋。安迪·哈德森－史密斯和他在伦敦大学学院的团队给一家二手慈善商店的物品贴上了带有二维码的标签。扫过物品二维码的人可以收到有关该物品的历史的信息。这个被称为"货架生命"的项目增加了店里的销售额。

哈得森－史密斯自己买了一只俗气的二手熊，仅仅因为之前读到这只熊是一个通过了学校考试的女孩的幸运符。这种情感连接影响了他，于是现在这只熊就坐在他的桌子上，成为一个论据。

这个例子显示，数字技术可以让我们与所拥有的物品之间的关系更加明晰。我们经常选择可爱的东西，因为它们让我们想起曾经去过的地方、经历的事件，或者家人和朋友。任何可建立数据连接或带存储器的东西都可以为我们存储这些信息。

这也许为其他人提供了一种简单的方式，去了解特定物品对于我们的意义，但我们想错过自己讲述那些故事的机会吗？毕竟，我们最关心的往往是那些和我们有最深刻情感联系的事情。我们真的想通过数据连接来传达这些情感吗？

第七章
Friends
and Relations

友谊和关系

友谊是如何运作的?

大多数动物都有熟悉的同类,但只有少数物种能够建立真正的友谊。这类哺乳动物包括高级灵长类、马科的某些成员、大象、鲸目和骆驼科。所有这些动物都生活在结构稳定的社会群体中,这绝非巧合。集体生活有其好处,但也会带来压力;当情况变得困难,你无法一走了之,这也是友谊的目的。朋友之间结成防御联盟,让其他人停留在足够远的距离之外,而无须彻底赶走他们。

友谊和洋葱

友谊赋予社会群体和无组织的鹿群或羚羊群非常不同的结构。从成员的角度来看,一个社会的构成是一层层的,就像洋葱一样,你最好的朋友在核心,接下来那些层里是和你亲密程度依次递减的人。无论什么物种,其友谊核心往往包括5个左右的密友,下一层大约有15个朋友,而最宽泛的那层大约有50个朋友。每一层提供不同的好处。密友提供个人保护和帮助,你可以依靠更大的朋友圈来获得食物,依靠整个社会来防御捕食者。

生活在一个联系紧密的、分层的社会体系中需要智慧。畜群只需要了解它的邻居,但在分层社会中,你必须了解整个社会网络的结构。当你威胁我的时候,也会惹恼我的朋友,他们可能会来帮助我。所以,你必须意识到自己的行为会带来的更广泛的社会后果。

这种生活提出的认知要求反映在一个物种社会群体的规模与其大脑容量——更具体地说,其额叶大小——的相关性上。额叶似乎就是大脑中对社会关系进行计算的区域。但这种相关性并非简单明了。重要的不仅仅是数量,而是个体关系的复杂性。像狒狒和猕猴之类比较聪明的猴子,要管理特定大小的群体,就比智力较弱的猴子需要更大的脑容量。猿则需要更大的大脑。

群体规模和脑容量之间的关系有时被称为"社会大脑假说",不仅适用于物种,也适用于个体。对猕猴和人类的神经影像研究表明,个体的朋友数量与其额叶部分的大小有关。

建立信任

许多物种通过社交性的相互梳毛来建立和维持友谊。相互梳毛或轻抚会促进人类大脑中内啡肽的释放,让人感到放松和信任。群体越大,动物用于相互梳毛的时间越多,但梳毛的对象却在减少。这是因为,随着群体规模的扩大和群体生活压力的增加,确保你的朋友可靠变得越发必要。要做到这一点,你得花更多时间为核心朋友梳毛。

由于关系的质量取决于投入的时间,而一天只有那么几个钟头,这就给动物能拥有的朋友数量设定了上限,继而决定了这个社群的规模。如果尝试为太多对象梳毛,你的时间过于分散,友谊质量就会比较差,社群会分崩离析。在猴子和猿类中,一般的社群规模上限约为50个成员,狒狒和黑猩猩也是如此。

但人类是不同的。在过去200万年中,我们进化出越来越大的社会群体。根据社会大脑假说,我计算出我们的社会群体规模在150人左右。这就是所谓的"邓巴数字",事实上,它既是人类罗宾·邓巴是英国牛津大学的进化心理学教授，著有《你需要多少朋友：神秘的邓巴数字与遗传密码》一书。

社会组织中常见的群体规模，也是个人社交网络的典型规模。人类及其祖先维持的群体规模超过了靠相互梳毛可以维系的友谊数量，他们是怎么做到的？

看起来，我们采用了三种额外的行为，这些行为可促进内啡肽的释放，还可以在群体中进行，允许几个人被同时"梳毛"。首先是笑，我们和大猩猩都会笑。笑通常涉及三个人，作为一种建立联系的机制，比每次只给一个人"梳毛"更有效率。其次，大概 50 万年前我们学会了唱歌和跳舞，这进一步扩大了同时"梳毛"的对象群体。最后，语言获得了支配笑（通过玩笑）和歌舞的力量。最终，它允许仪式和宗教结合起来，从而使超级群体的出现成为可能。

我知道你在想什么

做出复杂的社交决定需要多方面的认知，但似乎尤其重要的一点是"心智化"——通过他人的外在行为理解其心理状态的能力（见第 98 页）。"我相信你假定我想知道你是否认为我打算……"涉及五种心智状态，是成年人通常会有的。前额叶皮质层关键区域的大小决定了你"心智化"的能力，进而决定了你有多少朋友。

容易衰退

虽然我们能感觉到与数千人的超级群体之间的纽带，但我们中的大多数，个人社交网络中只有不超过 150 人。其中大约一半是亲属，在我们一生中基本不会改变。但如果我们不进行投资，非亲属的友谊很容易衰退。如果你和一个朋友一整年都没有见过一次，这段友谊的质量会降低大约 1/3。

无论是按联系朋友的时间还是与朋友之间的情感亲密度来衡量，我们每个人都有分配社交成本的独特方式。例如，我们最好的朋友，不管他们变成什么样，都会得到同样多的时间。这种模式很像一个人的社交标志，即使我们的朋友变了，它也会保持不变。

145

有益身心的朋友

朋友对我们的健康、财富和精神状态都有积极的影响。而另一方面，社交孤立会导致与身体疼痛类似的感觉，让我们感到有压力，并且容易生病。事实上，我们的身体对缺乏朋友的反应就如同某一关键的生理需求未被满足。这并不奇怪。对我们人类来说，朋友并非可有可无、锦上添花，我们已经进化出了对友谊的依赖。

但是友谊也有其代价；花在社交上的时间可以用于其他有益生存的活动，比如准备食物、做爱和睡觉。另外，我们并不会仅仅因为某件事对我们有利就去做它。这也是为什么进化让我们渴望交朋友并与他们共度时光。就像性、饮食或其他任何物种生存所必需的活动一样，友谊也是由强化和奖励系统驱动的。友善与大脑中神经递质的释放和身体中生化物质的释放有关，而这会让我们感觉良好。

拥抱的化学

要了解友谊的驱动力，可以从一件看似毫不相关的事开始——哺乳。当婴儿吸吮时，母亲的脑垂体会分泌一种叫作催产素的神经肽。这导致乳房肌肉收缩，让母乳流出，同时降低了焦虑、血压和心率。对母亲和婴儿来说，催产素所带来的放松感会鼓励哺乳，并有助于建立牢固的充满爱意的纽带。

这发生在所有哺乳动物身上，但在人类和其他少数结交朋友的物种中，这个系统被进化调用并扩大。催产素的功用已超越母婴关系。当与另一个人进行某些积极的身体接触，包括拥抱、轻

触和按摩，你会分泌催产素作为回应，由此产生的愉悦感是对你的奖赏，鼓励你再次去见那个人。

催产素也以其他方式起作用。它促进亲社会的决定，增强信任感并鼓励慷慨的行为。

催产素不是催生友谊的唯一的化学物质。另一个关键角色是被称为内啡肽的阿片类化学物质。我们的身体在承受轻微疼痛时，比如做运动时，会分泌内啡肽，这种物质也作为大脑的神经递质制造快乐的感觉。所有脊椎动物都会分泌内啡肽，所以它们一定很早就进化出来了。像催产素一样，这种化学物质在促进友谊方面发挥了作用——并非仅仅通过使身体接触感觉良好。

罗宾·邓巴和他牛津大学的同事要求人们单独划船或者结对划船，然后测量他们划船前后的内啡肽水平。结果令人惊讶。虽然付出了同样的体力，结对划船的人释放的内啡肽比单独划船的人要多。真正的友谊的一个重要组成部分是行为同步——朋友必须在同一时间、同一地点建立并保持一段关系。内啡肽看起来是通过让人们对同步行为感觉良好来促进友谊。

收集流言蜚语

要选择、得到和维护朋友，我们需要收集社交信息。这也是我们喜欢做的事情。在婴儿会说话之前，与其他视觉刺激相比，他们更喜欢看人脸。我们发现社交信息是有内在益处的，因为它触发了大脑中与奖励相关的区域。给在核磁共振扫描仪中的人看他们 Facebook 账号里的照片，他们的伏隔核（和吸毒成瘾有关的大脑区域）会亮起来。

劳伦·布伦特是英国埃克塞特大学的动物行为学讲师。

反应最大的是频繁使用社交媒体的人。当然，有些人比其他人更友好，也许他们只是更擅长交朋友，但核磁共振结果暗示他们会这么做或许也因为这给了他们更多快感。

人气背后的因素

友善的人更喜欢交际，部分是由他们的基因导致的。加州大学圣地亚哥分校的詹姆斯·福勒和耶鲁大学的尼古拉斯·克里斯塔基斯对同卵双胞胎（所有基因都相同）和异卵双胞胎（平均50%的基因相同）的社交网络进行比较，发现他们在同龄人中受欢迎程度的差异有46%源于遗传因素。

我们在生活中会遇到那么多人，我们是怎样挑选出几个来做朋友的？一开始，答案似乎很简单——我们选择和自己相似的人，无论这种相似体现在年龄、性别还是职业上。实际上，这种人以群分的倾向有其遗传基础。福勒和克里斯塔基斯发现，人们和他们的非亲属朋友的基因相似程度，与他们和四代表亲的基因相似程度相当。友谊的谜题之一是，我们为什么会如此乐意与完全陌生的人合作。从进化的角度来说，我们应该与亲属合作，如果他们把更多与我们共有的基因传给后代，我们也算通过代理实现了繁衍。但是，如果朋友的基因跟我们的基因比预期的更相似，也许我们不应将他们视为陌生人，而应将他们视为"兼性亲属"。

所以，你的基因组不仅帮助决定你有多友好，还帮助决定你会选择谁做朋友。没有人知道我们如何识别基因相似的人——可以是面部特征、声音、手势、气味，甚至个性上的相似。无论吸引我们的是什么，有一点可以肯定：和这些人交朋友是值得的。关于友谊，我们知道一件事，就是它让人感觉很好。

只身上路

孤独的人压力激素皮质醇水平会比较高。长期的压力会损害健康，这也许可以解释为什么社交隔离会增加患心血管疾病的风险，也让人更容易受到感染。但压力也是有用的：它可以作为一种警示，说明体内平衡——身体维持的稳定的内部情况——已经被破坏。因此，压力会促使我们调整行为，以恢复内在平衡，包括在疲劳时休息，在炎热时寻找阴凉处。也许它还驱动我们在孤独时寻求社交接触。如果身边有个朋友相伴，我们在压力之下产生的皮质醇会少一些，这一事实表明，朋友要么有助于我们恢复体内平衡，要么从一开始就预防了体内平衡被破坏。

成双成对

　　欢迎来到双胞胎节！每年都有来自世界各地的上千对双胞胎聚集在美国俄亥俄州的特温斯堡（Twinsburg，意为"双胞胎城"），庆祝"成双"。有一条不成文的规定，同卵双胞胎应打扮得一模一样。无论双胞胎在哪里聚集，医学研究人员都会跟随。双胞胎研究已经成为一种强大的工具，可以用来区分先天遗传和后天养育对我们如今的状态的影响。最吸引人的是那些跟踪自出生就被分开抚养的同卵双胞胎的研究。这些同卵双胞胎继承了相同的基因，但后天接受的教养截然不同。此类研究被用于探索疾病和性格特质，包括乳腺癌、对音高的辨别能力和幽默感。以个体对加里·拉森创作的卡通剧的反应来衡量的幽默感似乎完全脱离了基因的控制。

Credit：Susana Raab/
INSTITUTE

兄弟姐妹的无形影响

你可以选择朋友，却不能选择家庭。很不幸，家庭成员，特别是年长的哥哥姐姐，会对你的人生道路产生深远的影响。

你可能听说过某些流行的观点，像是"成就突出的老大""被忽视的老二""被宠坏的老幺"。事实证明这些刻板印象并非毫无依据。越来越多的研究表明，你在兄弟姐妹中的排位确实会以这样那样的方式影响你的生活。

最聪明的老大

"成就突出的老大"这个标签可能反映了一个事实，即长子或长女往往比他们的弟弟妹妹更聪明。相比老二，最年长的哥哥在智商测试中有2.3分的优势，老二又比老三有优势，依此类推。令人惊奇的是，在长子去世的家庭中，次子的智商测试得分会比依其出生顺序预期的要高。这表明，起作用的可能不是出生顺序，而是社会地位。

老大通常会比弟弟妹妹高大约2.5厘米，这个数字已经考虑了社会经济地位、种族和父母身高差异。长得高是一个受欢迎的身体特征，也可能对取得突出成就有所贡献。但老大通常也不得不面对容易长胖的问题。一种解释是，初孕胎盘中的血管发育不完全，所以第一个孩子相对营养不良，出生时体重要比弟弟妹妹轻。其代谢系统在母亲子宫里发育时恰逢营养匮乏，后来物质生活变得富足，有这种境遇的人被认为在以后的生活中更容易发胖。

其他研究结果也指向类似的方向。甚至在童年时期，老大对胰岛素的反应就不如弟弟妹妹敏感，血压往往也高得多。这些特征很可能使他们更容易遭遇2型糖尿病、心脏病、高血压和中风。

出生顺序和过敏也有相关性。在四五岁的孩子中，有哥哥姐姐的比没有哥哥姐姐的更少因过敏性哮喘被紧急送往医院。这一效应通常用"卫生假说"来解释。该假说认为，在生命早期接触范围广泛的微生物有助于儿童形成强大的免疫防御机制。大一些的孩子可能会将新的病毒、真菌和细菌传播给兄弟姐妹，应该会加强这种效果，有助于增强其兄弟姐妹的免疫系统，使他们不易过敏。

免疫上的相互作用

另一种观点源于怀孕期间的免疫反应。母亲的身体必须降低免疫反应，才不会排斥发育中的胎儿。胎儿也必须降低免疫反应，以免伤及母亲。一种说法是，母亲每多怀一次孕，就能更有效地调节免疫反应，因此后来的胎儿对她产生的抗体也较少。结果是，他们出生后，其免疫系统对无害物质（如花粉）反应过度的概率较小。

出生顺序还对家庭关系有影响。最先和最后出生的孩子往往与父母关系最密切，而中间的孩子更可能在家庭以外发展牢固的关系。科学家们推测，中间的孩子受到父母的关注较少，所以会在别处寻找友谊。换句话说，"被忽视的老二"和"被宠坏的老幺"是真的。

胆大的老幺

个性也受到出生顺序的影响。动物研究表明，

事关生死

出生顺序最令人惊讶的影响也许是它可能关乎生死。一个人的哥哥姐姐越多，自杀的可能性越大。这一效应在女性中更显著，尽管女性的自杀率比男性低得多。为什么出生顺序会有这样的影响尚不清楚，但有一种观点认为，长子和长女在出生后的最初几年里会得到父母的充分关注，这有助于他们培养稳定的性格，使他们在今后的生活压力下更坚韧。相比之下，后来出生的弟弟妹妹可能就没那么幸运了。

斑胸草雀成年的时候，一窝里最小的一只和它的哥哥姐姐相比，更有探索新环境的冒险精神。人类的情况也是如此：弟弟妹妹们更有可能参加危险的体育运动。此外，在打职业棒球的兄弟中，弟弟们更有可能冒险盗垒。

有证据表明，最小的孩子在政治上也更有冒险精神。在荷兰进行的一项研究表明，担任公职的男性和女性中有 36% 是老大，只有 19% 是老幺。一个家庭中最大和最小的孩子各占荷兰人口的 1/4，所以老大在主流政治中的代表超过其人口比例，最小的孩子则相反。然而，在挑战现状的领导力方面，情况完全相反：排行靠后的孩子更有可能从事变革性的事业。

性取向

出生顺序甚至可能影响我们的性取向：一些研究表明，一个男人的哥哥越多，他越有可能成为同性恋。

为什么会出现这种情况还不清楚，母亲对胎儿的免疫反应再次成为首选答案。不论这种影响具体是什么，它似乎会随着母亲再次怀孕而加强。怀疑现在落在母体抗体上，这种抗体与男性胎儿下丘脑前部脑细胞表层的蛋白质结合，而前下丘脑是与性取向相关的区域。一个尚在接受检验的观点是，如果这些抗体改变了常规性别分化中蛋白质的作用，也许会导致排行靠后的男性被同性吸引。

出生顺序显然对我们生活的许多方面都有影响，尽管尚不清楚与其他环境和基因因素相比，何者影响更大。但找出答案可能很重要。全球生育率下降意味着长子在人口中所占的比例越来越大。我们可能正在走向一个肥胖、容易中风、保守主义者占多数的世界。

触摸怎样影响你的自我认知和社交成绩？

我们是善于用手的物种。我们用触摸来探索世界，并把这变成人类的一种优势。我们也触摸彼此，如今我们认识到，家人朋友之间在背上鼓励性的一拍或者温柔的抚摸比我们之前想象的重要得多。

研究显示，触摸赋予世界一个情感性的背景，帮助我们建立友谊和信任。另外，它引导大脑负责控制社交行为的部位的发展，甚至帮助我们建立自我。他人的触摸似乎并不只是感性的放纵。

被忽视的感官

谈到感觉，视觉和听觉受到的关注远远超过触觉。但皮肤是我们最大的感觉器官。一个平均身材的人，皮肤重达6千克，而且遍布感觉感受器。

这些感受器向大脑传送信号的神经形式多样。A型神经纤维是粗重的网线，能瞬间传输疼痛、压力、震动以及温度变化等紧急信息。与此相反，C型神经纤维比较细，传输信息慢，从脚踝到大脑大约需要一秒钟。它们的作用被认为是处理不那么急迫的疼痛，比如酸痛或悸动。

20世纪90年代后期，科学家们发现了一种新的人类C型神经纤维，叫作C-触神经纤维或CT纤维，由轻柔的抚摸激活。虽然大多数触觉感受器集中在如嘴唇、指尖这样的地方，但CT纤维只在长毛发的皮肤部位被发现，所以绝大部分存在于头顶、上身、手臂和大腿上。

在大脑中，神经纤维将有关触摸的信息传送给名为躯体感觉皮质的接收中心。但CT神经纤维也连接岛叶皮质，而岛叶皮质和情感有关，并且关联着一个参与判断他人及其意图的区域网络。这些区域对其他各种社交线索（比如面部表情）做出回应，这引出了触摸也许是沟通社交意图的另一种途径的理论。

CT纤维系统似乎最容易对力度小、每秒三到五厘米的慢速轻抚做出反应。比起寒冷，它更容易对温暖做出反应。换句话说，它看上去和父母子女之间或者情人之间所谓的社交性或是情感性的触摸最对频率。

对牛津大学的罗宾·邓巴这样的进化心理学家来说，这丝毫不令人惊奇。他认为人类的温柔爱抚类似其他社会动物（比如猴子）相互梳理毛发，这种举动帮助强化个体之间的纽带（见第144页）。爱抚和梳理毛发能促进令人感觉快乐的神经递质

遥远的爱抚

网络、电邮和社交媒体的兴起引出了一个问题：我们在日常沟通中是否缺少触摸。发明家正在努力工作，以避免这种情况发生。"拥抱衫"应运而生。它是一件布满传感器的薄毛衣，能够以数据形式"记录"你给自己的拥抱。然后那个拥抱的档案被传送给你所爱的人，他穿着另一件能再现你的拥抱（包括其强度和持续时间）的上衣。类似的成对装置应用触觉技术，通过互联网传送轻触和挤压、温度变化和震动。

的释放，这种被称作内啡肽的神经递质鼓励个体多花时间在一起，通过相处培养信任。

身体界限

如果说带着情感的触摸有助于我们的日常互动，它在培养我们的自我意识方面也很重要。在"橡胶手幻觉"这个实验中，被试的一只手放在屏幕后面，在他面前肉眼可见的地方放了一只橡胶手。然后同时轻柔地抚摸屏幕后面的手和他面前的橡胶手。一段时间之后，很多人都感觉橡胶手是自己的真手：他们的身体自我意识扩展开来，将橡胶手包括在内（见第90页）。

在用已知的能使 CT 纤维兴奋的速度抚摸时，这个实验效果最好，因此，有些研究者得出结论：情感性触摸在教会我们身体界限方面起着关键作用：什么是我们身体的一部分，什么不是。推理过程是这样的，婴儿生下来时并不具备完整的身体自我意识，父母的抚摸对于帮助他们建立这些意识很重要。

建立合适的连接

我们的社交技能可能也早早受益于触摸，非常早。触觉是在子宫里发育最早的感觉，从受孕后大约八周就开始活跃。胎儿通过吸吮拇指、抓脐带或者撞母亲的肚子可以感觉到很多。

情感性触摸在这里也起着重要作用。羊水盘旋流过覆盖在胎儿体表的胎毛，可能会刺激胎儿的大脑发育，并与岛叶皮质和其他负责诠释社交线索的区域网络建立神经连接。

这些连接在婴儿出生后继续发育。其他感官系统的发育也需要类似的刺激。动物试验表明，如果一出生就把一只眼睛遮起来，大脑中处理来自那只眼睛的图像的部分就不会发育，即便后来摘掉眼罩。

自闭症的迹象

有关触摸的重要性的新观点，特别是对婴儿的触摸，也许会提供关于自闭症的新的洞见。研究表明，患有自闭症的孩子对触摸的处理和别的孩子不同。他们清楚地意识到有人在触摸他们，但似乎不能理解触摸的社交意义。

综合所有证据，有些研究者提出，感官互动——先是母亲和胎儿之间，然后通过父母给孩子的爱抚和拥抱——为能良好适应环境的社交大脑打下了基础。如果这个理论正确，那么情感性触摸就不是锦上添花，而是对我们的发育来说必不可少的。

世界很小

如果你玩过"凯文·贝肯的六度分隔"这个游戏，你应该很熟悉"小世界网络"这个概念——通过六个或更少共同的熟人，一个人可以和其他任何人建立联系。

最终的版本是"爱尔特希－贝肯－安息日"游戏，这个游戏把人们和凯文·贝肯、匈牙利著名数学家保罗·爱尔特希、重金属乐队"黑色安息日"联系起来。

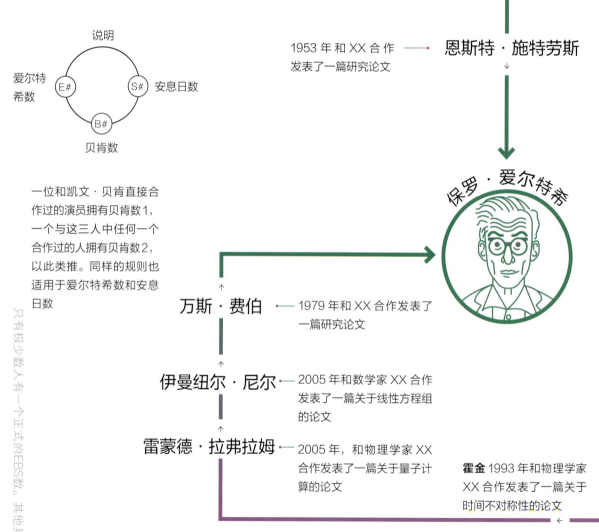

1945 年，**爱因斯坦**和德国数学家 XX 合作发表了一篇关于引力场的研究论文

说明

爱尔特希数 E#

安息日数 S#

贝肯数 B#

1953 年和 XX 合作发表了一篇研究论文 —— 恩斯特·施特劳斯

保罗·爱尔特希

一位和凯文·贝肯直接合作过的演员拥有贝肯数1，一个与这三人中任何一个合作过的人拥有贝肯数2，以此类推。同样的规则也适用于爱尔特希数和安息日数

万斯·费伯 —— 1979 年和 XX 合作发表了一篇研究论文

伊曼纽尔·尼尔 —— 2005 年和数学家 XX 合作发表了一篇关于线性方程组的论文

雷蒙德·拉弗拉姆 —— 2005 年，和物理学家 XX 合作发表了一篇关于量子计算的论文

霍金 1993 年和物理学家 XX 合作发表了一篇关于时间不对称性的论文

只有极少数人有一个正式的EBS数。其他具有EBS数的人：

特里·普拉切特 E4+B2+S3 | **雷·库兹韦尔** E4+B2+S2 | **卡尔·萨根** E4+B2+S4

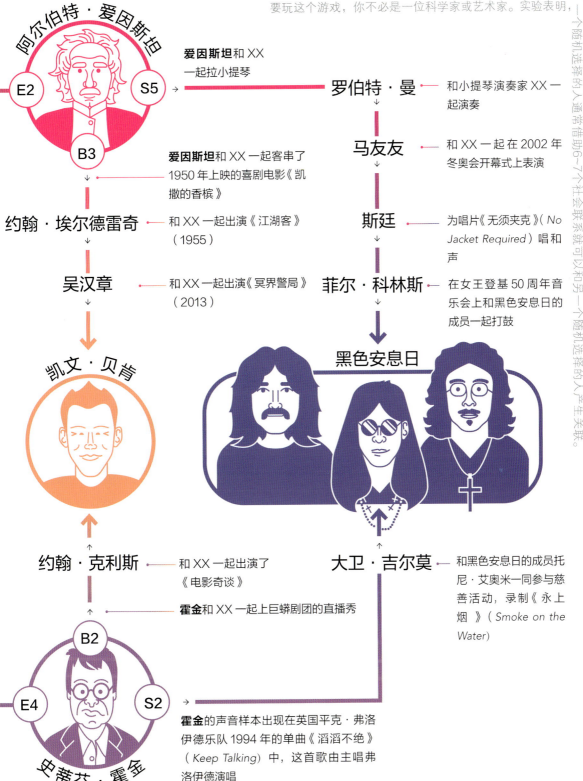

要玩这个游戏，你不必是一位科学家或艺术家。实验表明，一个随机选择的人通常借助6~7个社会联系就可以和另一个随机选择的人产生关联。

阿尔伯特·爱因斯坦

E2 S5

B3

爱因斯坦和 XX 一起拉小提琴 →

罗伯特·曼 —— 和小提琴演奏家 XX 一起演奏

马友友 —— 和 XX 一起在 2002 年冬奥会开幕式上表演

爱因斯坦和 XX 一起客串了 1950 年上映的喜剧电影《凯撒的香槟》

约翰·埃尔德雷奇 —— 和 XX 一起出演《江湖客》（1955）

斯廷 —— 为唱片《无须夹克》（No Jacket Required）唱和声

吴汉章 —— 和 XX 一起出演《冥界警局》（2013）

菲尔·科林斯 —— 在女王登基 50 周年音乐会上和黑色安息日的成员一起打鼓

凯文·贝肯

黑色安息日

约翰·克利斯 —— 和 XX 一起出演了《电影奇谈》

霍金和 XX 一起上巨蟒剧团的直播秀

大卫·吉尔莫 —— 和黑色安息日的成员托尼·艾奥米一同参与慈善活动，录制《永上烟》（Smoke on the Water）

B2

E4 S2 →

史蒂芬·霍金

霍金的声音样本出现在英国平克·弗洛伊德乐队 1994 年的单曲《滔滔不绝》（Keep Talking）中，这首歌由主唱弗洛伊德演唱

康多莉扎·赖斯 E6 + B3 + S4 | 诺姆·乔姆斯基 E4 + B3 + S4 | 更多人见 http://erdosbaconsabbath.com/

为什么你应该闻一闻你潜在的伴侣？

体味——呃……大多数人会有这样的反应。许多人费尽心思用除臭剂和那些有着谜一般的名字、承诺让我们更具吸引力的香水来掩盖或去除我们的个人气味。然而，越来越多的证据表明，对于谁觉得我们有吸引力以及我们觉得谁有吸引力，体味的成分起着关键作用。

牵着鼻子走

我们倾向于认为自己主要是视觉生物。但越来越清楚的是，嗅觉对我们生活的引导比我们意识到的要多。首先，我们腋窝和腹股沟的毛囊周围的顶泌汗腺比我们所有进化上的表亲的都要多。细菌以它们的分泌物为食，在此过程中释放化学物质，加重我们的个人体味。智人有时被称为有味的类人猿，这并非无中生有。

另外，我们的嗅觉比我们之前以为的要灵敏。我们很善于嗅出别人的信息——尤其是异性。

这些结论有许多来自各种测试。例如，一组男性被试被要求穿着 T 恤独自睡觉，避免吸烟、吃辛辣的食物、喝酒，或者使用香水。然后让一组女性（有时是男性）嗅闻每件 T 恤，并给某些属性打分，有时也对穿 T 恤的人的其他信息（比如照片）进行评级。

在其中一项研究中，被试也填写了个性问卷，而嗅闻者被要求根据 T 恤进行各种个性特征评估。我们似乎特别擅长判断外向性、神经质和支配能力。前两项更接近情绪特征，会影响我们出汗的速度，进而影响我们的气味。支配能力和某些激素水平较高有关，这些激素会分解成影响气味的分子。

此类研究表明，女性往往更喜欢闻起来居于支配地位的男性，当她们处于月经周期里最易受孕的阶段时尤其如此。女性甚至能闻出男性的体型，她们倾向于喜欢身体更对称的男性的气味。身体的高度对称被认为显示了抵抗感染和其他环境压力的能力：它是基因质量的一种标志。

闻香识女人

相应地，男性倾向于喜欢正在排卵的女性的气味。不同于其他许多动物物种的雌性，女性排卵时表现出的外在迹象非常少，但她们的气味似乎会泄露这个秘密。男性喜欢排卵的气味，虽然只是下意识的。与此相反，他们会觉得月经期的女性相对不那么吸引人。

这可能就是香水行业的目标。反映生殖能力的气味可能会让女人更有吸引力，暗示身形对称的气味让男人更有吸引力。遗憾的是，在这两种情况中，我们尚未弄清楚相关的化学物质。但我们可能离找到反映支配能力的气味不远了。

居于支配地位的雄性小鼠会分泌大量雄甾烯酮，它们是雄性类固醇激素（比如睾酮）分解的产物。这些化合物似乎对人类也起作用：在女性的上嘴唇涂上雄甾烯酮后，她们往往会认为男性更具吸引力。但也有一个障碍。并非所有女性都会被雄甾烯酮的气味吸引：有些人根本闻不到，另一些人则觉得它们难闻。

这一发现，即没有一种气味会对每个人都有效，也适用于影响我们个人气味的另一组化学物质——主要组织相容性复合体（MHC）。MHC 是一组分子，会黏附在外来物上并把它们交给免疫细胞处理。

嗅出区别

研究表明，我们偏爱那些 MHC 基因与我们差异较大的异性的气味。这种偏好可能是人类生活在小群体中时为了避免近亲繁殖进化出来的，或者是给后代提供最广泛种类的 MHC 基因的一种方式，让他们得到最广泛的免疫保护。

不过，单纯以 MHC 为基础的气味难免会让某些人感觉不舒服，因此需要采取一种更细致的方式。事实证明，MHC 基因不仅影响我们对体味的偏好，还影响我们对其他气味，包括香水的偏好。因此，与其为不同性别、年龄和收入的人设计香水，还不如付钱给香水制造商，让其生产符合不同 MHC 偏好的香水。

但这种方式也有其缺点。作为个体，我们善于下意识地选择和自己体味相合的气味，但为他人挑选香水的水平实在不敢恭维。为伴侣选择香水实际上可能会让他们更难闻，即使选的是评价很高的品牌。消息灵通者一致认为，最好让我们的爱人自己来选。

让事情变复杂的因素是喷香水的人的体味和瓶子里的香水气味的相互作用。很多因素可以改变某种气味在一个人皮肤上的效果，尤其是他们的饮食。香水公司已经认识到了这一点，他们会根据全球不同地区和文化的偏好来制造香水。

尽管困难重重，我们对体味及其成分的深入了解必将为香水制造商开辟新途径。对所有人都有效的气味似乎并不存在，但就像个性化药物一样，个性化香水当然不是一个应被嗤之以鼻的主意。

强大的免疫力的气味

我们的免疫系统和体味之间的联系仍然是个谜。一组被称为"主要组织相容性复合体"的分子帮助隔离细菌、病毒和其他入侵者（见正文）。它改变了我们的体味。是如何改变的呢？一种可能是，皮肤细胞所表达的 MHC 分子会对哪些细菌可以在皮肤上生存造成影响，从而影响体味。另外一种可能是，这些气味直接来自肽配体，也就是 MHC 分子中与入侵者结合的那部分。香水公司已经开始为这些能产生气味的肽申请专利。

HOW
TO
BE
HUMAN

第八章
Emotions

情 绪

欢迎来到情绪世界

你现在感觉如何？即便你不是情绪高度敏感的人，也可能会感觉到一些东西。情绪是我们生活中永恒的伴侣，对我们的思考和行为有强烈的影响。没有情绪会对生命造成无法估量的损失。然而情绪有什么用？

查尔斯·达尔文是最早认真思索这个问题的人之一。在 19 世纪 60 年代后期，他喜欢给家中来访的客人看照片，照片里那些人的面部肌肉因受到电击而扭曲，表情令人毛骨悚然。达尔文着迷于照片上嘴唇的抽搐或眉头的皱褶如何引发人们的某种情绪，比如恐惧或惊讶。他想知道客人们是否有同样的感受。答案通常是肯定的。

情绪有什么用？

1872 年，达尔文出版了《人和动物的情绪表达》一书。在这本书里，他提出，情绪表达与生俱来，且普遍存在。但他无法解释这些表达的作用，他认为它们有可能"毫无用处"。如今人们普遍认为他是错的。

首先，快乐、悲伤、恐惧、愤怒、惊讶和厌恶这六种基本情绪在生存中起着关键作用。它们进化成了一种鼓动行动的机制，提高了我们生存及繁衍后代的概率。

例如，恐惧是大脑和身体说"赶紧离开，不要再回去！"的方式。无畏的动物生存下来的可能性较小。

面部表情起到了非常重要的作用。当人们脸上呈现典型的恐惧表情时，其视野会扩大，眼球移动更快，呼吸道会扩张——这些反应都能让他们更好地观察到危险并做出反应。

厌恶是另一种具有明显生存益处的情绪。厌恶的感觉驱使我们远离有害的东西，比如粪便、呕吐物或腐烂的食物。扭曲成一团的面部表情会引起呼吸道收缩，从而阻止感染源进入。

其他基本情绪的生理功能相对而言没有这么明显。但总的来说，情绪会奖赏我们提高生存和繁衍概率的行为，惩罚我们危险的举动。

表达你的感受

表达情绪的面部表情还有另一个作用：将你的内心状态传递给他人，从而操纵他们的行为，使之对你有利。愤怒的脸预示着威胁，可能会使对方退缩。悲伤的表情能引起同情或表达让步的意愿。而当你微笑的时候，整个世界都会和你一起微笑。

然而，六大基本情绪并不能代表所有的人类情绪，现在，快速审视一下你自己的情绪状态，你会发现：此刻你正在感受的多半并不是快乐、悲伤、恐惧、愤怒、惊讶或厌恶，而是比较微妙的情绪，也许是好奇或期待（希望不是无聊或失望）。

现代情绪

这些次要情绪的清单很长，但它们也许与日常生活更休戚相关。我们的祖先可能每天都得借助恐惧来逃离食肉动物，借助愤怒来征服敌人，借助厌恶来避免疾病，但我们生活在一个更加精致细腻的世界，在这里已经出现了其他情绪。

曲终人散的空虚

并非所有情绪都是普遍的。有些情绪是特定文化或语言独有的——尽管它们包含着我们都能认同的人类经验。以 greng jai 为例，在泰国它指不情愿接受帮助，因为会给别人造成麻烦；iktsurapok 是因纽特人对等待来访者时焦躁和无精打采的混合感觉的描述；巴布亚新几内亚人用 awumbuk 来描述分别后的空虚感。许多北欧语言都有一个词来描述舒适、温暖、朋友环绕的感觉。丹麦人用的词是 hygge，荷兰人则称之为 gezelligheid。

让我们思考一下好奇。这是新奇刺激激发了进一步探索和了解的需求时的一种被唤起感。它可能由一个想法、一次交谈、一个创造性的项目、一本书或一个有趣的人引起。就像六大基本情绪一样，它也有自己独特的表达。当好奇心被激发时，你的头会侧向一边，额头和眼睛周围的肌肉会收缩。

正如快乐的背面是悲伤，好奇的背面是困惑。困惑非常普遍且容易辨识：眉头紧皱，眼睛眯缝，甚至可能会咬下唇。一项研究发现，这是仅次于快乐的第二容易辨识的日常表情——大脑告诉我们，我们考虑事情的方式行不通，我们关于世界的心智模型不合适。有时这种情绪会使我们退缩，但也可能驱动我们改变策略。

鼓舞

在现代社会中，另一种也许值得更多关注的次要情绪是"受到鼓舞"。它的特点包括让你眼睛里有泪，脖子后有麻刺感，胸部有温暖的感觉。激动人心的演讲、国歌或者看到所爱的人都可能引发这种情绪。

这种情绪似乎普遍存在，在世界各地的人群中间都有记录。虽然并未配备确定的面部表情，但可以借助面部特征的细微软化和眉毛的升高来辨别，看起来就像是悲哀。这是比较罕见的情绪，人们通常一周体验不到一次，但它极具激励性，而且很重要。如果你让人们回忆一生中最宝贵的经历，那么出镜率最高的可能就是他们受到鼓舞的时刻。

消极的情绪有羞耻、内疚和尴尬，所有这些都有助于加强社会纽带，表明我们接受自己触犯了公认的准则。骄傲的名声也不好，有时被认为是不可饶恕的七宗罪中最糟糕的一个，但骄傲也会驱动我们去做可以赢得尊重的事情。

如果有人指责你情绪化，你可以安慰自己，情绪促使我们采取行动，如果没有情绪，我们什么都不会去做，社会也就不能正常运转。所以，不管喜欢与否，你都要接受它。

我们的表情反映了我们的感受？

20 世纪 60 年代末，来自加州大学旧金山分校的一群心理学家分别前往巴西、日本、婆罗洲和新几内亚，去展示一组照片。他们遇到的一些人此前从未与外界有过接触，也从未见过照片。"我是他们见过的第一个外来者。"队长保罗·埃克曼后来回忆说。但是，这些照片对当地人还是有意义的，它们描述了上一章中讨论的六种基本情绪：快乐、悲伤、恐惧、愤怒、惊讶、厌恶／轻蔑。

埃克曼的研究小组发现，他们所测试的每一个人，无论来自哪种文化，都能识别上述六种情绪。这一经典研究发表在 1969 年的《科学》杂志上，在心理学领域产生了巨大反响。它有力地支持了达尔文的观点，即情绪表达对任何文化的人来说都是共通的，因为它们有共同的进化起源。

自那以后，有几十项研究为这些发现提供了支持。除了基本的六种情绪（或七种，有时厌恶和轻蔑被分开对待），这套普遍存在的情绪现在还包括表现为高姿态和挺起胸膛的骄傲，以及表现为头低垂、身体前屈的羞耻。所有这些都支持一个观点：情绪表达是人脑先天固有的。

固有反应

其他证据支持来自对天生失明故而从未看见过情绪表达的群体的研究。一项对 2004 年奥运会和残奥会柔道选手（包括天生失明或后天失明的）的研究发现，当赢得一回合时，所有选手的表情都一样。这些表情包括所谓的"杜兴微笑"——大而灿烂的笑容，波及眼睛和嘴——这被认为是快乐的真实表达。

社交信号

有些情绪表达，比如恐惧和厌恶，对表达者来说有明显的生存益处。其他情绪表达的功能则比较神秘。心理学家还在研究快乐的微笑、愤怒的咆哮和愁眉苦脸潜在的功利性目的。

有可能它们并没有功利性目的，仅仅是作为信号被演化出来。人类是社会性动物，需要沟通，面部表情是非常强大的交流方式，能够传达并接收情绪状态对我们的祖先应该是有利的。例如，表现出恐惧并从对方脸上辨认出恐惧，有助于双方对危险做出回应。

在这个设想中，情绪表达开始是作为进化生物学家所谓的"线索"，揭示有关内在状态或行为的信息，但它们起初被进化出来并不是作为信

模棱两可的愤怒

仅依赖面部表情意味着你可能会严重误解他人的感受。网球运动员塞雷娜·威廉姆斯的一张照片是个非常好的例子。当你只能看到她的脸时，她好像在生气或感到痛苦。但如果你能同时看到她的身体——重心在前脚，紧握的拳头在脸前方——很明显她心情不错。事实上，她刚刚击败了她的姐姐维纳斯，在赢得 2008 年美国网球公开赛冠军的道路上又前进了一步。

号，就像咀嚼是某人在吃东西的可靠信号。随着时间的推移，这些表达进化成用于明确传递信息的信号。这个过程叫作"仪式化"。情绪表达变得越来越夸张和明确，使非语言沟通更容易进行。情绪表达的早期进化阶段被称为扩展适应，指某个特征起初是为一个目的进化出来，但后来被另外一个目的征用。

这个过程或许能够解释为什么某些表达的功能很难识别：起初的目的早就被仪式化掩盖了。

支配和服从

另一种可能是，有些情绪表达自始至终只具备信号功能。自豪和羞耻等典型社会情绪很可能就属于这一类。这些情绪表达类似其他社会性灵长类动物支配和服从的姿态，表明它们是承袭自古老祖先的一种与地位有关的信号。

讽刺的是，面部表情彻底偏离它起初功能的观点为一种可能性打开了大门：与埃克曼的发现截然相反，面部表情终究不是普遍的。

换句话说，面部表情并不具有生物基础，而是习得的文化符号——我们学来的用以表达情绪的一种"肢体语言"。和口头语言一样，在不同文化中，面部表情有共通之处，也存在差异。

支持这一观点的证据表明，人们对某种情绪的辨识在很大程度上取决于环境。在现实世界中，脸部几乎不会被单独看到。姿势、声音、其他人的脸和更广泛的环境也会被注意到，这些都会影响人们对表情的理解。例如，皱眉通常与愤怒相关，但如果这个人拿着肮脏的东西，就可能被认为表达的是厌恶，或者如果配上对危险的描述，就可能被认为是恐惧。同样，给同一表情分别标上"愤怒""惊讶"和"恐惧"，也会改变人们对它的理解。

文化差异

情绪表达也可能因文化背景而不同。中国人对看到的情绪表达图片的分类就和欧洲人不同。

如果情绪表达并不是普遍的，那意味着什么？埃克曼的研究经常被当作我们掌握的关于普遍人性的最好证据之一提出来。也许在更深的层面，我们都是不同的，而且这不同就写在我们脸上。

哭和笑

《人和动物的情绪表达》是查尔斯·达尔文相对不那么出名的著作之一，出版于《物种起源》面世13年后的1872年，在那个年代非常前卫地使用了照片。达尔文在这本书中提出，人类的情绪表达与我们的精神状态有关，并通过自然选择进化而来。他委托一位在瑞典出生的摄影师奥斯卡·雷兰德来展示各种情绪。一张照片真正抓住了公众的想象力——照片中的孩子正在哭闹。雷兰德后来开玩笑送给达尔文一张他模仿孩子表情的照片，孩子的照片就挨着他的脸。为了展示笑和哭的表情是多么相似，他又拍了一张自己模仿孩子笑的照片。达尔文的书第一版卖出了值得尊敬的7000册，但真正赚到钱的是雷兰德，书里的照片卖了10万多张。

现代世界中的原始恐惧

1973 年 12 月 26 日，在美国各地，一群群观众在寒冷昏暗的冬天勇敢地在电影院外面排队。很多人后来希望自己没有去看这部电影。

"我不会再回电影院接着看。" 一个中途离开的女人说。"我不得不出来，我实在受不了了。"另外一个女人说。有些人呕吐，有些人昏厥过去。电影院为此开始准备嗅盐和呕吐袋。

他们这么难受是因为《驱魔人》，这部电影讲的是一个女孩被恶魔附身的故事。你也许认为恐怖故事会让人们避之不及，但事实上它们是在朝火上浇油。这部电影轰动一时，现在依然是有史以来票房最高的电影之一。

看过《驱魔人》《午夜凶铃》《女巫布莱尔》《猛鬼街》或者成千上万类似恐怖片的人可以理解 1973 年那批观众。一边纠结于看还是不看，一边从指缝里偷窥，等着下一个让人反胃的恐怖场景袭来，知道状况只会越来越糟。电影放完了，我们长出一口气，大笑，纳闷自己为什么会去看。

这是个好问题。恐惧进化出来是为了让我们逃走，远离致命的威胁。那么，我们为什么会特意追寻恐惧？

恐惧的吸引力

我们对恐惧的迷恋很可能跟我们对讲故事的喜爱一样古老，换句话说，是跟人性一样古老。《吉尔伽美什史诗》是人类现存最古老的文学作品，描述了一个名叫胡姆巴巴的妖怪，神祇们造出胡姆巴巴来"让人类畏惧"。在被胡姆巴巴带来的恐惧笼罩之前，我们的祖先肯定早已围着篝火听过各种关于妖魔鬼怪的故事，时不时紧张地扫一眼身后。

如今黑暗降临时，我们依然会拉上窗帘，关上灯，自愿把自己吓傻。每年都会有上百部恐怖片、惊悚片和悬疑片上映，总票房超过 20 亿美元。

学术界曾用弗洛伊德的理论来解释恐惧的吸引力——被压抑的欲望和焦虑的象征性表达。但是现在这个理论已经被进化论的解释取代了。

我们的远祖生活在充满危险的环境里。今天，

无畏的少数

有少数人不会被吓到。最有名的是 SM 的案例，研究者花了六年时间企图吓到她，都失败了。除了给她看恐怖电影，他们还带她去奇异宠物店，她在那里拿起蛇来玩，并爱抚一只狼蛛。肯塔基州威弗利山疗养院有一栋闹鬼的房子，号称"地球上最可怕的地方之一"，对此 SM 只是笑笑。她能无所畏惧是因为被称作杏仁体的大脑部位遭到了损伤，杏仁体负责对威胁做出反应，并启动恐惧程序。无畏听起来像一种超能力，但其实更像诅咒。"我不希望任何人像我这样。"SM 有一次说。

东非大草原上游荡着 6 类大型食肉哺乳动物。大约 250 万年前，食肉哺乳动物比现在多得多，包括剑齿虎和巨型鬣狗。

深深的疤痕

毫无疑问，人类的祖先也曾是猎物。1970 年，在南非斯瓦特克朗的洞穴里，距今 350 万年的南方古猿幼崽的头骨被发现；头骨上有一对环形穿刺伤痕，和豹子的咬痕吻合。已经发现的人类骨骼化石上还有狮子、鬣狗、鳄鱼的齿痕，有一例上面甚至有老鹰的爪痕。现代狩猎 - 采集者依旧得面对很高的被捕食的风险。居住在巴拉圭丛林里的亚契部落成年男子大约有十分之一死在美洲虎的爪下，通常发生在晚上。

这个关于进化的漫长的恐怖故事给人类的认知留下了深深的疤痕。进化赐予我们一个威胁探测系统，让我们对祖先曾经面对的生存威胁保持高度敏感：蛇、蜘蛛，特别是大型食肉动物。这个系统一旦被触发，就会启动一系列生理和情绪反应，让身体做好逃跑或战斗的准备——瞳孔放大，心脏剧烈跳动，血液快速流向肌肉，血糖水平升高。我们将这种反应视为恐惧。

一触即发

这个威胁探测系统一触即发，因为对进化而言，错误警示的成本远远小于未能及时应对的成本。所以，任何一点貌似威胁的微弱线索——草地上的水管、浴缸里的蜈蚣、黑暗中植物叶子的窸窣声，当然还有想象出来的怪物——都会让这个系统突然开始运行，即便我们已经是居住在城市里的现代人了。

我们的想象力带我们超越了真实的怪物，创造出僵尸、鬼魂以及其他超自然体。但它们引发的深层恐惧都一样：对被猎食的极度恐惧。无论是哪种威胁，都在无形的阴影中盯着我们，神秘莫测，随时可能循着我们无法理解的时间表发动袭击。我们也无法预知会被什么袭击，直到一切都来不及。

恐惧之下

但这一切都未能解释人们为什么会享受恐惧，至少是忍受恐惧。最好的线索之一来自一个叫 SM 的女人，她因为大脑受损而无法感受到恐惧。研究人员放了一系列恐怖电影片段给她看，她没有表现出任何恐惧的迹象，而是觉得那些片段令人兴奋和愉悦。

这表明恐怖电影并非仅仅让人恐惧：在恐惧之下潜藏着其他奖励性的情绪。从进化的角度看，这也讲得通。虽然人类有通用的威胁探测系统，但我们的祖先不得不学习在他们的环境里哪些具体事项是必须害怕的。这给我们留下一份遗产：当代城市居民学会害怕狗、蜘蛛和蛇，比学会害怕车流和饱和脂肪酸这些真正的威胁要容易一些。那些觉得学习过程让人满足的人更容易活下来，把自己的基因传下去。作为结果，我们有这种进化出来的倾向——变态地享受演练自己对食肉兽的内在恐惧，特别是在我们知道有安全保障的环境中。除非沙发底下的确藏着什么……

当愤怒是件好事

"别惹我发火。我发火的时候，你不会喜欢我的。"绿巨人的口头禅言简意赅地概括了我们对愤怒的通常看法。我们最不愿意看到人们面红耳赤，扯破衣服，暴跳如雷。

我们通常认为愤怒是一种破坏性的情绪，会破坏家具、瓷器、人际关系和事业。愤怒管理领域充斥着关于控制或抑制愤怒的最佳方式的理论。然而愤怒被误解了。事实上，在某些情况下，我们最好培养一下自己的愤怒。

引导你的怒火

体验愤怒可以帮助我们追逐自己的目标，长期来看，也会让我们更幸福、更健康。但获得这些好处的诀窍是知道何时、何地、为什么以及怎样发脾气。我们需要学会从战略上利用我们的愤怒，而不是让它控制我们。

愤怒一般被认为是对挑衅的情绪反应，通常伴随着身体变化，如心跳加快，肾上腺素水平提高。如何应对挑衅——我们感受到的愤怒程度和表达愤怒的尺度——因人而异。

虽然没有人反对愤怒通常具有破坏性的说法，但有时愤怒也可以是有益的，这点正逐步获得认同。首先，愤怒可能比其他情绪反应要健康一些。一个人在遭遇压力时感到愤怒而非害怕，就血压和压力荷尔蒙的水平而言，生物反应较低。换句话说，当你处在令人疯狂的情境中时，愤怒是合理的，这种情绪对你来说未必是坏事。

愤怒也有一些心理上的好处。9·11恐怖袭击发生后，感到愤怒的人比害怕恐怖主义的人对未来更加乐观。另外，媒体的报道采取了激发愤怒的角度，这降低了人们对在恐怖袭击中受到伤害的恐惧。一般来说，和别人对峙时倾向于感到愤怒而非快乐的人，总体上表现出更高的幸福感。天生易怒的人，情商得分也比较高，这似乎与直觉相反，但与"愤怒也有它的益处"这一观点相吻合。

愤怒的益处的事实基础在于，它是一种唤起能量的情绪。它使人们寻求回报。如果你希望得到的回报是更好的工作条件，或者更广泛的社会变革，愤怒可以在帮助你实现这些目标方面发挥巨大的作用。事实上，它比其他任何情绪都更有助于团结抱有共同信念的人，促使他们采取行动。因此，愤怒在动员人们支持社会运动时至关重要。

通常，诀窍是对愤怒进行引导，不要丧失计划性。想想圣雄甘地、马尔科姆·X和纳尔逊·曼德拉领导的抵抗运动，你就会明白。

疯狂的管理者

在职业生涯中，愤怒也可能是有益的，前提是你能谨慎地选择如何表达以及向谁表达愤怒。在工作场所发火，如果经理们随后解决了引发愤怒的问题，愤怒的爆发就会带来好处。一些具有前瞻性思维的管理者甚至可能想培养愤怒，至少在某些时候是这样，因为愤怒的人会以更加不受限制的方式进行头脑风暴，这与创造性地解决问题相一致。

也有证据表明，那些用愤怒而非悲伤来应对丑闻的政治和商业领袖，如果是男性，会被授予

愤怒序列

同样的社交怠慢会使一个人害怕，使另一个人恼火，而让第三个人大发雷霆。没人确切地知道为什么有些人如此容易激动，但我们知道谁最有可能爆发。一般来说，男人比女人容易发火，身体强壮的男人比身体较弱的男人容易发火。漂亮的女人比不漂亮的女人容易发火，而年轻人比年长的人容易发火。不过有时愤怒并没有预警信号。大约每12个成年人中就有一个患有间歇性狂暴症，目前尚不清楚原因，这种心理状态的特征是无法控制愤怒的爆发。也许这正是绿巨人易怒背后的问题。

更高的地位。这是因为女性的情绪反应通常被归因于性格（"她是一个易怒的人"），男性的情绪则被认为仅仅是对外部情境的反应。愤怒还可以帮助谈判者得到更好的结果——但有个重要的例外：这点在认为愤怒不妥的文化中行不通。例如，一项研究发现，有欧洲血统的美国人对愤怒的对手会比对无情绪波动的对手做出更大让步，而亚洲人和亚裔美国人只会做出相对较小的让步。

延年益寿的争吵

但你的家庭生活呢？和你最亲最爱的人总是保持冷静、避免争执，一定是最好的吗？未必如此。和伴侣吵架实际上可能是健康的。那些在与另一半的争执中总是压抑愤怒的人，预期寿命比直接发泄愤怒并解决冲突的人要短。事实上，双方都把愤怒表达出来的夫妻寿命要长得多。这可能是因为，压抑愤怒会使血压升高，长此以往会影响人的寿命。但要小心。想要在一段关系中获得表达愤怒的最大益处，你必须对对方保持尊重，

而这在气头上是不容易做到的。

发脾气要适时

如果我们想获得回报，控制自己的愤怒是关键。控制脾气很困难。但仅仅控制脾气是不够的，我们还需要学会对他人的愤怒做出适当回应。如果他人的愤怒引起了更多愤怒，即便只是被忽略，后果都可能很严重。但如果有效地利用愤怒，非但不会有破坏作用，还会促进对社会关系具有正面和建设意义的行为。我们只需要遵循亚里士多德在2000多年前提出的建议："对合适的人，在合适的时间，为正确的目的，以妥当的方式，适度发怒。"

呕！！！

"厌恶"这个词的原意是"味道不好"，你一定不会想把那些令人作呕的东西放进嘴里——粪便、黏液、呕吐物、脓汁、腐肉。但是厌恶的强度要大得多。令人厌恶的东西周围似乎有个环绕的力场，使我们转身离开，闭上眼睛和气管，并忍不住作呕。"反感"也许更准确。

初心不再

厌恶让我们远离有害的东西，保护我们免于生病和死亡，这是厌恶被进化出来的目的。但随着我们变成一个超级社会物种，厌恶的范围越来越广。如今它也是一种社会情绪，使我们避开那些违反规则的人，或者我们正确或错误地认为其携带疾病的人。因此，厌恶或许是我们在这个需要合作的、拥挤的星球上得以繁荣兴旺的必要技能。

它还在我们的日常行为中发挥着更深层、更隐蔽的作用。厌恶已经扩展到道德层面，为判断正确与错误提供本能的参照。大量研究表明，即刻的厌恶会让我们对购物行窃、政治贿赂或者吃宠物狗等行为给出更加严厉的评判。

综上所述，关于人们的偏见以及他们被影响甚至蓄意操纵的方式，这些发现提出了各种有趣而又令人不安的问题。长久以来，人类一直使用厌恶这个武器来对付"外人"，比如移民、少数族裔和同性恋者。臭名昭著的纳粹宣传把犹太人描绘成肮脏的老鼠，卢旺达的胡图族极端分子将图西族人称作蟑螂，来煽动种族屠杀。

也有实验证据表明，挑动厌恶会导致人们避开少数群体，至少是暂时避开。在一个实验中，研究人员事先在房间里喷臭味剂，然后邀请被试者填写一份调查问卷，评估自己对不同社会群体感受到的温暖。厌恶的影响非常明显：与没有臭味的房间里的被试者相比，有臭味的房间里的被试者对男同性恋者感受到的温暖更少。在另一个实验中，研究人员先通过展示疾病的图片让被试者感觉更脆弱，这使他们对"外人"的看法更不友好。

更容易感到厌恶

也许这并不奇怪，你越是容易感到厌恶，在政治上就越有可能保守。同样，在触发厌恶的事物出现时，越是保守的人，其道德判断会越严苛。

此类研究表明，利用人们的厌恶感将其行为引向坏的方向是有可能的，比如在投票站内或其周围策略性地摆放厌恶触发源。在某种程度上，许多政治家都得出了同样的结论。2012 年 4 月，共和党人大肆宣扬巴拉克·奥巴马幼年住在印度尼西亚时吃过狗肉的事情。在纽约州 2010 年州长选举初选开始之前，得到茶党支持的共和党候选人卡尔·帕拉迪诺派发了数千张散发腐烂垃圾气味的传单，上面写着"去除恶臭"，一旁印着对手的照片。一些政治分析人士认为，臭味传单帮助他在胜算不大的情况下击败了对手，赢得共和党提名，尽管他在实际选举中遭遇惨败。

鉴于厌恶会影响是非判断，也有人探索过它能否在法庭上发挥作用。答案很可能是肯定的。实验表明，厌恶比愤怒更能影响陪审团的判断。

一旦感到厌恶，人们就很难考虑到减轻罪责的因素。在法庭上，令人作呕的犯罪会招致更严厉的惩罚：在美国一些州，"令人发指或毫无顾忌"的谋杀会被要求判处死刑。

有些人说，与其试图克服我们的厌恶感，不如允许它来引导我们，因为厌恶代表着某种更深层的智慧。对仍在寻求免受其影响的人来说，值得注意的是一些人比另一些人更容易受到厌恶的影响，而且引发厌恶的因素因文化而异。一般来说，女性和年轻人比男性和老年人更容易感到厌恶。女性在怀孕早期或刚刚排卵之后特别容易感到厌恶——在这两种情况下，她们的免疫系统受到抑制，很容易生病。

任何人只要愿意都有可能通过长时间持续面对厌恶源而变得麻木。粪便是强有力的厌恶触发源，但奇妙的是，当你必须处理自己孩子的大便时，克服这种厌恶毫无难度。同样，在解剖了几个月尸体之后，医科生对死亡和身体支离破碎的厌恶也会降低。

拔刺

防止人们在觉得厌恶时撅嘴也是一个有效的办法。仅仅通过让他们在嘴唇间夹一支铅笔，就可以减少他们看到令人作呕的画面时的厌恶感，并软化他们有关道德过错的判断。

可喜的是，我们的生活已经是击败了厌恶的结果。如果完全被厌恶支配，我们早上甚至没法出门。我们呼吸的空气从其他人的肺里出来，包含动物和人类粪便的分子。我们吃、喝、触摸的一切都覆盖着细菌。明智的做法是不要想太多。这真的非常让人恶心。

你觉得好就行

你能学会喜欢些什么真是令人惊奇。对"未被启蒙者"来说，奶酪通常令人作呕，但西方人已经习得了它很美味这一点。同样，在冰岛，腐烂的鲨鱼肉是美味佳肴，而用咀嚼之后吐出来的玉米酿制的吉开酒也是南美洲部分地区颇受欢迎的饮料。文化对厌恶的影响并不局限于食物。在印度，在公共场合接吻被认为令人厌恶，英国人则更排斥虐待动物。参与一项研究的基督徒在阅读理查德·道金斯的无神论宣言《上帝的错觉》时会体验到厌恶感。在很大程度上，厌恶存在于厌恶者心里。

怀旧有害的一面

作为一个有前瞻性眼光的物种，我们实在喜欢沉溺于过去。从没完没了的老电影翻拍、《唐顿庄园》等年代戏的出现，到政客们承诺让时间倒回更简单、更美好的时代，都是在消费怀旧情绪。

怀旧通常被看作一种无害的情绪——一种对过去多愁善感的向往，这个过去，往好了说带着玫瑰色，往坏了说不曾存在过。但这种看法低估了怀旧的力量。怀旧也可以是一种强大的动力：它不仅关乎对过去的向往，还是塑造未来的前瞻性力量。怀旧可以引发政治动乱、仇外心理和苦涩的部落主义，同时也可以促进幸福、宽容，增加生命的意义。通过更好地了解它的影响，我们现在也逐渐找到方法来驾驭它的益处，当然同样重要的是，预见其危害。

Nostalgia（怀旧）这个词源自希腊语单词 nostos（回家）和 algos（痛苦），由医科生约翰尼斯·霍费尔在 1688 年创造，用来描述驻扎在意大利和法国的思乡的瑞士雇佣兵表现出的一种失调现象。霍费尔认为怀旧是一种病，其症状包括流泪、晕厥、发烧和心悸。他建议用泻药或麻醉剂治疗，放血——或者，如果所有的方法都没有效果，就把士兵送回家。

当然，人们对怀旧的意识早于霍费尔发明的标签，但他将怀旧归为一种疾病，塑造了 150 多年来人们对它的看法。1938 年，《英国精神病学杂志》登载的一篇论文提到"移民精神病"：这种病的特征是思乡、疲惫感和孤独感的结合。

但到了 20 世纪下半叶，怀旧的概念发生了转变。我们现在把它当作一种情绪，而非疾病。怀旧是快乐和渴望的混合，其苦乐参半的性质既奇特又普遍。就像许多其他情绪一样，它普遍存在于各种文化中，是人性的一部分。

怀旧之普遍令人惊讶。我们中的一些人比其他人更容易怀旧，但大多数人每星期至少会体验一次怀旧。也许是我们长久以来对怀旧的误解让它显得更加奇怪。

积极的感受

在个人层面，怀旧往往出现在情绪低落的时候。但它非但不是导致悲伤的原因，反而是悲伤的解药。总体而言，怀旧能提升幸福感。回忆你所经历的惆怅往事，可以增强积极的感受和自尊。

当人们听到那些对他们有特殊意义的歌时，个人的怀旧情绪会增强生活中的目标感。思考存在的意义也会助长怀旧情绪。对这一现象的一种解释是，怀旧给了我们稳定和持续的感觉。在生活中，有那么多因素可能发生改变，比如工作、家庭、关系，怀旧提醒我们，我们自始至终都是同一个人。

怀旧被比作申请银行贷款。回顾过去如同审视我们的信用记录：如果过去是好的，就意味着接下来还会有类似经历。

在某种意义上，怀旧是一种副产品，跟我们忆及往事的方式有关。记忆是不精确的：我们习惯性地过滤记忆，只关注积极的事情。每次我们回想起一件事，记忆就被重新激活，这时它很容易被修改，这个过程被称为再整合。所以，每一次唤起记忆，我们都可能会失去一些细节，同时添加一些虚假信息。

怀旧的记忆关乎情绪，而非实际发生了什么。我们可能不会准确地记得上大学第一天这样的重大事件的细节，但我们会大致记得当时的感受。

归属感

怀旧还可以为群体性目标服务。当一个群体对过去抱持共同的想象，所谓集体怀旧，这个共同想象会促进归属感并加强群体内部团结。这在早期的部落社会可能带来生存优势，在今天也可以成为一股积极力量，但通常以鼓动对外来者的歧视为代价。当这种怀旧状态上升到国家层面时，本土主义会增强，比如敌视移民。我们只记住过去正面细节的倾向意味着我们怀念那些有安全保障的、更快乐的日子，然后努力排除那些不属于我们无忧无虑的过去的人——即使那段过去从未存在过。

但不能把民族主义或反移民思潮的涌现单单归咎于怀旧。怀旧跟其他情绪一样，可以被唤起，服务于或好或坏的目的。怀旧还能促进社会凝聚力和慈善捐赠。面对来自不同背景或受歧视的群体的人，当人们想起自己经历过的类似遭遇，他们对这些人的态度会改善。一项研究发现，在呼吁救助地震受害者的活动中，谈及"恢复过去"而非"建设未来"，会得到更多捐款。

也许是因为政客、广告商、慈善机构和社交媒体都有意识地沾怀旧的光，重提过去比以往更加普遍。而最近的研究结果显示，怀旧确实在增加，越来越多的人注意到自己和认识的人都在怀旧。这足以让你怀念以往那些简单的日子，那时人们不会对虚构的过去动不动就泪眼蒙眬……

你有多怀旧？

怀旧有不同类型：从对更单纯的过去的向往到给过去的生活涂上玫瑰的色调。心理学家通过让人们评估自己怀念过去某些东西的频度来衡量个人的怀旧程度。你越是怀旧，就越有可能情感强烈，寻找生命的意义，在困难时向他人求助，有良好的人际关系和应对技巧。你越少怀旧，就越有可能认为自己非常独立，与他人关系淡薄，因而缺乏健康的社交技巧。刻板的印象认为老年人最喜欢怀旧，但实际上怀旧在成年早期到达峰值。男人和女人的怀旧程度差不多。

钱可以买到幸福吗？

询问人们是否认为多些钱会让他们感到幸福，大多数答案是大写的"是"！在现实中，高收入并不会提升幸福感，但确实创造了你认为更好的生活。

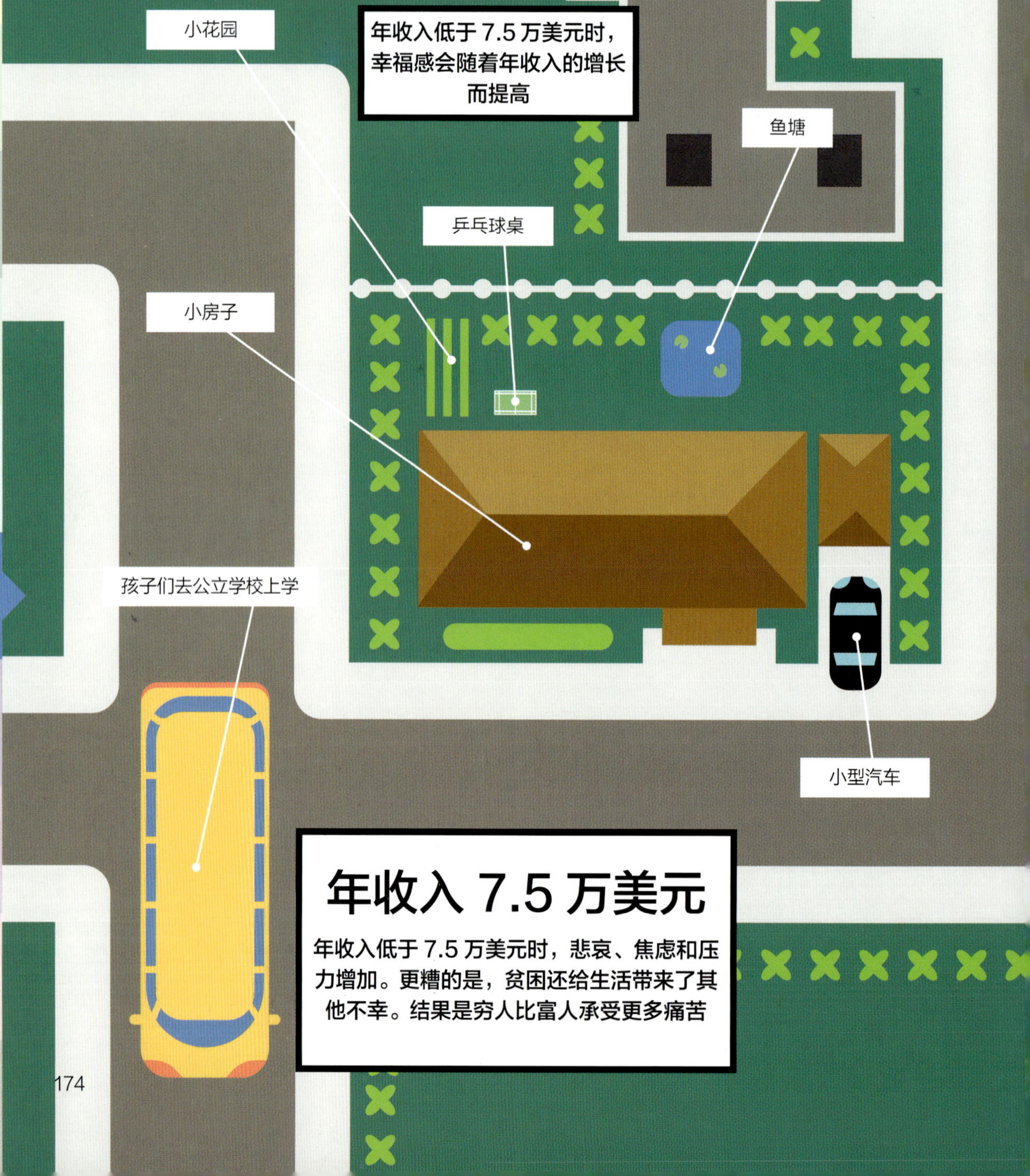

小花园

乒乓球桌

鱼塘

小房子

年收入低于 7.5 万美元时，幸福感会随着年收入的增长而提高

小型汽车

孩子们去公立学校上学

年收入 7.5 万美元

年收入低于 7.5 万美元时，悲哀、焦虑和压力增加。更糟的是，贫困还给生活带来了其他不幸。结果是穷人比富人承受更多痛苦

只有非常富有的人才能负担得起不受限制的"巅峰体验"，比如高级红酒和游艇。但这会降低人们感受微小乐趣的能力，比如在湖边喂鸭子

网球场

水景

园丁

年收入超过 7.5 万美元之后，收入的增加不再会提高幸福感

跑车

大房子

虽然幸福感有天花板，但生活满意度会随着收入增加而提高。这是"你如何评价自己的生活"这个问题的答案。衡量标准和你拥有的奢侈品以及随之而来的社会地位相关

高端 SUV

游泳池

孩子们去私立学校上学

仆人的住处

大花园

年收入 15 万美元

幸福感和给我们带来愉悦的事物有关，比如有更多闲暇和交朋友。但这些消遣在年收入 7.5 万美元时可能已经达到了最大值

我们为什么哭？

你上一次哭是什么时候？因为什么？如果你是个小孩子，答案可能是"今天"和"因为我伤到自己了"，或者"我被责骂了"。但对成年人来说，这个问题的答案要复杂很多。你上一次哭很有可能与悲哀或痛苦毫不相干。

情绪化哭泣非常罕见。很多动物分泌泪液来保护自己的眼睛，只有人类因情绪而哭泣。我们不仅为负面原因哭，也在快乐、情绪崩溃或狂喜时落泪。我们为什么会这样？更直接的表述是，我们什么时候应该咬牙忍住，什么时候涕泪奔流更有帮助？

长期以来，人们对哭泣这件事感到迷惑。据说，亚里士多德把眼泪看作和尿液类似的排泄物。达尔文的观点则是，流泪除了润滑眼睛，还能缓解痛苦，但他并没有具体解释其实现机制。

释放出来

哭泣具有宣泄作用，这个观点依然被广泛接受。但这到底意味着什么呢？弗洛伊德派认为哭泣可以释放被压抑的情绪——就是民间智慧鼓励人们"释放出来"背后的原理。另一种解释是，哭泣有助于身体排出因情绪压力产生的有害化学物质，比如压力荷尔蒙。这是个不错的观点，但听上去不太合理：平均而言，哭泣只会产生大约一毫升的眼泪。

那为什么很多人会说哭泣让他们感觉好多了呢？也许仅仅是因为我们哭完的时候，心情已经变好了，哪怕只是从谷底回到正常状态。还有证据表明，哭泣通过启动副交感神经系统或提高催产素（爱抚激素）水平让身体放松了。

然而，哭泣真正的功能并非生理上的，而是社交上的。哭泣表示我们需要帮助。许多动物通过位于外眼角上方的泪腺分泌眼泪，来清洁眼睛，减少刺激。眼泪也是对受伤和疾病的回应。随着人类进化得更富同理心，眼泪有了第二层作用——祈求关爱的信号。一旦哭泣开始从他人那里引出帮助，我们为身体或精神上的伤害而流泪就值得了。

那么，为什么眼睛成了发出求救信号的通道，而不是汗津津的手掌或苍白的嘴唇呢？这个嘛，

一生的眼泪

我们哭泣的方式和原因会随着年龄的增长而改变。出生后头几个星期，婴儿哭的时候甚至不会流泪，因为他们的泪腺还在发育。随着他们日渐长大，"雷声"越来越弱，而"雨水"越来越多。在青春期前后，我们开始较少因身体的疼痛而哭泣，更多出于情绪上的痛苦。作为对勇敢、自我牺牲和无私行为的回应，许多人也开始因道德上的感动而哭泣。随着年龄增长，我们越来越多地为正面的事情而流泪。然而，这些"喜悦的眼泪"反映的也许完全不是"喜"：婚礼和节日往往喜忧掺杂，因为它们让我们意识到时间的流逝和死亡。

也许眼神是让我们知道他人想法的最好线索，因此我们天生倾向于看着别人的眼睛。另外，一般而言，我们可以指望眼睛总是可见的。

一些人比另一些人更倾向于使用哭泣这个信号。除了婴儿，神经过敏和同情心泛滥的人哭得最多。神经过敏者用眼泪来操纵他人，自恋者、精神变态者和乱发脾气的小孩也会这样。具有反社会人格者被认为最有可能流下鳄鱼的眼泪。虽说男孩和女孩在青春期之前都经常哭泣，但在西方文化中，女性哭泣的频率至少是男性的两倍。除了后天的文化制约，还有其他原因：对动物的研究表明睾酮会抑制眼泪。

诚实的信号

虽然鳄鱼的眼泪是可能的，但哭泣之所以对我们有强烈的影响，原因之一在于它很难作假。哭泣被认为是诚实的一个信号，这赋予了它力量。对着泪水从悲伤的脸庞滑落的画面看上 50 毫秒，就足以让人们对画面中的人产生同情、支持和友谊。眼泪还能帮助我们克服厌恶，使我们更有可能帮助流泪的受伤者。

但是，我们对哭泣的反应取决于很多因素，并不一定符合刻板的性别印象的断言。例如，给人们看护士和消防员在尽力帮助受伤者的过程中潸然泪下的照片，鉴于人们通常默认护士都是女性，你可能预期人们会更同情护士。但事实恰恰相反：消防员哭泣比护士哭泣更容易被接受。另外，这个结果和他们是男是女并无关系。

所以，从事刻板印象中男性的工作，可能会让你的哭泣更容易被接受。但作为女性意味着你哭的时候更有可能得到安慰。这种现象有一个出人意料的解释，源于眼泪对外貌的改变。男性往往认为眼泪会使面部看起来更男性化，也更年轻。因此，这暗示眼泪可能有助于保护女性免受男性的不当挑逗和侵犯，反过来诱发援手。

男性哭的时候未必是在发布同样的信号。事实上，在许多文化中，他们承受着必须抑制眼泪的压力。虽说如此，但在包括竞技体育在内的某些领域，哭是可以接受的，而且有时候是可取的。例如，一个人在悲伤的情境中表现出强烈而克制的情绪，会被认为比完全无动于衷的人更有能力。

哭哭啼啼并不总是通常所说的软弱的表现。但是，必须明智地使用眼泪。流泪会获得多少积极评价取决于情境：必须是被认为重要的情况，而且不是你的过错。哭的方式也很重要：泪盈于睫通常比号啕大哭更容易给人留下好印象。具有讽刺意味的是，强者更常因为流泪而获得赞扬。

为什么无聊可以很刺激？

人们常说只有无聊的人才会觉得无聊。如果这个说法是真的，人类真的是一个乏味无聊的群体。大约有 90% 的人承认他们在某些时候感到无聊，一般而言每周都会体验 6 小时左右的无聊。

考虑到无聊的坏名声，你也许会认为不觉得无聊的那 10% 的人是幸运儿。但他们很可能会错失某些东西。而实际上，无聊可以很刺激。

四味倦怠

人人都熟悉无聊的感觉。你周围的世界变得无趣，你注意力涣散，时间开始变长，你对所有能做的事情都毫无兴致，它们只会让你想打哈欠。

但定义无聊以便可以在实验室里研究它，已被证明很困难。首先，它不仅仅关乎冷漠，还可能包括很多其他的精神状态，比如抑郁、沮丧（那种无聊到想哭的感觉）、躁动，甚至是禅宗式的淡然。无聊是否总是表现为低能量、平淡的情绪，或者它是否也能充满活力，对此没有一致的看法。

或许无聊涵盖了所有这些。无聊被划分为至少四种类型：缺乏兴趣型、寻找型、反应型和漠不关心型。

其中，缺乏兴趣型无聊最接近经典的无聊。你无精打采，而且没有动力做任何事情来改变这种状态。寻找型无聊是一种更加躁动不安的状态，与找事情做的积极努力有关。如果找不到，就可能引发反应型无聊——高度兴奋的情绪和消极情绪的爆炸性结合。最后，还有漠不关心型无聊——放松、平静，并无特别的不快。

有趣的是，虽然大多数人都体验过所有这些类型的无聊，并可能在特定情况下从一种飞快转换为另一种，但他们往往专注于其中一种。

定义了无聊之后，接下来的问题是，它的功能是什么？这个问题并不像听起来那么愚蠢。无聊是一种情绪，情绪通常具有生物学上的功能。

这个问题的答案可能要通过其他动物来发现。像其他情绪一样，无聊并不只发生在人类中间。其他许多生物，包括哺乳动物、鸟类，甚至一些爬行动物，似乎都有各自的无聊，这表明感觉无聊具有某种生存优势。听起来最合理的一种解释是，它从反面起到内在驱动的作用。无所事事一段时间后，野生动物经常会出去找事情做，这具有明显的生存价值。例如，探索领地可以让动物对有用或危险的东西提高警觉。

起来行动

人类的无聊可能更复杂，但和其他动物的无聊有相似之处。加拿大卡尔加里大学的彼得·图希在他的《无聊：一种情绪的危险与恩惠》一书中将无聊和厌恶类比，后者是一种刺激我们避免某些情况的情绪。他提出："如果说厌恶保护人类免受感染，无聊可能会保护他们免受'传染性'社会环境的影响。"

当探索的愿望受阻时，无聊不再有用，而开始变成一个问题。这就是为什么被关在动物园铁丝笼里的动物迟早会做出奇怪的事，比如走八字，或者拔自己的羽毛。人类出现类似情形可能是因为遇上了大堵车、火车迟迟不发车，或者被困在候机室里，对于无聊何时会被打破一无所知。

打破无聊的探索也可以采取其他形式。一个人被要求对着电话簿抄 15 分钟电话号码，在随后的创造力测试中表现得更好。也许是无聊允许甚至导致了思维漫游，以寻找具有创造性的解决办法。

正向体验

同时，漠不关心型无聊也可以是一种积极的体验。一个人不去做任何令人满足的事情也不觉得厌倦，说明他能真正感到放松或平静。在适当情境下，比如整日忙碌后在回家的火车上，或者一家人一起度周末时，这种无聊是非常有益的，可以帮助我们松弛下来。

然而，无聊的影响并非完全正向。容易感到无聊的人在教育、事业和总体生活中会面临较差的前景。他们也更容易发怒，具有攻击性，参与高风险行为，比如酗酒和赌博。

一项研究甚至表明，无聊到死是有可能的。1985 年，研究人员对公务员自我评估的无聊程度进行了调查。之后在 2009 年跟踪调查同一批人时，他们发现，那些持续感到无聊的人早逝的概率要高得多。

当然，无聊本身并不致命，但我们为了应对无聊所做的那些事有可能将我们置于险境。在无聊出现之前，我们可以做些什么来缓解它呢？答案可能是迎头直击，换句话说，当你意识到有些事情可能会很无聊时，全神贯注地完成它。以这种方式对待生活的人比那些试图避免无聊的人感受到的无聊要少。

我们充斥着科技、过度刺激的生活可能也是

生来无聊

测量人的无聊倾向的标准方法是无聊倾向量表（BPS）。测量结果显示，男性比女性觉得无聊的时候更多，外向者比内向者更容易感到无聊。具有自恋型、焦虑型人格特质以及缺乏自我意识的人也容易感到无聊。竞争型和寻求刺激型的人尤其容易无聊，这导致一些人认为无聊和对更强刺激的渴望之间存在关联。另一方面，富有创造力的人和对精神刺激有较高需求的人似乎能在某种程度上免于无聊，也许是因为，无论他们必须完成哪种任务，那任务是多么单调乏味，他们都更善于从中发现某种趣味或意义。

问题的一部分。生活中有太多分神的东西，使我们忽视了内置的无聊解除装置——做白日梦的能力。我们从一个应用程序或设备飞速转移到下一个，寻求即时的满足感，这种过于热闹的生活方式甚至可能成为无聊的新来源。

桃乐丝·帕克曾经说过："治疗无聊的良药是好奇心。而好奇心是没有解药的。"觉得无聊的并非无聊的人，而是没有好奇心的人。

锥心一击

"棍棒和石头可能会打断骨头，但言语永远无法伤害你。"在学校里或操场上被调侃嘲笑之后，谁没听过这类安慰的话呢？但每个人都知道，这些话不靠谱。事实上，人们宁愿被棍棒和石头击中，也不愿意被抛弃、嘲笑或背叛。情感上的痛苦确实会伤害你。

被拒绝的刺痛

我们的语言中有着丰富的隐喻来描述情感上的痛苦：我们会说"心碎""被踢到牙齿"或"被扇了一记耳光"。类似的比喻在全世界都有：德国人会说情感上"受了伤"，中国西藏地区的人则把拒绝描述为"锥心一击"。我们现在知道，这些词语捕捉到了人类生存状况中一些本质的东西。被拒绝的刺痛和被棍子击中所唤起的是相同

的神经通路。

对这个结论的最早暗示发生在 20 世纪 90 年代。动物研究显示，吗啡不仅能减轻受伤后的疼痛，还能减轻幼鼠与母鼠分离的悲痛。

不久之后，研究人员将志愿者置于头部扫描仪中，同时故意让他们经受社交排斥。"折磨工具"是一个叫"网络球"的电脑游戏，三名玩家需要在网络空间传递一个虚拟球。研究人员告诉志愿者，他们正在和另一个房间里的两个人玩，但实际上他们是在和电脑玩。

比赛一开始很友好，但很快电脑就不再把球扔给志愿者了。这当然只是个小小的冒犯，但是志愿者们的大脑回应显示他们仿佛被踢到了牙齿。这不只是比喻。扫描显示，背侧前扣带回皮质（dACC）活动激增。这个区域是大脑疼痛网络的一个重要组成部分，决定了身体伤害会让我们感觉多么痛苦。你越是觉得痛苦，dACC 区域就越亮。这个现象似乎也在上述游戏中出现：被拒绝后感觉最糟糕的人这一区域最活跃。

真实的疼痛

另一些研究发现，社交排斥还会驱动疼痛神经网络的其他部分，它们更直接地和痛感而不仅仅是我们对疼痛的反应相关联。另一个有点虐的实验是让最近被甩的人看前任的照片，同时唤起他们分手时的"血腥"细节。之后再让他们的小臂接受痛苦的热力冲击。结果显示，他们的大脑对这两种冒犯的反应是一样的。正如预期的那样，他们的 dACC 区域亮起来，但与实际痛感相关的

关注青少年

在生命的任何阶段被拒绝或羞辱都是痛苦的，但青少年似乎特别容易受到情感"棍棒和石头"的伤害。在他们那个年龄段，大脑的疼痛网络还在发育，与成人大脑相比，青少年的大脑倾向于对蔑视和侮辱做出更夸张的反应。从积极的一面看，这一时期的社交支持可以产生持久的效用。例如，在十八九岁时有更紧密的社交网络的年轻人对被拒绝的反应更温和。

感觉中枢也亮了起来。心碎如其字面意思所示，很痛。

最密切的联系

肉体和情感的痛苦是如此紧密地交织在一起，甚至相互依赖。当人们感到被孤立时，他们对热探针更敏感；同时，将一只手浸在冰水中一分钟，也会使人感到被忽视和孤立。

反过来也对：通过减轻身体的痛苦可以缓和冒犯带来的刺激。连续三周每天服用止痛药的人皮肤会变厚，自报日常生活中的情绪压力比较小，在被"网络球"伙伴孤立时，他们的被拒斥感也比较弱（不要在家里尝试，长期服用止痛药会产生副作用）。

这也许可以解释为什么有的人会比其他人更难以承受社会生活的粗暴和杂乱。研究表明，性格外向的人比性格内向的人更能承受痛苦，这反映在他们对社会排斥有更高的容忍度上。那些在热探针碰触手臂时感到更痛的人，在上面提到的"网络球"实验中对被孤立也更敏感。

这些差异可能部分来自遗传。一些人的OPRM1 基因——为人体阿片类受体之一编码——发生了微小的变异，他们会对身体疼痛更敏感，在被拒绝后也比那些没有发生基因变异的人更容易陷入沮丧。

和其他许多特征一样，孩子早年的成长环境可能决定了他们的敏感度。例如，患有某种慢性疼痛的人早年有过创伤性经历（如精神虐待）的概率更高。也许这让他们的痛苦网络过度运转，

导致他们对任何不适都更加敏感。

考虑到我们的祖先依赖社会联系生存，我们进化到对孤立如此敏感非常合理。被赶出部落等同于被判了死刑。所以，我们需要一个警告系统来防止自己再次犯规，并教会我们在未来遵守规则。已存在的疼痛网络是进行这项工作的理想工具，于是被进化征用了。

保护作用

在现代社会，被拒斥感可能是不健康的，甚至是致命的。大规模的研究表明，有良好社交网络的人比孤独的人死亡概率更低：这种保护作用与戒烟或戒酒的效果不相上下。

这可能是因为孤独的人的炎症基因的表达往往会增强，而慢性炎症与包括心脏病、癌症和阿尔茨海默病在内的许多疾病有关。孤独的人患上这些疾病的风险更高。相比之下，棍棒和石头不过是小孩子的游戏。

情绪智慧的三大支柱

有些人天生在情绪世界中如鱼得水，我们说这些人具有"情绪智力"。就像天才有高智商，他们则具有高情商。如果你是情绪世界中的蠢蛋，或者只是不太敏锐，有没有改进的希望呢？情商概念表示没有希望。像常规智力一样，情商是一种固有的能力，是与生俱来的。

但不要绝望。随着我们对情绪了解得越来越多，对情商的这种解释看起来并非不可动摇。有一点越来越清楚，我们所有人都可以通过掌握三种关键技能来提高自己掌控情绪的能力。

原力

一种流行的观点认为，情绪是强大的原始力量，我们尽力理解存在于自己和他人身上的这种原力。如果追溯情绪的起源——有些情绪被进化出来，在生死攸关的时刻帮助动物快速做出反应——情绪控制着我们的观点有其道理。

战斗或逃跑反应是个经典的例子。在意识到害怕之前，身心都已准备好要采取行动——心跳加快，视野集中，大量血液涌到头部，或许还伴有主动出击的冲动。

情绪在所有动物身上都会引起这类生理变化。但对人类来说，情绪不仅仅是潜意识对行动的召唤。人类还有很多社交情绪，例如嫉妒、同情和负罪感。这让我们的情绪生活非常复杂，一部分人显然比另一部分人更善于应对这种复杂性。但这不是与生俱来的能力，而是可以学习的技巧。掌控情绪的能力是一种语言，我们可以说得越来越流畅。正如学习语言必然要求认识字词、理解

如何使用词汇并掌握对话，掌握情绪语言也需要三种重要的技能——感知、解读和调控情绪。

识别情绪

感知是另外两种技能的基石。感知情绪并非看起来那么简单。首先，情绪的面部表达是动态的。计算机通过任意结合不同的面部动作——比如翘起的嘴角或扬起的眉毛——生成的表情显示，每种情绪都有一系列相关的面部运动，如同组成单词的字母。面部动作通过特定模式组合在一起，形成"句子"，表达比较复杂的社交信息。此外，我们身体的姿态和动作也提供了其他视觉信号。所有这些和语气及其他声音提供的听觉线索之间也会相互作用。

日内瓦情绪认知测试（GERT）是评测人们在日常生活中感知情绪的能力的一种方法。这个测试使用一系列短视频，里面的演员通过发出毫无意义的音节来表达情绪。得分从0到1，被试者平均得分约为0.6。在测试中得分较高的人是更好的谈判者，通常被认为比得分低者更友好且易于合作。GERT还提供了改进技能的方法。志愿者先学习与不同情绪相关的面部表情、声音和身体线索，接着使用视频练习并获得反馈，平均分提高到0.75。

音乐训练也有帮助。我们知道，成年的音乐家比非音乐家更擅长通过一个人的声音来判断其情绪。音乐训练也能调节与情绪以及我们理解他人想法的能力相关的大脑反应。

解读信号

但是，仅仅能识别情绪远远不够。你还需要了解情绪是如何被使用的，这是第二项技能。并非每个人开心时都会微笑，生气时都会咆哮。另外，大脑扫描显示，不同个体，甚至同一个体，在应对不同种类的威胁时，大脑活动存在巨大差异。所以，要正确把握情绪，你需要知识，也需要灵活性。

用这种方式解读情绪的能力并非天生，而是可以习得的。美国约有一万所学校使用一个叫RULER的程序，为青少年解释他们的生理变化，并识别相关情绪。还有些研究者正在探索，可以使用广泛而精准的词汇描述自己的情绪是否让你更易觉察他人的情绪。

一旦能够识别并解读情绪信号，接下来你只需要最后一个技能：调控情绪。这个技能也不是我们与生俱来的。在成长过程中，有些人学会了情绪调节的无效策略，比如避免充满情绪的环境，或者尝试完全关闭我们的情绪。

调控你的反应

有些方法可以用来改进你的调控技能。"重新评估"是指把自己放在别人的立场上，尝试变得更客观些，从而相应地改变你的情绪反应。学习过这个策略的理发师、餐厅侍者和出租车司机发现自己收到了更多小费。另一个有用的方法是正念——观察自己情绪的来去，但不采取行动或者做出判断。这个策略能提高工作满意度并缓解情绪上的疲惫。将情绪视为念头和感觉，提供了一个新的视角，化解了情绪中比较"热"的成分。

其他动物也许是自身情绪的奴隶。人类情绪生活更复杂，更需要理智。学会掌控情绪，你会收获情绪能力所带来的回报。

情绪的语言

所有人，包括天生的盲人，其纯粹的、不受约束的情绪所对应的面部表情都是一样的。当然，我们会调控自己的情绪，以符合文化上的规范。如果你生活在愤怒被认为是扰民、自私的文化中，表达愤怒就不会受到鼓励，久而久之，你感受到的愤怒甚至会越来越少，越来越弱。文化还会影响你解读他人愤怒的方式。移民会逐渐调整自己的情绪，以适应新国家的规范，就像我们使用的是同一种语言，但讲不同的方言一样。

第九章
Life
Stages

生命的阶段

哇！！！！

有孩子的人都知道，人类的孩子要在娘胎里待很长时间，他们是那么弱小无助，要求极多。和我们的一些近亲物种相比，他们不值一提。

成年体积 ————————————

出生体积 ————————————

出生时重 2.5 吨

变化大得不同寻常

红袋鼠

孕期： 33 天

体重： 成年袋鼠的 1/100,000

小袋鼠刚生下来时还远没有发育完全。它爬进母亲的育儿袋，吸住一个乳头，继续发育。大约 200 天之后，它开始离开妈妈的袋子，离开的时间越来越长，50 天后永久告别育儿袋。

1 克

针鼹

孕期： 22 天

体重： 成年针鼹的 1/10,000

雌针鼹直接把一枚软壳的蛋生到育儿袋里。10 天后，像胎儿一样的幼崽出现了，它会在育儿袋中再待 50 天左右。然后，妈妈把它放在育儿的洞穴里，每隔 5 天左右回来喂奶。再过 140 天左右，妈妈会把幼崽从洞里挖出来，并停止哺乳，之后就任它自生自灭了。

0.3 克

大熊猫

孕期： 95~160 天

体重： 成年熊猫的 1/800

幼崽刚生下来时个头很小，眼睛看不见，身上无毛，非常脆弱。除了有袋动物，它们是个头最小的哺乳类新生儿。幼崽在 6~8 周后睁开眼睛，6 个月时断奶，但在之后的 2 年会继续依赖母亲。

100 克

蓝鲸

孕期： 10~12 个月

体重： 成年蓝鲸的 1/70

幼崽生下来就会游泳。它们出生时有 7 米长，比有些种类的成年鲸还大。在 6 个月大的时候断奶，但会留在母亲身边长达 3 年。

186

有史以来最大的动物

相对于母亲的体重，
最大的哺乳动物婴儿

非洲象
孕期： 20~21 个月
体重：成年象的 1/45

幼象生下来就发育良好，几乎可以立即下地行走。它们在 2 岁前依赖母乳，之后通常会继续吃 5 年甚至更久的母乳，直到它们长到无法轻易凑近母亲的乳头。

人
孕期： 9 个月
体重：成年人的 1/20

人类婴儿出生时非常脆弱无助，之后要依赖父母的照顾长达 14~16 年。

长颈鹿
孕期： 14 个月
体重：成年长颈鹿的 1/10

新生的小长颈鹿从很高的地方掉到地面上，但被一种异常坚韧的膜保护着。小长颈鹿几乎一出生就能走路。它们的哺乳期为一年。

90 千克

3~5 千克

100 千克

187

为什么我们都患有童年遗忘症？

我们都是从童年走过来的。遗憾的是，没有人记得那时候的事。

作为婴儿，我们学习能力非凡。在人生最初的几年里，我们学会了许多复杂的、受用终生的技能，比如走路、说话和认脸。然而，我们中的大多数人会将这几年的经历忘得一干二净，就好像有人把我们自传的头几页撕掉了。

这种令人困惑的现象被称为"童年遗忘"，十分常见。大多数人一点都不记得他们3岁生日之前的事，尽管有人声称记得2岁之前发生的事。有些人甚至不记得6岁或8岁之前的事。关于童年早期的那些记忆是模糊的。直到童年中期，我们才能清楚地回忆起所有事情。

弗洛伊德的思想

是什么导致了童年遗忘症？西格蒙德·弗洛伊德认为，我们压抑早年的记忆是因为其中充满性冲动和攻击冲动，会让我们无颜面对。这种观点最终被推到了一边，取而代之的是：孩子们只是无法形成对事件的清晰记忆。然后，对儿童本身的研究——而不是对成年人童年回忆的调查——揭示了两三岁的孩子可以回忆起自己之前的经历，但这些记忆会逐渐消失。因此，问题变成是什么导致了我们早期记忆的消失？

对大脑的解剖起到了一定作用。关于自身经历的记忆的创建和储存涉及两个主要结构：前额皮质和海马体。海马体被认为是将经验的细节固化为长期记忆的地方。这个区域的一部分被称为齿状回，到我们四五岁时才会发育成熟。这个部分起到了桥梁的作用，允许周围结构发出的信号到达海马体的其余部分，因此，除非齿状回发育成熟，早期经验可能永远不会进驻长期储存库。

然而，在齿状回发育成熟之前，孩子们仍然可以记住一些事，所以这不是童年遗忘症最重要的原因。还有什么？

在大约18~24个月时，关于自身经历的记忆开始出现之前，蹒跚学步的孩子们到达一个关键的里程碑。他们开始在镜子中认出自己。这是一个肯定的迹象，表明他们获得了关于自我的意识，开始理解实体"我"与"你"是不同的。这种能

谁的记忆？

那件可爱的逸事，你从小听了有一百万次。你可以清晰地看到那个场景。但是，你的记忆是真实的，还是你围绕一个经常被讲述的家庭故事捏造了虚假的记忆？

我们不能完全信任记忆——其中总是包含丢失的信息和错误的细节。实验表明，对于发生在"童年遗忘症"时期的事件，我们特别容易形成错误记忆。对那些依赖早期记忆的诉讼案件，比如调查虐童指控的案件，这干系重大。

力帮助我们组织记忆，使其更容易被记起。然而，这也不是全部故事。因为，在自我意识出现之后较长一段时间里，我们的记忆仍然很稀疏。越来越多的证据显示那个另外的成分是语言。

如果2~4岁的孩子拿到一件新玩具，6个月后，让他们描述它，他们只会使用自己刚拿到玩具时掌握的单词，这些单词只是他如今词汇量的一部分。尽管在此期间他们的词汇量飞速增长，但记忆好像被锁定在事件发生时他们所掌握的语言中。此外，成年人同"球"或"圣诞节"这类词汇有关的最早记忆往往始于他们习得每个提示词的平均年龄之后几个月。换言之，你必须先把一个单词纳入你的词汇表，才能建立对这个概念的记忆。

语言很重要

如果说自我意识提供了一个结构，记忆的组织就围绕这个结构进行，语言的发展则进一步为记忆提供了脚手架。语言允许孩子构建故事，将事件细节固定其上。有一项记录母亲在孩子2~4岁时如何跟他们说话的研究清楚地表明了讲述的重要性。10年后，母亲使用更复杂精细的语言的孩子比母亲说话翻来覆去的孩子更早开始有记忆。

看起来，我们跟年幼的孩子说话的方式塑造了他们数年后的记忆。这可以解释关于幼儿开始有记忆的年龄为何存在令人困惑的跨文化差异。例如，在一项研究中，研究人员发现，欧洲血统的人开始有记忆的平均年龄约为3.5岁，东亚是4.8岁，新西兰的毛利人则是2.7岁。

讲故事

与东亚父母相比，欧洲和北美的父母更倾向于用复杂精细的讲述来谈论过去。因此，他们的孩子有更多早期记忆。毛利人讲故事的文化更丰富，他们有详细的口述史，非常关注过去，导致他们的记忆开始得更早。

谈论过去不仅有助于孩子发展叙述技巧，也促进了自我意识的发展。所以，看起来语言和自我感知是携手前行的，两者都是人形成关于自身经历的记忆所必需的。

一个大问题仍然存在：是否有可能找回我们童年早期遗失的记忆？毫无疑问，很小的孩子在短期内可以记得很多。这些记忆是脆弱的，可能永远不会转化为长期记忆。然而，保留它们是可能的，只不过用传统的提示，如单词和图像，是行不通的。如果是这样，借助更有想象力的线索，比如气味、香味和音乐，也许有一天我们能挖掘出被埋葬的童年记忆。

童年的意义何在？

为人父母者都会告诉你，人类的童年是一个漫长的过程。大猩猩6岁长成，黑猩猩8岁就可以繁殖了。在那个年龄，人类的童年才勉强过半。就连大象和蓝鲸十二三岁也性成熟了。我们的童年时期比地球上其他动物的都要长，我们会依赖父母直至成年初期。

过去几十年，我们漫长的童年吸引了一些研究者。有人认为，这只是我们长寿的副产品，不需要特别的解释。但是，许多人类学家相信，这肯定具有某种进化优势。人类过着复杂的生活，拥有文化、语言和技术。我们建造城市，积累文明，凭借智慧生存。我们的童年如此与众不同，也许是因为我们比其他动物有更多东西要学习。

回答这个问题的一个方法是看看童年是何时进化出来的。300万年前，我们的祖先南方古猿似乎没有真正的童年，就像非人的猿类，从婴儿期迅速过渡到青春期。直到大约150万年前，随着人类的出现，童年开始延长。大约在10万年前，智人出现，童年延长到跟如今差不多。

童年延长的现象与脑容量的快速增长同时发生。两者是否相关？延长的童年不仅让我们的大脑有更长时间发育——因为大脑会在成年之前停止生长——还可能为我们配置硬件提供了时间，有助于我们应对成人世界。

童年最明显的特点之一就是玩耍。玩耍消耗了孩子们醒着的大部分时间，甚至当正式的学校教育开始之后，他们仍然一有机会就玩。

面向儿童的技能讲习班

玩耍似乎是纯粹的乐趣，但对孩子来说，这是一件严肃的事。在玩耍的过程中，孩子们习得对成年人来说不可缺少的许多技能，比如，如何社交，如何控制情绪，如何解决问题和创新。这些技能如此重要和复杂，我们需要一段较长的时间来学习，无须顾虑空间和自由的问题。

当然，游戏并非人类所独有。它是许多动物健康的认知发展的重要组成部分，被剥夺玩耍的机会是有害的。例如，人工饲养的老鼠，因为没有机会接触玩伴，有严重的认知和社交缺陷。

但人类是独一无二的，我们沉迷于幻想游戏"假如……"，还有假扮游戏。很多孩子都玩过假装一个东西或人是另一个东西或人的游戏，例如，假装纸箱是汽车，或者朋友是母亲。我们被认为就是凭借这种能力发展出独特的使用符号的能力，包括自我意识、语言和心智理论。

根据之一，我们已灭绝的近亲祖先尼安德特人的童年比我们的要短得多。几乎可以肯定他们拥有语言，但他们留下的符号文化比起我们的要贫乏得多。

游戏对创造力也至关重要。对狼、土狼和狗这样的社会性食肉动物的研究表明，游戏给了个体一个尝试新事物的环境，在其中，它犯了错可以不受惩罚。

创造力要求提出许多新颖的想法，并有能力以不同的组合尝试并发现有用的结果。这些在游戏中都有体现。

儿童的用处

令人惊讶的是，我们的童年延长可能是为了成人的利益。其他哺乳动物喂养幼崽直到它能自食其力，这会限制后代的数量。相比之下，人类的幼崽可以依靠其他家庭成员来获得食物和帮助，这让他们的母亲有精力再次怀孕。现代背负子女花费的父母也许会对再来几张待哺的小嘴犹疑畏惧，但是，作为"依赖者"的孩子是一个现代概念。在世界各地，孩子们通常要照顾弟弟妹妹，做家务，同时只消耗很少资源。对这些文化中的父母来说，童年可能太短而不是太长。

海豚提供了一个生动的例子。它们最有创意的进食方法之一是将鱼顶到水面，水下连着一串气泡。这是它们玩的泡泡游戏的一个变种。很难想象海豚是如何发现这个玩法的，如果不是在玩耍时意外发现。

海豚如此，人类亦然。有许多人把自己的重要成就归因为玩耍，比如诺贝尔奖得主理查德·费曼和亚历山大·弗莱明。弗莱明在描述他的工作时就曾经说过："我和微生物一起玩耍。"

吸收知识

另一种方式是通过正规教育，童年即延长的为成年做准备的学徒期。我们不仅需要掌握社交技能，还需要掌握知识。漫长的童年为我们提供了时间和空间。

我们古老的祖先曾是猎人和采集者，这是需要专业技能和知识的职业。猎人必须学会制造武器、定位和追踪动物、杀死和屠宰它们。采集植物也需要技巧。觅食者很辛苦才能找到如块茎、坚果和蜂蜜这样的食物，并经常需要收集食用前必须处理的食材。

现代教育起着类似的作用。如果不是因为有助于他们成长为可以高效工作的成年人，孩子们为何要在学校里花若干年时间学习和获取技能？

不幸的是，游戏和教育之间的平衡似乎已经发生了太大转变。在瑞典和芬兰等国家，幼儿教育让位于以游戏为基础的非正规学习，来自这些国家的研究清楚地表明，让孩子们到 7 岁再接受教育效果比从 4 岁开始更好。孩子们获得了更好的学业成就和幸福感，尽管"错过了"2~3 年的正规教育。教 5 岁的孩子阅读甚至会损害他们长远的识字能力。俗话说，只工作不玩耍，聪明的杰克也变傻。

青少年时期的煎熬应该怪罪大脑吗?

做人不容易。你刚搞清楚做孩子的诀窍,就突然开始蜕变为成年人。从前一阶段到后一阶段的转变可能令人困惑、兴奋、愤怒和情绪透支。这只是对家长而言。

其他物种都没有青少年。即使是我们最近的亲属类人猿,也顺畅地从幼年过渡到成年。为什么人类要花五六年甚至更久陷在青少年这段迷离时空,伴随着愚蠢、喜怒无常、冲动鲁莽、粉刺和睡眠模式紊乱?

在传统意义上,青少年时期被看作某种繁殖学徒期,但这个时期对于塑造我们的大脑至少同样重要。

第一批青少年

进化提供了两个重大理由来支持这种观点。第一个理由关乎青春期是什么时候进化出来的。原始人的骨骼和牙齿化石提供的生长证据表明,青春期出现在距今80万至30万年之间,之后不久,我们祖先的脑容量最后一次大幅增长,达到今天的水平。第二个理由来自神经生物学和脑成像,证据显示,在青少年时期,大脑进行了大规模的重组。

心理学家过去常把青春期那些尤为令人不快的特点解释为汹涌的性激素的产物,因为儿童的脑容量在进入青春期之前就接近成人的脑容量了。不过,最近的脑成像研究表明,在青春期到二十出头这个阶段,人类的大脑结构发生了全面的变化,这对解释混乱的青少年时期大有帮助。

有一项研究每两年对400名青少年进行一次脑部扫描,从青春期延续到成年。研究揭示了青少年的大脑如何通过修剪和隔离的程序实现自我升级,提高运行速度。这些变化发生在大脑外层,即所谓皮层。随着青春期的推进,大脑皮层变得越来越薄,这可能是因为神经元之间荒废的连接被修剪掉了。平均而言,青少年的大脑每年要损失大约1%的灰质,直到二十出头的年纪。

大脑修剪了儿童时期过度生长的神经连接,从更基本的感觉和运动区域开始,这些区域率先发育成熟,接着是负责语言和空间方向的区域,最后是涉及更高级的处理和执行功能的区域。

最后发育成熟的区域是位于额叶前部的背外侧前额叶皮质。这个区域负责控制冲动、判断和

夜猫子

一般青少年喜欢深夜不睡和早上赖床,并非仅仅因为他们热衷派对,是懒骨头。随着青春期的到来,我们变成了夜猫子:生物钟驱动的睡眠和苏醒时间都推迟了。这个趋势一直持续到女性19.5岁,男性21岁,然后开始逆转。到55岁时,我们醒来的时间恢复到跟青春期之前差不多——平均比青少年早2小时。这意味着,对十几岁的孩子来说,早上7点起床相当于50多岁的人早上5点起身。怪不得他们脾气这么坏。

决策，这也许可以解释一般青少年所做的那些不太好的决定。这个区域还负责控制和处理由杏仁体发送的情绪信息。杏仁体是决定战斗或逃跑的本能反应中心，这也许可以解释青少年反复无常的脾气。

随着灰质的流失，大脑会长出白质，这个过程被称为髓鞘化。脑白质或髓磷脂是包围神经元的脂肪组织，有助于更快地传导电脉冲，并稳定修剪后留下的神经连接。有些人认为这是一种交换。通过修剪连接，我们的大脑损失了一部分灵活性，结果是大脑的效率更高了，已经准备好去面对世界。

高风险行为

通往成熟的道路上有一些值得注意的陷阱。对冲动缺乏控制，加上负责风险评估的大脑区域不够活跃，可能会导致吸毒、酗酒、吸烟和无保护的性行为等。滥用药物尤其令人担心。脑成像研究表明，青少年大脑里的驱动和奖励回路使他们几乎注定要对什么上瘾。再加上对冲动缺乏控制，判断力差，以及对长期后果的低估，造就了一个上瘾的青少年。

与成年人的大脑相比，青少年的大脑倾向于对轻视和侮辱做出更夸张的反应。不过，社交支持对此有所帮助。与整个青春期都感到孤独的年轻人相比，在青春期后半段有更紧密社交网络的年轻人对拒绝的反应比较温和，这也许是因为过去被接受的记忆在潜意识里安抚了他们的情绪。

青少年的大脑在做出决定和理解他人感受方面也与成年人有很大不同。成年人使用前额叶皮质来应对需要决策的问题，青少年则使用一个叫颞上沟的区域。这个区域处理非常基本的行为活动，而不像前额叶皮质那样参与复杂的功能，比如理解我们的决定会对他人造成什么影响。所以，如果你的印象是青少年不能很好地理解自己行为的后果，也许原因很简单。

似乎应对大脑的大规模重组还不够麻烦，青少年在学习上可能也面临障碍。进入青春期后，我们学习新语言或在陌生的地方辨别方向的能力会下降。对小鼠的研究表明，这可能是由于大脑中的一种化学受体暂时性增加，阻碍了大脑负责学习的那部分的活动。老鼠进入青春期后，这些受体的数量会剧增，到成年期再回落。但雾气弥漫的大脑隧道尽头依然有光：给青春期小鼠注射压力类固醇 THP 似乎可以弥补它们学习能力的不足。但请记住，这是在老鼠身上进行的实验。别想着给你的孩子注射压力激素。

飞翔的成人礼

多么特别的结束童年的方式！太平洋群岛瓦努阿图的五旬节岛上的男孩就是这样变成男人的。一个男孩在七八岁时接受了割礼，就可以自由地参加"陆上跳降"的仪式——据说这就是蹦极的灵感来源。陆上跳降要求从30米的木塔上跳下来，每只脚踝上绑一根仔细测量过的树藤。男孩第一次跳降时，他的母亲会拿着他童年时最喜欢的东西。他一安全着陆，她就把这个东西扔掉，以表示他的童年已经结束。成功的跳降不仅是阳刚之气的表现，还被认为可以确保白薯丰收。

有孩子会让你更幸福吗？

孩子？什么人会想要孩子？事实上，大多数人都想要。到45岁左右，我们中大多数人都至少生育过一次。

有孩子应该是一种快乐的、肯定生命价值的体验。而实际情况往往并非如此，在西方国家，未生育者的数量达到了历史最高点。英国有1/5的女性到44岁还没有生育过。在美国，两性的统计数据相似，没有孩子的女性数量自20世纪70年代以来几乎翻了一番。有些人可能想要孩子但不能生育，有些人干脆拒绝生育后代，而这曾被认为是人类经验中不可避免且必不可少的一部分。

生孩子的代价

在某些方面，生孩子的人变少并不奇怪。养育孩子对财务、事业和地球环境都有重大影响。在孩子18岁之前，美国中产阶级家庭在每个子女身上的平均花销超过245,340美元。在英国，抚养一个孩子的花费在10年内膨胀了63%，单是看护费用就占到平均工资的27%。儿童虽小，对环境也有很大影响。据联合国估计，如果目前的人口和消费趋势继续下去，到2030年，人类将需要两个地球的资源来维持自己的生存。

不过，更令人惊讶的是孩子对父母的健康和幸福感的影响。与我们可能的预期相反，一项又一项研究表明，有孩子并不会让人更幸福，甚至会降低幸福感。为人父母可能导致抑郁和睡眠不足，使夫妻对性生活的满意度降低，加速婚姻的衰败。一项对14,000多对夫妇的研究发现，母亲在孩子出生后压力急剧增加——是父亲的3倍，

而且这种压力逐年增高。美国的妈妈们在对引发正面情绪的19项日常任务进行排序时，将照顾孩子排在第16位，仅仅好过上下班通勤和上班本身。另一项研究发现，平均而言，婴儿出生对幸福的打击比离婚、失业或配偶死亡还大。

在这个基础上看，夫妻一跃进入父母行列似乎愚蠢至极。但情况真的如此悲观吗？有些证据表明，幸福和为人父母可以共存。一项研究发现，有孩子会让男人（而不是女人）更幸福。但这在很大程度上可能是由于大多数为人父母者都处在婚姻关系中，众所周知这会提升幸福感。另一项研究似乎证实了如下观点：有孩子的人比没有孩子的人更幸福。但如果将这两个群体之间的其他差异考虑在内，比如财富和宗教等因素，有孩子对幸福感的提升就消失了。

成本和收益

这些琐碎只能说明对为人父母和幸福之间关系的研究是多么复杂。孩子不能被随机派发，来看看他们对父母将产生何种影响。解决这个问题的一个方法是对相同的人有孩子前后的状况进行对比。这种研究方法显示，父母的幸福感在第一个孩子出生前一年左右增加，然后在婴儿一岁左右恢复到孩子出生前的水平。

所以，真实的画面显然比"孩子让你（不）幸福"这样笼统的说法更微妙。有许多因素在起作用。其中之一是钱。有证据表明，除了经济状况，为人父母往往也会提高人们对生活的满意度——但是对大多数人来说，与孩子相关的金钱顾虑非

常严重，会吞噬掉因有了孩子而产生的额外的幸福感。

年岁渐长的优势

父母的年龄也很重要。对 30 岁以下的父母来说，孩子会降低他们的平均幸福感。如果父母是 30~39 岁，孩子对他们幸福感的平均影响是中性的，在 40 岁之后，这个影响是正面的。对他们来说，在一定范围内，孩子越多越好——3 似乎是个最理想的数字。

你生活在哪里也会造成不同。最幸福的 40 岁以上的父母生活在前社会主义国家，比如俄罗斯和波兰。在这些国家，照顾老年人主要是家庭的责任，所以，有孩子对他们以后的生活而言是一项福利。20~29 岁的父母往往因有了孩子，幸福感遭受很大打击，但瑞典、日本和法国等国家慷慨的福利制度弱化了这种打击。

幸福的差距

将一个国家的父母和非父母进行比较，然后将国家之间父母的幸福水平进行比较，可以做出一张全球幸福感分布表。在对父母帮助极其有限的美国，有孩子和没孩子的人的幸福差距超过其他被研究的 22 个国家中的大多数。即使孩子不能带来幸福，你可能也会期待他们能带来目标感。但在美国和其他对父母缺乏社会和经济支持的国家，情况并非如此。

所以，为人父母似乎就像买彩票。如果你足够幸运，能够结婚，生活富足，或者是某个有慷慨社会福利的国家的公民，你就有更大概率享受这种生活。至于其他人，有孩子也许不是他们曾经希望的那种经历。这证明了人类的乐观——或者也许是我们糟糕的决策能力——绝大多数人无论如何仍然希望有孩子。

孩子改变男人

生儿育女不仅对母亲的身体有影响。为人父的男性睾酮水平比没有孩子的同龄人低，每天照顾孩子 3 小时或更久的父亲睾酮水平最低。这一变化被认为使得男性从交配模式转化为养育模式。在交配模式下，受睾酮驱动的竞争力和肌肉是一种优势，而在养育模式下，关爱、细心的行为对成功繁殖后代至关重要。

为人父母也会改变男性的大脑。在孩子出生后 2 周至 4 个月内，对父母大脑的扫描显示，与养育行为（如对婴儿的哭声做出回应）相关的大脑区域的灰质增加了。

中年的意义何在？

人们有时会说，人生始于四十，但我们常常觉得并非如此。

对许多人来说，意识到青春匆匆、中年已至是令人沮丧的。我们习惯于将生命的第五和第六个十年贬为一个消极的篇章，足以引起一场危机。但不应该这样看。最近的科学发现表明，中年对每一个人来说都很重要，而且对我们这个物种的成功也非常关键。中年并非仅仅意味着你开始走下坡路，直至那个不可避免的结局。它是人类生命中古老而关键的篇章，是自然选择预先编定的程序的一环，是人类这个卓越物种的卓越特征。

健康的二十年

与其他动物相比，人类的生命模式极不寻常。我们花了很长时间才发育成熟，虽然寿命很长，但大多数人在其中点就停止繁殖了。其他一些物种也有人类这份生命计划的某些要素，但只有人类以如此引人注目的方式扭曲了自己的生命进程。这个扭曲主要是由中年的出现造成的，它使人类在停止繁殖后还能健康地再活 20 年，而其他大多数动物都没有这 20 年。

中年并非只是螺旋式下降的开始。一个重要线索是，它不具备普遍的被动衰退的特征。在生命的这一阶段，大多数身体系统几乎没怎么退化。至于另外那些系统，退化会以非常独特的方式突然发生，这很少出现在其他物种身上。

举个例子，我们看清近旁物体的能力会以可预见的方式下降——远视在 35 岁的人群中非常少见，但在 50 岁的人群中很普遍。皮肤弹性也一定会下降，往往在中年早期突然发生，让人吃惊。脂肪的沉积模式则以可预见的刻板方式发生变化。身体的其他系统，尤其是认知系统，几乎没有改变。

预先编订的程序

这些变化中的每一项都可以从进化的角度来解释。一般来说，只有带来即时的健康方面的益处，帮助传播你的基因，投资身体系统的修复和维护才有意义。随着年龄的增长，人们不再需要格外敏锐的视觉或者吸引异性目光的无瑕皮肤。然而他们的确需要大脑，这就是为什么我们人到中年仍旧肯下力气投资大脑。

至于脂肪这种无比有效的能量储备，它曾经拯救过我们许多陷入困境的祖先的生命，而当我们不再准备生育后代时，脂肪的角色就变了，尤其是在女性身上。随着岁月的流逝，为了满足繁殖需要储存在乳房、臀部和大腿部位或者为了呈现光滑、年轻的外表储存在皮下的脂肪越来越少。一旦过了生育期，脂肪储存就会大量增加，并且向身体中部集中，这样便于携带。如果环境变得恶劣，我们就可以用它来维系生存，为我们的年轻亲属省下食物。

这些变化有力地表明，中年是一个受控制的、预先编订的程序，一个关乎发展而非衰退的过程。

谈到人类发展，我们通常会联想到胎儿的发育或幼儿的成长。然而，发展以及指导这些发展的基因程序并不会在我们 20 岁左右中止。它会一直持续到成年。精心设计的向中年的过渡是人类一个较晚但同样重要的发展阶段，在这个阶段，大卫·班布里基是英国剑桥大学的临床兽医解剖学家，著有《中年的意义》。

我们每个人都被重新塑造成一种新的形态。

这是最值得赞叹的形态之一。它是人类独有的进化新征，一个有活力、健康、高效且富有创造力的生命阶段，为我们物种的成功奠定了基础。的确，中年人在人类社会中的多重角色如此错综复杂，可以说，他们是由自然选择造就的最令人印象深刻的生物。

有关进化的反对意见

中年是进化的产物的观点面临一个明显的反对意见。任何特性要被进化出来，都需要自然选择一代又一代地作用于它。我们常常认为史前人类肮脏、粗野、短寿。我们的祖先中一定很少有人能活到40岁以上，让现代中年的特征被慢慢选择出来。

这是一个误解。尽管平均的寿命预期有时可能很短，但这并不意味着在过去10万年中智人很少活到40岁。出生时的平均寿命预期可能是一个具有误导性的衡量标准：如果婴儿死亡率很高，平均寿命预期就会骤降，即使那些活到成年的人随后有很大概率活得长而健康。

这并不意味着史前人类不肮脏、粗野、短寿——尤其是在距今1.2万年到8千年前，人类经历了向农业社会的过渡之后。在过渡阶段，成人的寿命可能一度有所下降。除此之外，从骨骼化石中得到的证据表明，我们的祖先常常能活到中年或更高龄，而且许多现代狩猎 - 采集者的寿命都远远超过40岁。

很可能有颇多史前中年人存在过，这意味着自然选择有许多实施对象。具备有利特质的人在抚养子女到生育年龄以及帮助抚养孙辈方面应该更成功，因此会把这些特质遗传给后代。所以，现代中年人是很多个世纪的自然选择的结果。

晚来香

但为什么人类会这样进化呢？答案与人类的特殊本性有着千丝万缕的联系。我们的生存完全依赖于熟练地收集稀缺而宝贵的资源。我们合作、计划、创新，都是为了从环境中获取所需，不管

中年大脑

当我们意识到自己变得容易忘事的时候，也许就进入中年了，但脑力的减弱并不是大问题。一项对7000多名公务员的研究表明，到了中年，人们的认知能力有少量下降。然而，这是否重要是可以商榷的。中年人往往更善于制订长期计划，从大量信息中挑选相关的资料，规划自己的时间并协调他人的工作——这是可被称作智慧的技能组合。

实际上，大脑功能成像研究表明，在做同样的工作时，他们有时会使用与年轻人不同的大脑区域，这提出了一种可能性，即随着年龄的增长，思维本身变得更成熟了。

是用来饱腹的根茎、御寒的兽皮，还是覆盖智能手机触摸屏的稀有金属。我们过着一种能源密集、交流驱动、信息丰富的生活，而支持这种生活方式的是进化出来的中年。

例如，狩猎－采集社会通常有寻找并处理食物的复杂技术，需要很长时间才能学会。有证据表明，许多狩猎－采集者花几十年时间来学习这些技艺，故而获取资源的能力可能要到40岁以上才能达到巅峰。

收集足够的能量对人类社会的成功至关重要，尤其是考虑到幼儿需要漫长的成长时间。的确，在生命的最初几年，年幼者只是大量消耗能量，对群体没有任何贡献。一个人类儿童所需要的资源超过两个年轻父母所能提供的。例如，一项针对两个南美狩猎－采集者群体的研究表明，每对夫妇都需要1.3个不繁殖的成年人的帮助，才能养活他们的孩子。因此，中年人可以被视为人类的一项根本创新：由技术熟练、经验丰富的"超级供应者"组成的为其他人提供依赖的精英阶层。

中年的另一个关键作用是传播信息。所有动物都通过基因继承了大量信息，有些动物会在成长过程中习得更多。人类将后一种信息传播形式推向了新高度。我们生下来时几乎什么都不知道，什么都不会做。要生存下去，每个人都需要持续学习技能、知识和习俗，这些被统称为文化。文化传播的主要途径是，中年人向自己的孩子以及一起狩猎采集的其他年轻人示范做什么和怎么做。

中年人这两种角色——超级供应者和文化传播者——延续至今。在办公室、建筑工地和世界

危机，什么危机？

与中年有关的最经久不衰的概念之一是中年危机。它通常与40岁前半的男性联系在一起，被认为包括心理上的自我价值危机、寻求不合适的年轻女性的浪漫关怀的倾向，以及对跑车之类的东西恢复兴趣。然而，中年危机可能根本不是一个真实的现象。

中年危机的三个要素无一经得起仔细推敲。40多岁的男性并不比30多岁或50多岁的男性和女性更爱宣称自己正在经历一场危机，许多研究人员现在认为中年危机的概念应该被扔进垃圾箱。

各地的体育场上，我们看到中年人建议并指导年轻人，有时甚至对他们呼来喝去。中年人能做得更多，挣得更多，简言之，他们掌握着世界。

微妙的改变

中年人的这些角色也在人类大脑中留下了印记。正如我们对复杂技能的传播者所期待的，中年人的认知能力并无显著退化。我们的思维能力的确发生了变化，但这变化很微妙。例如，反应速度在成年的过程中会逐渐降低。然而，反应速度并不是全部，而且，对于其他能力是否退化仍然存在争议。

中年的一个核心的相关特征是，我们在停止繁殖后还享受了许多健康的岁月。女性人类是特别不寻常的动物，因为她们在生命的中途会失去生育能力。男性继续与绝经后的伴侣在一起，经常会在实质上"自我绝育"。几乎没有其他物种会这样。

更年期带来的可能的好处不会立即显现。自然选择偏爱繁殖最多后代的个体。但在动物界，一些罕见的繁殖停止的例子可以提供一些线索。逆戟鲸也有更年期——它们的生活与我们惊人地类似。它们长寿、发育缓慢、聪明，可以用声音交流。它们发明并应用一系列复杂的技术来合作获取食物，这些技术的应用非常普遍。

因此，人类可以被视为物种精英俱乐部的成员，在这个群体中，成年期已经变得如此漫长和复杂，不再只追求繁殖。就像远视和失去弹性的皮肤一样，更年期现在看起来是一个经过协调、受到控制的过程。最近的研究表明，更年期不是迂回曲折、跌跌撞撞的退化，而是被精准执行的事件，是中年发展规划的关键部分。它将妇女及其伴侣从持续繁殖的要求中解放出来，给她们时间去做中年人最擅长的事：活很久并宠爱自己。

具有挑战性的阶段

中年之所以吸引人，是因为它将我们物种的历史与个人的经验联系起来。每个人都注定要经历他们常常觉得没准备好的人生阶段。忽然失去生育机会挑战了他们的自我形象，容貌就在眼前改变，甚至大脑的工作方式也改变了。中年危机、中年为人父母、空巢综合征和新的意想不到的冲动都在招手，但科学终于已经开始探索这些现象背后曾经难以理解的力量。

很少有人会盼望中年的到来。有些人害怕它，有些人开它玩笑。然而，最近古人类学、神经科学和生殖生物学领域的进展揭示出人类生活中这个长期被忽视的阶段的真相。如果中年没有被进化出来，我们现在所知的人类生活就不可能存在。

教老狗学新把戏

六七十岁的人常常决定是时候去学些新东西了。有些人尝试瑜伽，另一些人学习烹饪或注册了学位课程。但他们中很少有人期望自己真正擅长新学的技能。随着头发变得灰白，腰围渐宽，大脑的齿轮开始生锈，学会一项新技能变得困难。你无法教一条老狗学会新把戏，对吗？也许你可以。

10 年前，几乎没有神经科学家同意成人的学习能力可以与儿童媲美。但我们不必如此悲观。成熟的大脑灵活得令人惊讶，年轻人天生更擅长学习的观点正在过时。

不再学习的大脑？

认为大脑会随着年龄增长逐渐丧失学习能力的看法在文化上根深蒂固。"老狗"的格言载于一本 18 世纪的谚语书中。20 世纪 60 年代，当科学家开始研究成人大脑的可塑性时，他们的发现似乎也支持这一看法。大多数观点间接来自对感知的研究，研究表明，视力只能在婴儿阶段的一个关键窗口期发展出来。例如，一只小动物出生后，把它的眼睛蒙住几个星期，它将无法发育出正常的视力。对于天生患有白内障或弱视的人来说也是如此：如果干预得太晚，就再也无法修复。

当时的假设是，其他种类的学习也受到类似的限制。让我们讨论一下第二语言的学习。据说随着年龄的增长，学习第二语言会变得越来越困难。移民较年幼的孩子很轻松就学会了第二语言，他们的哥哥姐姐则比较费劲，他们的父母可以说毫无进展。

然而，后来发现支持上述观点的证据非常弱。例如，美国人口普查详细记录了移民的语言能力。如果真的有一个学习第二语言的关键时期，它应该出现在数据中。但研究人员发现，在幼年时期就移民到美国的人与青春期才移民的人之间并无明显差别。即使是成年之后才移民的人，也只是流利程度差点而已。

但是，语言学习是一个特例，人们仍然怀疑儿童在学习感知或运动技能方面可能具有优势，例如唱歌或进行一种新的运动。涉及这些能力的学习与获取事实性知识不同，它需要我们的眼睛、耳朵和肌肉重新连接。然而现有的证据表明，儿童在这些方面未必具有天生的优势。

在学习对音乐或运动十分重要的复杂动作时，成年人也不一定更慢。在一项颇具挑战性的手眼协调测试中，来自所有年龄组的接近 1000 名志愿者通过六次训练课程学会了玩杂耍（连续抛接多个物体）。60~80 岁组的志愿者开始有点犹豫，但很快就赶上了 30 岁组，到测试结束时，所有成年人都能比 5~10 岁组的儿童更自信地玩这个游戏。

更多时间和注意力

孩子们看起来更善于学习，这可能更多地与外在因素有关。他们醒着的时候几乎都在学习，既有正规的教学，也有实验性质的游戏。他们还会得到反馈、表扬和告诫。由于害怕冒犯他人或碍于面子，很少有人给成年学习者反馈、表扬和告诫。如果成年人有那么多时间专心学习，他们肯定可以同样有效率。实验表明，如果能收到同样的反馈,成年人实际上是比儿童更好的学习者。

对我们大多数人来说,充足的闲暇时间和无忧无虑的生活遥不可及,但有些技巧可以融入成年人的日程安排。例如,孩子们在学习过程中要不断接受测试,这有很好的理由:测试能够让长期记忆翻倍,表现优于所有其他记忆策略。然而,大多数尝试学习新技能的成年人都更多地依赖自我测试。

在面对涉及运动技能或知觉学习的任务时,成年人的完美主义倾向会阻碍他们的进步。当孩子们纵身跳进深水区时,成年人往往还在纠结动作的力学原理,企图准确地理解要求,然后才试着去做。否则他们担心自己看起来很傻。这种过度思考是学习的最大障碍之一。

别流连太久

过度的责任感也会成为障碍。成年人在设计并严格遵循练习计划方面比儿童强,但这也可能适得其反。如果遵循计划,大多数成年人会将练习时间分割成块。例如,学习萨尔萨舞时,他们可能会练习某一特定动作,直到感觉自己已经掌握了它,然后接着练习下一个。这种方法一开始可能会带来快速的进步,但大量研究发现,从总体上看,这种方法并非那么有效。

轮流练习效果更好。在需要练习的各种技能间快速转换,不要在每一项技能上流连太久。原因尚不清楚,但这种快速转换似乎会让你的大脑更加努力地应用所学,有助于形成长期记忆。这一发现已经在网球、皮划艇、手枪射击等运动中帮助人们提高了水平。无论你想学什么新把戏,身为老狗这点都不应该成为障碍。

保持健康,保持敏锐

年纪大一点之后,保持思维敏锐的关键可以很简单,比如去公园散步或做做其他轻微运动。身体素质差会损害我们的大脑及性吸引力,减少神经元之间的长距连接,并导致海马体缩小,而海马体是负责学习和记忆的大脑区域。

值得庆幸的是,通过锻炼可以逆转这种衰退。锻炼不仅能恢复海马体和神经元的长距连接,还能提升注意力——这应该对学习任何新技能都有帮助。

老年的优势

除了英年早逝，想要避免变老，你能做的真的很少。这听起来可能不太像个选择，但老年其实也没那么糟糕。是的，老年人在生理和心理上都会不可避免地衰退，而且知道自己距离生命终点比距离起点近得多。但也有不少好处，尤其是你会和很多与你年龄相仿的人待在一起。

20世纪初，西方人的平均寿命是45岁左右，今天已增长到80岁左右。最初的增长很大程度上是因为婴儿死亡率的大幅下降，但从20世纪70年代起，预期寿命的进一步增长主要是因为老年人的晚逝。这主要归功于更好的医疗条件，如广泛使用药物来降低血压和胆固醇水平。从一个更深远的角度看，人类历史上所有活到65岁的人中，有一半现在还活着。到2009年，英国领取养老金的人数有史以来首次超过了未成年人的数量。

老中最老

这实在令人吃惊，但更令人吃惊的是，真正的人口爆炸发生在老人中的最老者——百岁老人身上。事实上，这是大多数发达国家中人口增长最快的部分。在英国，百岁老人的数量自20世纪初到现在增加了60倍。这个人群将进一步壮大：到2030年，全世界将有大约100万百岁老人。也许你会成为他们中的一员。

表面上，这听起来像是一个你不想加入的群体。年老会提高患上慢性病、残疾和痴呆症的风险。上了年纪的人越来越多只会意味着更多的人类痛苦和更大的社会负担，不是吗？这是寿命增长这道银边之外的乌云。然而，针对最老的老人进行的研究发现，前景没有那么凄凉。

生理上的精英

越来越清楚的是，那些突破了90岁关卡的人，代表了生理上的精英阶层，与那些在比他们年轻时就去世的老人有显著的不同。他们的长寿并不伴随更长久的身体或精神障碍，多活的岁月通常都是健康的；他们不仅寿命长，而且"健康的寿命"长。百岁老人一般在95岁前生活都很独立。超级百岁老人，也就是110岁及以上的人，是优雅老去的更好的榜样，他们通常在不需要护理的情况下生活，直到生命进入第11个十年。

由于某种原因，他们有一种了不起的能力，可以推迟或完全避免杀死他们同龄人的很多疾病，他们中约有60%的人一直到80岁都避开了老年慢性病，或者至死都没被俘虏。这些"逃亡者"胜利到达百岁，完全没有心脏病、癌症、糖尿病、高血压或中风的迹象。

这种趋势在癌症方面尤为明显。癌症发病率随着年龄的增长急剧增加，但从84岁开始下降，从90岁开始直线下降。只有4%的百岁老人死于癌症，而五六十岁的人死于癌症的比例为40%。总之，百岁老人患病和卧病在床的时间要比年轻些的老人少，而当结局到来时，会来得很快。

这从个人和社会的角度来看都是好消息，因为这意味着超长的寿命不一定会导致严重的生理障碍，或者去世之前漫长的病榻时光。它还提供了一些线索，让更多的人了解怎么做才有可能拥有长寿和健康的晚年。

可以退休了

变老的好处之一是你可以期待不必继续工作，把余生全部用来度假。为此，我们必须感谢德国首相俾斯麦。在 19 世纪 80 年代，他需要定下开始支付战争抚恤金的年龄。他选了 65 岁，因为这通常是退伍士兵死亡的岁数。但在今天的发达国家，人们可以合理地期待再活 15 年。这真是一个漫长的假期。但由于寿命的延长，在 65 岁左右退休可能很快就会成为我们负担不起的奢侈生活。

健康长寿的秘诀

那么健康长寿的秘诀是什么呢？有些人只是运气好，继承了长寿的基因。以一个百岁老人的近亲为例，你可以拿出钞票押他们长寿的概率。在 1900 年出生的美国人中，百岁老人的兄弟活到百岁的概率是同龄人的 17 倍，他们的姐妹是 8 倍。

但基因因素所占的比重甚至不到一半。老年病学家还提出了四个关键因素：饮食、锻炼、心理健康和社会联系。大约 70% 的长寿是由这些非遗传因素造成的，而这些因素都是可以培养的。

罕见的阿尔茨海默病

另一种避免衰老摧残的方法是保持大脑活跃。

神经退行性疾病在百岁老人中很常见，大约 80% 的人患有某种形式的此类疾病。但阿尔茨海默病——最常见的痴呆症——在他们中却相对罕见。

有趣的是，虽然对百岁老人的尸体解剖经常发现大量与阿尔茨海默病相关的脑部病变，但这些老人并没有表现出显性的痴呆迹象。这种对阿尔茨海默病的抵抗力经常出现在生活中不乏挑战性脑力工作的人身上，这意味着，这种抵抗力也可以通过选择生活方式培养出来（见第 206 页）。

当然，结局总会到来。已确认的记录在案的最老的人是珍妮·卡尔门特，一位法国超级百岁老人，于 1997 年去世，享年 122 岁 164 天。她的纪录迄今没有被打破，这一事实表明，她的年龄非常接近人类寿命的基本上限。老年病学家普遍同意，就算运用激进的生命延长技术，人类寿命也不可能超过 120 岁很多。看看光明的一面：你的日子可能是有限的，但这个数字可能比你想象的大很多，而且质量好很多。

如何避免老年痴呆？

目睹阿尔茨海默病发展最痛苦的一面是它折磨人的缓慢步伐。它一点一点地摧毁记忆、个性和独立，只留下一个你曾经认识的人的外壳。这个过程可能历时很多年。

但事情并不都是这样发展。长期以来，科学家们一直对一群人特别感兴趣，这些人直到临死前都几乎没有表现出心智上的退化。尸体解剖经常显示他们的大脑里布满了阿尔茨海默病的典型斑块和缠结。

免于老年痴呆

以这种方式突然死去的人往往受过更好的教育，更聪明，生活中不乏具有挑战性的脑力工作，从事地位较高的职业。他们似乎不仅免受阿尔茨海默病的影响，也不必面对年老带来的心智衰退以及中风、脑损伤、HIV、酒精滥用和帕金森病带来的损害。

在大约 25 年前，科学家将这种缓冲效应归结为所谓的"认知储备"。他们认为，拥有认知储备越多，就越有可能承受更多的大脑损伤，而不会表现出心智衰退的迹象。

起初，这个观点颇有争议。一些人认为，这只说明了一个显而易见的事实，即起步更聪明的人，跌下来的路也更漫长。另一些人指出，智力和社会经济地位往往与更好的总体健康并存。然而，如今有许多证据表明认知储备的确存在，而且我们对它的生物学基础有了更多认识。对那些希望过上长寿、健康、头脑敏锐的生活的人来说，这些发现影响巨大。

1992 年，研究人员在对阿尔茨海默病患者大脑中的血液流动情况进行研究时首次发现有人心智弹性加强的线索。在外在症状同样严重的情况下，那些接受过更多教育的人的大脑病理更严重。某种"衬垫"似乎在保护这些患者免于心智衰退，从他们大脑的状态来看，这种衰退本应发生。

从那时起，支持认知储备的证据不断积累。例如，在大脑白质受到同等程度损伤的前提下，受教育程度较高的人，认知能力下降的程度较小。白质受损与老年期的智力衰退有关。而这些人在头部受伤后，智商显著下降的可能性也较小。

所以，认知储备真的存在。但从生物学角度来说，它是什么呢？显而易见的答案是，这取决于脑容量：如果你有更多神经元，就应该更能承受失去其中一些。的确，足够大的脑容量与认知储备相关，但并非唯一的贡献因素。

到 21 世纪中期，研究人员使用磁共振成像来

衰退

一旦被诊断为阿尔茨海默病，拥有大量认知储备的人会迅速开始走下坡路，这似乎有些奇怪。一种推测是，当这些人开始出现衰退症状的时候，他们已经处于阿尔茨海默病较晚的阶段。他们的认知储备掩盖外在症状的时间比通常预期的更长。但是，一旦储备用完了，他们的衰退速度会更引人注目。

观察阿尔茨海默病患者在执行一项认知任务时的大脑。他们发现，受过高等教育的人更善于"招募"替代性神经元网络，来弥补大脑皮层中处理复杂行为和思维的区域的退化。简单地说，他们的大脑更具灵活性。

认知储备可能还有另一个贡献因素。在人们进行难度持续增加的记忆测试时，扫描他们的大脑，你会发现，一个人智商越高，他的大脑完成测试就越轻松。这些人的大脑处理信息时效率更高，这可能使他们在面对和年龄相关的退化或疾病时更加坚韧。

建立缓冲地带

显然，认知储备是我们都想要的。那么，我们如何才能获得它，又能否加强它呢？

当然，最重要的因素之一是智力，而智力在某种程度上是由基因决定的。但智力也不是一成不变的。例如，要预测个体在其后的人生中的智力水平，一个很好的指标是其 10 岁左右的智商。但研究表明，许多老年人的智商明显高于他们儿童时期预测的智商。

几乎可以肯定，造成这种提升的一个原因是教育，这一点已经由研究证明。相关研究显示，一个人在 53 岁时认知能力的最强预测因素之一是此人在 26 岁时所受的教育。换句话说，从十几岁到二十出头所受的教育会对我们的心智技能产生很大影响，甚至在很久以后。教育也有可能训练人们"招募"对于认知储备非常重要的替代性神经网络。

活跃的大脑

如果教育能提高认知储备，那么长期进行高强度脑力劳动也会如此。具有挑战性的脑力工作已被证明能够在一定程度上帮助人们抵挡痴呆和阿尔茨海默病的风险。

对于那些错过了教育和挑战脑力的工作的人，还有其他选择。有证据表明，保持大脑活跃可以为那些已开始遭受与年老相关的衰退的人提供缓冲。填字游戏和猜谜游戏也可以锻炼脑力，而阅读对阿尔茨海默病的症状有正面影响，可以降低其严重程度。此外，保持体力活动可以带来精神红利：锻炼不仅有助于延缓衰退，还能提升记忆力（见第 230 页）。

在建立认知储备方面，哪些活动效果最好仍有待检验。但最好的建议是做些什么：认知功能在我们一生中都是可以改变的，而且掌控自己永远不会太晚。

这一点很重要，因为 65 岁以上的人患老年痴呆症的风险大约每 5 年翻一番；85 岁以上的老人，大约有 1/3 患有老年痴呆症。在老年人数量迅速增加的年代，加强认知储备对于减轻陷入困境的保健系统的负担、缓解个人痛苦有巨大好处。

第十章

Sex and Gender

性和性别

男人和女人到底有多么不同？

流行心理学的任意一位支持者都会告诉你，男人来自火星，女人来自金星。当然，这不能按字面意思去理解，但它抓住了我们日常体验到的性和性别。我们是一个物种，大致分成两个部落，有时似乎来自不同的行星。但是男人和女人真的有那么不同吗？

性别差异的基本生物原理已牢固确立：大体上可以归结为性染色体。约一半的受精卵有两个 X 染色体，另一半有一个 X 和一个 Y 染色体（决定性的一票来自赢得受精比赛的精子；雌配子总是贡献一个 X）。基本上，XX 受精卵注定要变成女孩，XY 受精卵则会变成男孩。

首先，所有受精卵开始发育时，可以说都是女性。除非被激素干扰，否则默认的发育路径是指向女性生理结构。但在怀孕 6~12 周期间，Y 染色体上的一个基因会启动，激发睾酮分泌。这导致生殖器发育成阴茎和睾丸，而非阴道、阴蒂和卵巢。

亲女性基因

这不是故事的全部。在 XX 胎儿中，也有一些"亲女性"基因会启动，促进女性生理结构的发育。例如，一种名为 R-spondin1 的基因可以促进卵巢的发育。一旦进入青春期，性激素睾酮和雌激素就会驱动第二性征的发育，例如女性的乳房和男性的深沉嗓音。生殖器也进一步发育。

到目前为止，没有争议。大多数人要么是 XX 要么是 XY，各有匹配的生理结构。尽管我们的生理差异很有趣，但它们并不是区分两性的最重要的因素。男性和女性的行为和心理也有差异。

当然，这是一个容易引起争议的话题，充满了性别政治以及有关先天和后天的争论。关于男

性别之战

性别差异的进化根源往往可以在性别选择中找到——被异性认为最有吸引力的特征会增强，比如孔雀的尾巴。

以竞争力为例。男性之间的竞争是传统人类社会近乎普遍的特征，获胜者会获得更高的社会地位，对女性更有吸引力。工业化社会也存在同样的竞争，不过往往是意在财富的代理竞争。

性别选择也塑造了女性，但是塑造了不同的特征。男女之间这些差异必然导致对立。一个简单的事实是，女人必须怀胎 9 个月，而男人对繁殖的贡献可能只持续几分钟。这种差异可以解释为什么在亲本投资和性伴侣数量等关键领域，男女会采取截然不同的优先顺序和态度。

性和女性大脑的差异是最具争议性的题目之一（见第 214 页）。尽管如此，科学家已经就哪些行为显示出性别差异以及在多大程度上存在差异绘制出清晰的图表。

性别差异

让我们从没有争议的事情开始。平均而言，男人比女人个头高。英国男性的平均身高约为 175 厘米，女性的平均身高约为 162 厘米。

平均差异可以用一个叫作标准差单位的数字来表达，这个数字不仅考虑了平均身高，还考虑了它的多变性。就身高而言，标准差约为 2。

这并不意味着男人总是比女人高。事实上，许多女人比男人高，而且这种情况很多，所以仅仅靠身高并不能可靠地推测一个人的性别。一个身高 180 厘米的人是男性的概率大于女性，但你并不能确定。

有了这个基准，其他特征测算结果又如何呢？只有两个特征表现出更大的性别差异：性别认同和性取向。对大多数人来说，性别认同与他们的生理性别相符：大多数生理意义上的男性自我认同为男性，而大多数生理意义上的女性自我认同为女性。同样，大多数人更喜欢异性的性伴侣。在标准差量表上，性别认同的标准差约为 12 个单位，性取向的标准差约为 6 个单位。

这并不意味着所有生理意义上的男性都自我认同为男性或更愿意有女性伴侣，反之亦然。这只是说性别认同和性取向比身高更能预测一个人的性别。

量表上的下一项是游戏，和身高的标准差接近（雄性比雌性略强一些）。在实践中，这意味着，通常男孩参与粗暴莽撞的游戏或者选择卡车而不是洋娃娃的概率比女孩大，但这一规律也有足够多的例外，因此，仅通过游戏偏好来预测儿童的性别并不可靠。

男女这种差异是由先天的生理差异还是关于性别的刻板印象造成的，对此颇有争议。或许两者兼而有之：雄性黑长尾猴偏爱汽车，尽管它们从来没有关于性别的刻板印象，而且荷尔蒙失调（睾酮分泌过多）的女孩也偏爱汽车。除此之外，其他大部分因素的标准差只有身高的一半左右，这意味着它们不是很大。虽说如此，还是存在真实的、可测量的差异。

男性比女性平均得分高的特征是攻击性、自信和空间想象力。同时，女性在同理心、精细动作技能、知觉速度和语言流畅度方面都胜过男性。

再往下是数学造诣，我们一般认为男性更擅长，但实际差异要小得多。在量表底部，有许多通常被认为具有性别偏向的特征，实际上并没有明显的男女差别，包括计算能力、整体语言能力和领导能力。

所以，是的，男人和女人是不同的。但平均而言，生物基础并不决定命运。不用去想什么火星和金星——我们都是同一个星球的公民。

211

女系王国

　　摩梭妇女在喜马拉雅山脉中的泸沽湖附近庆祝新年。这个民族约有 5 万人，主要由妇女统治，这点很不寻常。孩子们依照家族中的女性谱系来追溯他们的血统。男人掌管牲畜养殖、捕鱼和政治，妇女则几乎掌管其他一切：她们是一家之主，管理财务，给家庭成员分配工作，并将财产传给女儿。

蓝脑，粉脑

想象一下：一对年轻夫妇在一个不熟悉的城市开着车，试图找到前往婚礼的路。坐在副驾驶座上的那位没看懂地图，结果他们迷路了。开车的那位拒绝停下来问路，坚持说他们能找到路。副驾驶座上那位焦虑不安，开始哭泣。开车的那位脾气发作，最后他们吵了起来。

在你想象的场景中，谁是谁？很可能你会认为坐在副驾驶座上的是太太，而坐在方向盘后面的是先生。

如果真是如此，也不能责备你。我们的文化中充斥着令人难以忽视的性别刻板印象。也许最普遍的是，行为上的基本差异根植于大脑的差异。正如一位研究人员所说，大脑要么呈现粉色，要么呈现蓝色。

分化的大脑

男性大脑和女性大脑的分化按说在子宫内就开始了。我们知道，男性胎儿在解剖学上的男性化是由性激素造成的。这个假设是，睾酮也塑造了他们发育中的大脑，在各种神经回路组成的建筑中雕刻出持续一生的差异。分化在整个童年时期持续进行，自然和养育都发挥了作用。等到我们成年，在所有组织层面上，从大体构造到神经回路、信号化学物质和突触，男性和女性的大脑都存在着许多结构性差异。

总之，男性和女性的大脑大约有 30 个区域存在差异。其中最有名的区域之一负责空间推理任务，比如在思维中旋转三维模型（不过，猜中哪个性别该区域更大也没有奖励）。男性的杏仁体也更大。杏仁体是大脑深处的一对杏仁状结构，用来处理诸如恐惧和攻击性等情绪。相对而言，女性大脑里与语言和记忆有关的区域看起来更大。

这个观点很有诱惑力：正是这些因素造成了大众的刻板印象中男女行为的差别。男性更擅长看地图、自己动手和使用暴力；而女性有更好的社交技能，擅长同时处理多项任务。

但不要这么快就下结论。对"蓝脑粉脑"观点的常见批评是，两性之间的平均差异非常小，同一性别内部的差异比性别之间的差异大。换句话说，研究结果告诉我们的是人口的平均差异，

结构导致的烦恼

男性和女性在精神疾病和学习障碍的类型上有着明显差异。男孩更容易遭遇诸如阿斯伯格综合征、阅读障碍和注意力缺陷多动障碍（多动症）等发展性障碍。女性患重度抑郁症的概率是男性的 2 倍，而男性更容易有酒精依赖和反社会人格障碍。

这些两性差异可能是由明显不同的大脑结构所导致的不同缺陷造成的。例如，我们知道，杏仁体对于处理恐惧和攻击性很重要，海马体则决定了我们的记忆；相比之下，男性拥有更大的杏仁体，而女性拥有更大的海马体。

而非个体差异。

的确，当神经科学家观察个体的脑部扫描时，他们发现只有极少数人拥有典型的男性或女性大脑。我们大多数人拥有的都是混合了男性和女性特征的大脑。这意味着，尽管大脑结构确实存在平均的性别差异，但个体的大脑很可能混合了各种特征，因此独一无二。

无论如何，关于两性行为的刻板印象就只是刻板印象而已。在认知技能和个性特征方面，两性之间的相似程度要远远高于相异程度。仅仅知道一个人的性别，是一个非常糟糕的预测行为的指标。

事实上，关于蓝色和粉色大脑的看法可能是完全错误的。男性和女性大脑在生理上的不同并不是造成二者行为或能力差异的原因，相反是为了消除这些差异。

没有人怀疑男性和女性在基因和荷尔蒙方面必然有所不同，这样才能创造出有着不同生殖系统及生殖行为的两种性别。例如，男性大脑充斥着睾酮，而女性大脑则经历着雌激素和孕酮每个月的循环。这也许是为了帮助男性和女性发展不同的生殖策略所必需的，但有可能在生殖相关行为之外产生不可取的后果。两性的大脑差异被进化出来或许是为了补偿。

脑部扫描研究支持这一观点。这些研究发现，男性和女性大脑工作方式的不同并不必然伴随外在行为的不同。

对性别差异的补偿

在一项研究中，研究者要求男性和女性说出快速闪过的日常用品的名称。两性在分数上没有差异，但男性大脑要努力得多——被认为负责视觉识别的大脑区域要活跃许多。可能是因为男性大脑不得不补偿他们相对较弱的语言能力。

杏仁体提供了更多有关补偿回路的证据。即使大脑处于休息状态，男性和女性的杏仁体活动也是不同的。这种差异可能是一种补偿机制，用来弥补睾酮水平的差异。

把一个没有身体的大脑交给一位神经科学家，也不提供额外信息，他仍然很有可能猜出它曾经属于男性还是女性。例如，男性的脑容量比较大，总体上有更多男性特征的概率更高。但是，仅仅根据一个人的性别来预测其大脑混合了哪些特征是不可能的。粉色和蓝色大脑的想法并不完全是虚构的，只是我们大多数人兼而有之。

去约会？别忘记带上孔雀尾巴

约会游戏可以是最令人兴奋、回报最高的奇遇，也可以是最可怕、最丢脸的冒险。杂志和书本里充斥着吸引配偶的方法，其中大多数都是胡猜乱想。

幸运的是，科学对这个主题了解颇多。自从达尔文提出性选择理论，生物学家就一直对动物争夺伴侣的方式着迷。达尔文借用孔雀尾巴来阐明他的想法。长着一扇华丽的尾羽并不能帮助孔雀活下来，然而，拥有如此奢侈的装饰品并生气勃勃，表明它比其他雄孔雀更健壮，有更好的基因。雌孔雀会做出相应的回应。

人类也没什么不同。你赴约时所穿的衣服、你的搭讪台词和调情方式相当于孔雀尾巴：为了繁殖成功而进化出来的。听从进化的教诲调整它们，可能会让你在诱惑伴侣时占据优势。

选择你的颜色

让我们从你赴约时穿戴的颜色开始。雌性动物经常用红色来暗示其生育能力；人类有大量民俗和文化因素将红色与性、激情和生育能力联系起来。很明显，男性可以辨识这个联系：与穿其他颜色的女性相比，他们会和穿红色衣服的女性坐得更近，向她们提出相对更亲密的问题。

红色似乎对男性也适用。有些雄性灵长类动物在睾酮激增后会脸色潮红。雄性激素会降低免疫力，所以一个红色的雄性是在告诉雌性，他有足够的能力来应对这个不足。在穿着各种颜色衬衫的男性中，女性会认为穿红色衬衫的男性更吸引人，地位更高。

如果红色不适合你，还有其他方法可以增加你的魅力。对男性来说，一个选择是让自己看起来已经"脱销"了。一般来说，女性追求有伴侣的男性的概率要比追求单身男性的概率高。

如果女性看到另外一个女性对某个男性露出爱慕的笑容，或者他被其他女性包围着，她们对他的评价会更高。但是反过来则行不通：男性一致认为被一群男性包围的女性更缺乏吸引力。

背后的原因

这些偏好存在的原因颇具争议。也许是因为一个引诱男性离开其伴侣的女性会自我感觉更好，更有魅力。或者，女性偏爱处于一段关系中的男性，可能是因其作为好伴侣的品质已经有了佐证，而单身男性的品质还是未知的。男性本能地想要避开受其他男性欢迎的女性，可能是不希望被戴绿帽及抚养另一个男性的孩子。

对男性和女性来说，被人注意到是一回事，但在某个时间点，潜在的伴侣们必须开始交谈。这时，可以把搭讪的言辞看作孔雀尾巴。开场的搭讪给了玩家炫耀他们品质的机会。

例如，女性倾向于选择智商较高的男性。更聪明的男性不一定更擅长养家糊口，但他们往往更健康，精子质量更高。因此，炫耀智力的搭讪应该会比猥琐的评论或恭维更有效。

尽管如此，男性们还是继续这样搭讪："我虽不是弗雷德·弗林特斯通[1]，但也能把你的床摇得震天响！"他们为什么要这样做？一个解释是，这种话会迫使女性做出反应，从而透露出一些有关她的个性以及作为伴侣的合适程度的信息。

在测试中，得到最高评价的开场白几乎总是以男性对女性周围的事物表现出兴趣开始的，比如在书店里谈论一本小说。这些台词可能强调了智力。幽默也很有效，只要不低俗。这并不奇怪，因为笑会触发促进社交关联、让人感觉良好的荷尔蒙的释放。

毫不奇怪，不同的方法适用于不同的人。通常浪漫关系不长久的女性倾向于偏爱轻浮的评论，对恭维也有较积极的反应。外向的女性似乎更喜欢幽默的开场白。

随着冷场被打破，接着就是考虑你调情方式的时候了。男性面部表情生动——比如扬起眉毛，频频点头——似乎被认为更有魅力，即使他们同时发表了不甚友好的评论。原因是，擅长调情的男性表现出了社交自信和活力，这些都是与良好基因有关的可取的品质。

心理学家认为，有五种不同的调情方式，"传统型"是指男子承担传统性别角色，引导对话并提出进一步的约会要求。"真诚型"即潜在的伴侣双方都试图建立起情感纽带。"嬉戏型"的特点是行为更有趣，更肤浅。"身体型"以具有调情意味的肢体语言为特征。最后一种"礼貌型"描述的是最谨慎的方式。

真诚点

在这五种类型中，"身体型"和"真诚型"

脸上有什么？

赴约前好好打扮的确会带来回报。瑞典乌普萨拉大学的科学家们为穿着不同服装的三位女性拍了照：老土的服饰、日常服装和盛装打扮。照片只显示面部，而且这些女性都做出中性表情。在询问一组男性觉得哪张照片更有吸引力时，他们不约而同地选择了盛装打扮的女性的照片，尽管照片上没有显示服饰。女性似乎无意识地把对自己外表的感觉投射到了面部表情中。

效果最好，建立了很多重要的浪漫关系。采用"真诚型"更有可能展开私人谈话，表达浪漫意向。采用"身体型"的人报告说他们进入关系的节奏很快。

无论你的个人风格是什么样，在进舞池或者在约会网站登记之前，考虑一下潜在伴侣想从你身上得到什么，还有你的孔雀尾巴是什么。一旦搞清楚了，就开始炫耀吧！

[1] 美国卡通片《摩登原始人》（*The Flintstones*）中的角色。

性别认同的世界

对大多数人来说，性别是二元的——男性和女性。但这种有局限的选择并不适用于所有人。如今我们已经知道性别认同（人们自己认同的性别）的范围很广，而且是会变化的。以下是人们超越了出生时的生物性别，前往的一些目的地。

偏男性
自我认同男性多过女性的人

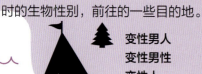

变性男人
变性男性
变性人
自我认同为男性的变性人

跨性别男性 / 男人
跨性男人、跨性男性
跨男
出生时生物性别为女性但性别认同为男性的人

女跨男（FTM）
自我认同为男性的跨性人

所有不认同出生时的生物性别并跨越传统性别身份生活的人都是**跨性人**

变性人接受激素治疗或外科手术，使他们的身体与性别认同一致

AFAB岬
出生时生物性别为女性者聚居之地

如果你的自我认同和出生时的生物性别一致，那么你是顺性别者

顺性别女性
顺性别女人
顺性女性、顺性女人
出生时被归为女性且自我认同为女性的人

变性和跨性的区别是流动的，随时间的流逝而变化

跨性别女性 / 女人
跨性女人、跨性女性
跨性女孩、跨性女士
出生时生物性别为男性但性别认同为女性的人

AMAB岛
出生时生物性别为男性者聚居之地

偏女性
自我认同女性多过男性的人

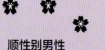

顺性别男性
顺性别男人
顺性男性、顺性男人

变性女性
变性女人
变性人
自我认同为女性的变性人

男跨女（MTF）
自我认同为女性的跨性人

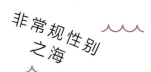

非常规性别之海

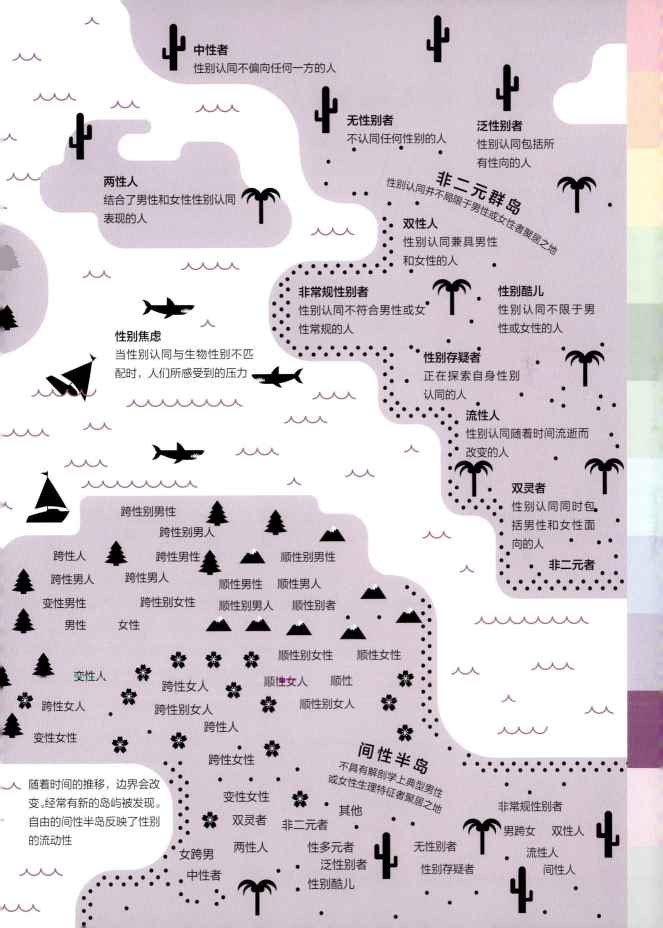

中性者
性别认同不偏向任何一方的人

无性别者
不认同任何性别的人

泛性别者
性别认同包括所有性向的人

两性人
结合了男性和女性性别认同表现的人

非二元群岛
性别认同并不局限于男性或女性者聚居之地

双性人
性别认同兼具男性和女性的人

非常规性别者
性别认同不符合男性或女性常规的人

性别酷儿
性别认同不限于男性或女性的人

性别焦虑
当性别认同与生物性别不匹配时，人们所感受到的压力

性别存疑者
正在探索自身性别认同的人

流性人
性别认同随着时间流逝而改变的人

双灵者
性别认同同时包括男性和女性面向的人

非二元者

跨性别男性
跨性别男人
跨性人　　跨性男性　　顺性别男性
跨性男人　　顺性男性　　顺性男人
变性男性　　跨性别女性　　顺性别男人　　顺性别者
男性　　女性

顺性别女性　　顺性女性

变性人　　跨性女人　　顺性女人　　顺性
　　　　跨性别女人　　顺性别女人
跨性女人　　跨性人
变性女性　　跨性女性

间性半岛
不具有解剖学上典型男性或女性生理特征者聚居之地

变性女性
双灵者　　其他
两性人　　非二元者

随着时间的推移，边界会改变。经常有新的岛屿被发现。自由的间性半岛反映了性别的流动性

女跨男
中性者

性多元者
泛性别者
性别酷儿

无性别者

非常规性别者
男跨女　　双性人

性别存疑者

流性人

间性人

为什么我们对性有如此大的分歧？

你是贞洁的还是随便的？你更喜欢短期的风流韵事还是有承诺的关系？如果你结婚了，你会幻想婚外性行为吗？你是否曾经同时拥有多个性伴侣？

谈到性态度、欲望和行为时，人类是极其多样化的。为何会这样是科学家长期感兴趣的问题：是什么使一个人在性方面克制而另一个人却毫无羁绊？我们的信念和行为是由我们进化的历史预先决定的，还是个人选择？生物因素和文化在其中扮演着什么角色？

社交性性尺度

一个人在性方面的自由程度主要通过"社交性性尺度"来衡量，这是根据一系列私密问题的答案计算出来的分数。这些问题的范围，从你的性伴侣和一夜情数量，到你在一段关系中是否幻想过与其他人发生性行为。

调查问卷表明，某些态度和行为是相互伴随的。例如，倾向于有更多性伴侣的人也很可能在一段关系中更早发生性行为，更有可能同时拥有两个或更多性伴侣，而且倾向于建立投入、承诺、爱和依赖水平都较低的关系。

与大众的智慧相符，男性在社交性性尺度上的得分通常高于女性。进化生物学家说，这是因为女性要承担怀孕、哺乳和照顾孩子的沉重代价，所以必须小心地选择性伴侣，以免怀抱着孩子被人遗弃。从进化上讲，男性不像女性那样被养育孩子的义务紧紧捆缚，而且通过多段短期关系可以更高效地繁殖。现代人似乎也没有多么不同。

然而，这只是初步的估计。男性和女性社交性性尺度的得分存在大面积重叠，性别之内的差异要大于性别之间的差异。社交性性尺度得分也有许多微妙之处。例如，随着时间的推移，女性对随意性行为的兴趣会发生很大变化。她们在排卵期前后更有可能幻想春风一度，尽管她们很可能没有意识到这一点。

在这一时段，女性的偏好也会转向看起来更阳刚、身材更匀称的男性，这两者都是好基因的标志。这暗示女性可以采用双重策略：找一个稳定的配偶来承担抚养孩子的责任，并在她繁殖能力最强的时候通过短期韵事得到一些好的基因。

年龄也是一个因素。男性的社交性性尺度在

童年的影响

社交性性尺度可能会受到童年经历的影响。有证据表明，有压力的家庭生活——也许是父亲缺席或父母婚姻生活不和谐——尤其会导致女孩子更早、更多地生育。理由是，等待一段良好的长期关系是没有意义的。男性也可能受到教养的影响。不考虑建立忠诚稳定的关系，认为自己重要而他人不值得投资和信任，这样的人社交性性尺度往往较大。这种不安全感被认为是源于儿童时期无心回应或反复无常的照顾者所带来的压力。

25~30 岁达到峰值。但是女性在 30 岁出头的时候最有可能出轨。到这个年龄，女性怀孕的概率急剧下降，生出有先天缺陷或遗传病的孩子的概率上升。这个时候女性社交性性尺度变大是否反映了进化的策略，以最大限度增加怀上健康孩子的机会？

所以，在女性的一生中，有些时候不受限制的性爱是最好的策略。但个体差异怎么解释？为什么有些女性在性事上更随意？为什么社交性性尺度在男性内部的差异会如此之大？

花心的男人

一个因素是个性。典型的花心男人在外向性上得分较高，在情绪稳定性上得分也不错，在随和度上得分很低。高外向性给了男人"加入追逐"的欲望，情绪稳定意味着他不担心自己的行为会给别人留下什么印象，低随和度意味着他对自己行为的社会后果不怎么在意。对女性来说，情况也差不多，但"开放性"——也许是一种尝试新关系的欲望——似乎也很重要。

睾酮水平也发挥了作用。幸福的已婚男性和父亲睾酮水平似乎比其他男人要低，追求婚外性行为的已婚男性的睾酮水平则比较高。这提出了一个问题：是否睾酮水平低于平均值的男性更有可能建立一段忠诚的关系，还是说身处这种关系中会降低男性的睾酮水平？

外貌问题

睾酮似乎还以另一种方式影响社交性性尺度。有证据表明，睾酮水平高会让男性的外表更阳刚，我们知道，这些男性对寻求短期关系的女性来说尤其具有吸引力。这类男人在性方面不受拘束，是因为他们有更多机会吗？

同时，有魅力的女性可能会玩同样的游戏，利用她们的外表来吸引具有良好基因且忠诚的伴侣。或者，就像有魅力的男人一样，最大限度地利用增加的性机会，脚踏多只船。这个问题尚无定论。然而，一个有趣的可能是，女性的吸引力和社交性性尺度的关系会随着政治气氛而起伏，有点像裙摆和股票市场的关系。随着社会变得更加自由和平等，人们可能期望女性表达更多对短期韵事的向往。这是研究人员在斯堪的纳维亚国家发现的，在那些国家，人们对性的态度是最自由的。

当然，地位看起来会影响女性对性伴侣的选择。财务比较自主的女性往往更重视男性的外表魅力，而不是经济前景。男性要注意了。如果女性经济实力的增加导致对性伴侣的外表要求更高，那么男性可能需要在外貌上投入更多。

第十一章
Well-being

健　康

有所保留地采纳饮食建议

我们不断受到各种健康建议的轰炸，但并非所有建议都建立在严格的证据之上。那么，哪些建议我们可以完全忽略？

几乎每个人都知道，我们每天应该喝 8 杯水。但这并没有科学数据作为依据。这个神奇的数字可能源自 1945 年美国的一项建议，即成人每摄入热量为 1 卡路里的食物应该喝 1 毫升水，男性总计每天应该喝大约 2.5 升水，女性每天 2 升水。8 杯 8 盎司的水合计 1.9 升。

然而，大多数人都没有意识到，我们每天的饮食中就有很多水。虽然有种说法，含咖啡因的饮料不应计算在内，因为咖啡会刺激身体失去水分，但研究结果并不支持这种说法。

当你感觉到口渴的时候，身体已经缺水了，这个说法也不正确。当血液浓度上升 5% 时，人体会正式缺水。而我们在血液浓度上升 2% 的时候就会口渴。所以，不用顾虑那么多，无论什么时候觉得渴了，想喝什么就喝什么。

该排毒了

同样受欢迎的一种说法是我们的身体可以并且必须排毒。这个说法在直觉上很有吸引力。现代世界是名副其实的污水坑，有各种可疑的化学物质，其中许多通过食品、水和空气被我们摄入。好消息是，你不需要特地做任何事情来排出它们。我们的肝脏、肾脏和消化系统一直在排毒，我们摄入的大部分有毒化学物质在若干小时内就会被分解或排泄出去。但有些物质，特别是二噁英和多氯联苯等脂溶性化学物质，需要几个月或几年才能排干净。如果我们摄入的速度比排出的速度快，体内的毒素水平就会升高。

许多"排毒"计划主张通过禁食或改用流质饮食来帮助身体净化。但这很可能弊大于利。禁食或节食会将脂溶性化学物质释放到血液中，增加它们在肌肉等组织和大脑中的含量，从而造成损害。而且，也不能保证从脂肪中释放出去的化学物质真的会离开身体——当你恢复正常饮食时，有些化学物质会回到脂肪中，身体里的毒素就会回到之前的水平。

许多人的排毒计划的一个关键部分是服用抗氧化剂。这在逻辑上似乎很合理。如果自由基会对细胞造成损害，蔬菜水果中的抗氧化剂可以清除它们，那么吞抗氧化剂药片也许是保持健康的好方法。

但临床试验的结果不支持这套逻辑。虽然一些受欢迎的营养补剂——包括 β - 胡萝卜素、维生素 E 和维生素 C——在试管中的确有效，但以药片形式服用并不能给健康带来任何益处。有些研究甚至暗示服用这些营养补剂可能是有害的。例如，β - 胡萝卜素、维生素 A 和维生素 E 的营养补剂被认为与死亡率增长有关。

这可能是因为人体自身的抗氧化剂比从食物或营养补剂中摄取的更有效。因此，我们服用营养补剂可能是在用一个比较差的选择来取代一流的防御机制。有种观点认为食用蔬菜是有益的，因为它们微毒，能激活保护机制，达到抵御疾病的效果。如果这个观点是对的，食用蔬菜的益处可能终究与抗氧化剂无关。

这无疑为我们应该像穴居人一样吃饭、生活的说法提供了支持。我们的身体通过进化适应了狩猎和采集水果蔬菜。所以，如果能像我们的祖先一样生活和吃——吃野味、鱼、水果、非淀粉类蔬菜和坚果，我们也许会健康得多。

像原始人一样吃，其中有些方面从营养角度来说很有道理。但"旧石器时代饮食计划"的另外一些方面，比如摒弃谷物、豆类和奶制品，从营养角度来说没有道理。这种饮食计划声称我们尚未适应农业化的饮食，这实际上是不正确的：许多人有额外的基因副本来消化谷物中的淀粉。成年人消化牛乳的能力——乳糖耐受——也在一些群体中独立进化出来了。

被无知所蔽

除此之外，我们无法确切地知道祖先们吃什么：他们的饮食可能因地而异。没有理由认为我们的远古祖先与其生活的环境完全合拍，达到了进化上的"最佳点"。事实上，我们并不清楚他们是否比我们更健康。

当然，我们的祖先肯定不胖。这是否意味着我们应该不断努力不要超重？

严重肥胖对健康非常有害。不过，仅仅超重几磅实际上可能会阻止死神索命。根据对大量人口的分析，与体质指数（BMI）在 18.5~25 之间的人相比，体质指数在 25~29 之间的"超重者"死亡风险要低 6%。

为什么？不清楚。也许多几磅脂肪储备有助于身体打败疾病或感染。也许超重的人更有可能接受医疗看护。或者，也许有些被认为"正常"的人实际上已经病了。不管是什么原因，看起来有点赘肉未必是一种危害健康的罪行。

糖会让孩子过分好动吗？

许多父母难以相信，但是糖并不会引起多动症。在双盲实验中——没人知道哪些孩子吃了糖，哪些孩子吃了安慰剂——并未发现两组孩子的行为有差别。不过，父母们得知自己的孩子吃了糖，就会看到孩子"多动"的表现，即使事实并非如此。

如果说有什么区别的话，那就是，糖对孩子大脑的影响恰恰相反，它能帮助孩子们把注意力集中在手头的任务上，在记忆测试中取得更好的成绩。而不能集中注意力正是多动症的特征。因此，也许家长们将派对上孩子们吃糖后专注玩耍的状态误认为是多动症了。

货物出门，概不退换

超级食物和营养补剂有助于你的健康，对吗？不一定。似乎公司广告做得越多，有用的可能性越小。

高健康益处，低炒作度

甘蓝
富含葡萄糖异硫氰酸盐，能分解成抗癌的异硫氰酸酯。白球甘蓝和球芽甘蓝有同样的效果

水

维生素 D
饮食均衡的、健康的人应该不需要营养补剂。维生素 D 是个例外：英国政府建议人们在冬天服用

甜菜汁　　　　奇亚籽　　叶酸

维生素 C

锌

蓝莓
经常食用可减少患心脏病的风险，但不比树莓更有效

茶

醋　猴面包　奶

藜麦
良好的饮食补充剂，但没有令人信服的理由支持吃藜麦比吃大米或小麦更健康的观点

咖啡　　　酸乳酒

巧克力　　　　　泡菜

枸杞

多种维生素
对那些饮食不良或患有克罗恩病的人来说可能是有益的。对饮食均衡的健康人来说，基本上是浪费钱

椰子汁
补水效果跟水差不多

麦草

钾
镁

维生素 A

低健康益处，低炒作度

维生素 K
有些人由于医疗原因需要服用补剂。新生儿需要摄入维生素 K，计划怀孕的妇女会被建议补充叶酸

豆奶

↑
对健康的益处
自下而上，从有害到非常有益

维生素 E*

钙

炒作指数 →
商家用于网上广告——炒作——的支出可用来衡量商品所面临的竞争的激烈程度

鱼油
鱼油里的 omega-3 脂肪酸，对年轻人和老年人的大脑都很重要。它还可以降低患心脏病的风险

高健康益处，高炒作度

维生素 B
很重要，但对健康的杂食者来说，补充维生素 B 没有实际意义。除了素食者，他们需要维生素 B12

铁 *
铁太多可能和太少一样糟糕

氨基葡萄糖
广告里说可以治疗关节疼痛，但研究表明其效果并不比安慰剂更好

脱氢表雄酮 *

低脂巧克力奶
这一分析的精确性仅限于特定产品，比如低脂巧克力奶，它的市场份额非常小

硒　铬

运动饮料

辅酶 Q10

5- 羟基色氨酸 *
身体可以自行产生。显示服用更多有益健康的证据稀少。也可能有害

果汁

酒精饮料
对健康的益处颇受争议，而且容易致癌。它是社交润滑剂，适度饮用有助于激发创造力

低健康益处，高炒作度

4　　　　　　　5　　　　　　　6

这个表格基于一位饮食均衡的、健康的人。标记星号的营养补剂应遵医嘱。

227

锻炼的惊人益处

想象一下，如果医生给你一条锦囊妙计，可以降低心脏病发作、中风、糖尿病、肥胖、癌症和老年痴呆症的风险，而且完全免费，几乎没有副作用，你自己可以决定什么时候使用，更棒的是，你用得越多，就越健康，你会试试吗？

你也许会觉得这好到令人难以置信。但这条妙计的确存在，就是运动。无论是跑马拉松，还是在客厅里踱步，运动有可能比其他任何单一的治疗方法更有效地预防过早死亡。几乎没有哪个人体器官不能通过运动得到改善。

逐渐停下来

在整个进化过程中，人类一直都很活跃。我们的祖先采集果实，追逐猎物，逃避食肉兽。在更近的年代，人类在土地上和工厂里劳作。随着劳动密集产业的衰退，加上汽车、电视、计算机和其他节省劳力的装置的发明，我们的身体活动逐渐陷入停顿。

当然，我们也付出了代价：心肺不健康已被证明是造成过早死亡的最重要的风险因素。它所导致的成人死亡数量，超过肥胖症、糖尿病和高胆固醇的杀伤力之和，是吸烟杀伤力的2倍。也就是说，不活动正在杀死我们。

随着我们活动得越来越少，某些疾病的发病率迅速增长。1935年，据估计全球人口的0.75%患有2型糖尿病。而在2010年，这个数字达到3.2%，比之前的4倍还多。肥胖症的发病率也一直在增长：美国如今有超过1/3成人和17%的儿童患有肥胖症。

好消息是，我们可以改变这些状况。最有力的证据来自印第安纳波利斯的美国运动医学学会所倡导的"运动是良药"计划。在十几年间，研究者收集整理了针对采纳了美国政府有关运动的建议的人的研究。上述建议推荐每周进行150分钟的适度有氧运动，比如快步走、交谊舞、园艺，或者每周进行75分钟更剧烈的运动，比如骑自行车、跑步或游泳等。

根据"运动是良药"的数据，每周锻炼达到推荐量使心脏病导致的过早死亡风险降低了40%，和服用他汀类药物降低胆固醇的效果差不多。

身体活动刺激循环，冲洗沉积在血管壁上的脂肪，并扩张细小的静脉和动脉，降低了心脏病发作或中风的可能性。运动还有助于摧毁危险形

提升你的大脑

证据表明，锻炼可以延缓大脑退化（见第230页）。如果这还不够，锻炼还可以让对记忆极其重要的海马体产生新的神经元，从而提升脑力。可能的原因是，运动导致脑源性神经营养因子增加，这是一种支持新神经元生长的蛋白质。使用大脑扫描仪和标准记忆测试的一些研究表明，运动对老年人也有益处：他们的海马体体积增加，记忆力也提升了。

态的脂肪，比如改变血液中的甘油三酯颗粒结构，让它们更容易被酶分解。

"运动是良药"计划还发现，每周适当运动会让罹患2型糖尿病的概率降低58%，功效是使用最普遍的糖尿病药物二甲双胍的2倍。

2型糖尿病在成年人的身体停止对胰岛素做出有效反应时发病。胰岛素刺激肌肉和脂肪细胞从血液里吸收葡萄糖。当胰岛素失去效力时，葡萄糖会留在血液里，造成各种严重紊乱。

运动唤醒细胞，使其对胰岛素反应更灵敏，从血液中移除更多血糖。肌肉收缩会激活肌肉和脂肪细胞中一种名为AS160的蛋白质，它可以促进葡萄糖吸收。AS160一旦活化，会刺激细胞把"运输分子"送到细胞表面，把葡萄糖带进来。如果没有这些运输队，葡萄糖就无法穿过细胞壁。

通过锻炼被激活

这还不是运动唯一的益处。活跃的肌肉会消耗很多三磷酸腺苷，这种缩写为ATP的分子为大多数活细胞供能。在ATP逐渐减少时，一种叫腺苷酸活化蛋白激酶（AMPK）的酶会通过吸收和燃烧更多脂肪酸和葡萄糖激活细胞以产生ATP。而肌肉收缩会激活AMPK，推动这个过程。

运动还能在一定程度上降低患癌症的风险。"运动是良药"计划发现，采纳美国政府的运动建议会使妇女患乳腺癌的风险降低一半，患肠癌的风险降低约60%。

运动是怎么达到这个效果的，我们尚不清楚，但线索在逐渐浮现。例如，运动会降低体重，而

超重是更年期后乳腺癌的一个已知的风险因素。至于肠癌，有证据表明，和运动的人相比，久坐不动者直肠里有更多异常细胞，有可能会转变成癌前息肉。

对癌症的进一步预防可能也来自运动激活AMPK的能力。这种酶的另一项功能是处理不需要的细胞碎屑，包括留下来可能会致癌的错误或变异的DNA。同样的过程也发生在脑细胞中，这表明运动可能有助于防止神经退行性疾病。

运动显然是根救命稻草，为什么人们不抓住它呢？美国大多数成年人并不听从政府的建议。最常见的理由是没有时间。这实在让人大跌眼镜，因为研究表明美国人平均每天要花近8小时看电视。

不想去健身房的人也可以在公司或家里做很多锻炼。有人只是在电视播放广告时勤快地绕沙发行走，竟然也达到了美国官方建议的运动量。

运动的诸多益处就在那里，愿者得之。即使你没有变瘦，锻炼还是有帮助的：例如，健康的胖子早死的风险是不健康的瘦子的一半。药方就在医生桌上，你真的已经懒到不愿去拿的地步了吗？

身体越快，大脑越快

如果你想做些脑力练习，扔掉做填字游戏用的铅笔，穿上你的跑鞋。

我们都知道锻炼对身体有好处。缺乏锻炼会打开通往肥胖、2 型糖尿病、心脏病等诸多疾病的大门（见第 228 页）。

而且，如今研究表明，身体强健对于我们的心智能力并非"锦上添花"。它对于一系列认知能力有深远的影响。身体强健在人的一生中都很重要，从想要提高考试成绩的孩子到渴望延缓衰老的长者。

认知水平和身体健康程度相关的确凿证据到 20 世纪 90 年代才出现。在动物身上进行的研究表明，锻炼刺激了小鼠新神经元的生长。研究发现，不爱运动的成年人做了几个月的有氧运动之后，在需要执行控制力的认知练习中表现提升了。这种控制力使你可以在不同任务间转换而不犯错误，是更高级的一般性智力的关键构成要素。

自那时以来，积累了越来越多的证据，尤其是关于老年人的。55 岁以上不锻炼的人，其认知功能，比如记忆力和学习能力，往往比每周游几次泳、做几次园艺或骑几回自行车的同龄人要差。这些活动似乎也有长期的益处：每周至少锻炼两次的中年人在六七十岁时患上老年痴呆症的风险会降低。

对其他年龄组的研究比较少，但已有的研究结果支持运动对大脑有益的观点。举个例子：14 岁以下身体特别健康的学生，在标准学业测试中的成绩往往比最不健康的同龄人好很多。在青年组中，心血管健康状况和智力有很大关系，可以很好地预测其将来在学业上的成就。

调节大脑

这种长期效果背后的原因是什么？大脑需要大量氧气和养分，这些氧气和养分通过错综复杂的毛细血管网络来输送，锻炼会促进这些运送管道的生长。此外，向大脑输送血液的中央大动脉血压高会削弱认知表现，可能是因为高血压干扰了毛细血管。健康的人通常血压较低，应该有助于避免这种危害。身体健康还会降低患 2 型糖尿病的风险，而 2 型糖尿病会增加得老年痴呆症的风险。也就是说，锻炼身体可以预防老年痴呆。

锻炼也有助于维持大脑的顺利运行。它刺激调节大脑信号的神经递质的释放，比如多巴胺、5-羟色胺和去甲肾上腺素，这些正是治疗多动症和抑郁症的药物试图增加的化合物。运动还会触发胰岛素样生长因子 -1 和脑源性神经营养因子等化合物的释放，这些化合物会促进新神经元的生长和神经元之间的连接。

身体和大脑之间的联系的起源在我们的进化史中，具体情形依旧十分模糊。它们可能是人类发展过程中一个影响深远的进步背后的原因。我们祖先的一个显著特点是，他们擅长远距离追逐，直到猎物的体力消耗殆尽。在这个过程中，他们应该会体验到那些促进神经元生长的化学物质的持续流动。有可能是增加的长距离奔跑引发了智力上的飞跃吗？

开发大脑

有氧运动对大脑是必不可少的，但并不需要非常剧烈：每周快走几次就很有效。如果你本就健康，高强度间歇训练（HIT）可以将你的健康程度提升到一个新的水平。它由短时间、高难度的爆发性活动组成，可以刺激脑垂体分泌人类生长激素，进而提高神经递质的水平。HIT 还可以增加脑源性神经营养因子，从而促进新脑细胞的生长，比一般休闲活动更能提升认知技能。

竞争优势

如果了不起的运动员会变成更聪明、更好的猎人，他们就会有竞争优势，尤其是在交配游戏中。另外一种可能是，这些化学物质仅仅提高了猎人的体能，更强的脑力只是副产品——一个"进化事故"。

然而，运动能力和智力在进化上的关联得到了各种研究的支持。其中一项研究测量了包含啮齿动物、狗和猫等物种的几组动物的大脑和运动能力。在每一组中，运动能力最强的物种，其大脑与身体总质量之比往往也最大。另一项研究发现，为了长距离奔跑而选择性繁殖的小鼠，其海马体内的新细胞有所增加，大脑其他区域也出现显著的增长。

来自我们祖先的化石证据也表明，大脑体积的增长似乎与那些代表更强的运动能力的特征的出现同步，比如更长的肢体。然而，尽管更强的体能和更聪明的大脑之间的联系越来越明确，我们仍然无法断定它们之间存在因果关系。

巨大的影响

无论运动在我们的历史中发挥了什么作用，在今天，它潜在的重要性是巨大的。美国政府建议 6~18 岁的未成年人每天至少做 60 分钟的有氧运动，因为有氧运动不仅使其身体也使其大脑处于最佳状态。这点同样适用于成年人。一般持续 6 个月或更长时间的新锻炼计划往往可以提高大脑的处理速度，改善记忆力和注意力。

在过去很多年里，科学家们认为运动能促进大脑健康。这一观点现在已经改变。新的看法是，没有高度活跃的身体，就不可能有健康的大脑。换句话说，运动并不是正常认知的增强因子，而是必要因子。无论你是 8 岁还是 80 岁，要传达给你的信息都是明确的：动起来！

一直坐着是一件可怕的事

你正舒服地坐着吗？请不要这样。即便你原本健康活跃，坐着对你的身体也非常不利。你每瘫在电视机前 1 小时，预期寿命就会缩短 20 分钟。坐在电脑前工作也好不到哪里去。就算蜷着身体看书这种无可厚非的活动也会对你的新陈代谢产生糟糕的影响。

这听起来好像显而易见："沙发土豆"的表述有其道理。但最关键的一点是：坐着对你有害，即使你也参加锻炼。去健身房或者出门跑步并不意味着你一天其他时间都可以坐着。正如你不能通过周末跑 10 公里来弥补每天抽 20 根烟的危害，一阵剧烈运动无法抵消坐下来连续看若干小时电视的后果。

每天连着坐好几个小时的人死亡率更高，即使日均锻炼 45~60 分钟也改变不了这个结果。研究者称他们为"活跃的沙发土豆"。

英年早逝

久坐不动的后果十分明显。拿每天坐 6 小时的中年人和每天只坐 3 小时的中年人比较，把饮食、抽烟等其他健康风险因素考虑在内，"沙发土豆"的死亡率比另一组高 27%。锻炼对这个数字没有影响。换种方式说，每天坐着看 6 小时电视的人会比没有这个习惯的人早死 5 年。

但让人忧虑的并不是沙发，危害主要来自不活动，所以其他形式的不活动，无论是坐在车里还是办公桌前，都同样有害。（睡眠会带来一些健康效益，所以可能不必计算在内，但是每天睡眠超过 9 小时的人，死亡的风险更大，这也许跟身体长时间不活动有关。）

职业风险

毫不令人惊讶，人们做很多这样的事。在每天醒着的十四五个小时里，大多数人超过一半时间都在坐着。中等到高等强度的活动，又称"锻炼"，只占我们一天时间的 5% 或更少。

对很多人来说，把屁股停在一个地方不动是实实在在的职业风险。坐着工作的人，正常的工作日可能要坐七八个小时，常常连着坐两三个小时。

当然，很多工作不太需要坐着，比如理发师、建筑工人、厨师、餐厅服务员、护士，还有很多大部分时间需要站着的工作。但这类工作正在减少，从事这类工作的人也和其他人一样，下了班就瘫倒在沙发上。人类的身体并不适应这种生活方式。从进化的角度看，我们天生应该多动。

代谢级联反应

根据研究，我们了解到，我们的身体对不活动适应不良，其反应是一连串复杂的新陈代谢变化。举个例子，不使用的肌肉从燃烧脂肪变成燃烧葡萄糖。肌肉活动越少，就越依赖碳水化合物，未被燃烧的脂肪在血液里积累，这可能就是心脏病和久坐不动相关的原因。脂肪还会积存在肌肉、肝脏和直肠里，这些地方原本并没有它的位置。

其他的变化包括胰岛素抵抗，这是一种类似糖尿病的情况——虽然身体分泌出足够的胰岛素，葡萄糖还是在血液中积聚。

那么，除了辞去坐在桌前的工作，去做护士、理发师或餐厅服务员，还有什么办法可以避免这些危害？首先，意识到锻炼的益处非常重要。一小时的锻炼也许不能抵消做几个小时"沙发土豆"的害处，但在其他方面仍对健康有益。久坐应该被视为一个单独的健康风险因素，值得专项对待。

经常活动

那么到底该怎么做？经验法则是，你需要经常中断坐着的状态，短暂地做一些轻量级活动。这意味着把你的新陈代谢率提高到静止不动时的1.5倍，其实很容易：站起来走几步就足够了。实验室研究表明，每20分钟起来活动2分钟就足以抵消长时间不动的负面影响。

这些简短的、间歇性的活动之所以有效，是因为它们足以消耗掉积存在你血液里的葡萄糖。鉴于健康的血糖水平是每升血液中约含1克葡萄糖，不需要燃烧很多葡萄糖就可以降低血糖水平。你把碗碟放进洗碗机，或者把洗净的碗碟拿出来，或者踱步去饮水机，即可消耗4卡路里，1克葡萄糖就没了。

这听起来很琐碎，但对那些没达到每日建议运动标准的数百万人来说是个好消息。有即胜于无，哪怕只是站起来动一下，也是朝着正确方向迈出了一步。

可以燃烧葡萄糖的琐事

如果觉得突然站起来晃悠有点无厘头，还有很多轻松的家务活可以达到打断瘫坐状态的目的。把脏衣服放进洗衣机、洗碗和淋浴都算是体力活动，虽然强度很低。爬一段楼梯、扫地、铺床算是中等强度的活动。如果你想要把点心拿到沙发上吃，准备食物也算。遗憾的是，打哈欠、伸懒腰、咀嚼、开啤酒以及抓挠屁股等活动强度不够。

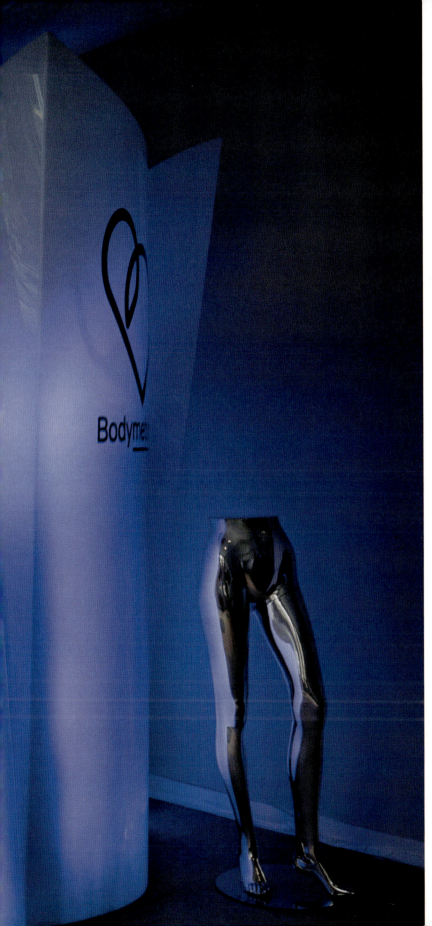

我穿这个肚子看起来大吗？

　　核查你每天走了多少步并记录锻炼日志，这似乎已经成为一种时尚。如果你真的热衷于此，有些应用程序会跟踪记录你的饮食情况，帮助你监控自己的能量平衡。对有些人来说，这是不够的。还有更进一步的手段监控锻炼和饮食对身体的影响。左图中的苏兰就是这样一位极端的生命记录者。他每个月都会进入数字 3D 身体扫描仪来记录自己的生命数据。他叔叔死于心脏病发作，从那之后，他决心留意自己罹患心脏病的风险，一个很好的预测指标是腰围。用尺子测量太不精确，所以他选择了扫描仪。服装店常常通过身体扫描仪帮助客户选择尺寸合适的衣服。身体扫描仪不仅可以防止你犯下"时尚罪行"，甚至可以拯救你的生命。

Credit: Travis Hodges/
INSTITUTE

心想成就健康

有一种人人都可以免费获得的药，有广泛的健康益处，而且没有副作用，那就是心。从安慰剂效应到催眠，了解如何驾驭它的力量可以带来巨大的好处。

我们了解最多的身心连接效应之一是安慰剂效应。如果你经常吃药，试一下这个诀窍。在吞下药片前，跟它们说些打气的话，比如"喂，伙计们，我知道你们会很有效的"。

这听起来古怪，但根据我们目前对安慰剂效应的了解，认为和药片说话会让它们更有效是有理由的。我们对治疗方法的想法和态度可以在很大程度上影响身体对治疗的反应。

即使治疗方法本身无效，比如吃糖丸或注射盐水，仅仅相信它有效就可能引发想要的效果。涉及更大范围的病症，从抑郁症到帕金森病、骨关节炎和多发性硬化症等，有明确的证据表明安慰剂效应远非臆想。试验显示，纯粹的心理暗示会导致可测量的变化，比如，释放天然止痛剂，神经放电模式改变，血压降低或心跳减慢，以及免疫系统增强。甚至有证据表明，有些药物基于放大的安慰剂效应而起作用，当人们没有意识到自己服了药时，药效就会消失。

并非骗术

人们一直以来假设，只有在被试受骗相信自己服用了含有效成分的药物时，安慰剂效应才会起作用。但事实看起来并非如此。相信安慰剂效应本身而非某种特殊的药物，可能足以鼓励我们的身体自愈。波士顿哈佛医学院的一些医生给了肠道易激综合症（IBS）患者一种不含有效成分的药片，并告诉患者这种药片在临床试验中已经被证实可以通过身心自愈来大大减轻IBS的症状（这个说法符合实际情况）。

虽然患者明知自己所服用的药片不含有效成分，平均而言，他们的反馈是IBS的症状有适度缓解，而没有服这种药的患者反馈说，自己的症状只有微量改变。试验还发现，这种"诚实的安慰剂"对于缓解忧郁症、偏头痛、背痛和多动症都有效果。这些研究提出了一种可能性：我们可以通过安慰剂效应来说服自己，吃一颗糖或饮一杯水这样简单的事可以消除头疼，治好皮肤病或增强所服用药物的效用。

做你喜欢的事

很多研究身心连接的研究者认为，真正重要的是在生活中有目标感。对"我们为什么在这里"和"什么是重要的"有想法，会增强我们对事件的控制感，从而降低其带来的压力。一项针对为期3个月的禅修营的研究发现，这些生理上的益处和生活中较强的目标感相关。参与者们已经是专注的冥想者，所以这项研究给了他们很多时间去做对他们来说重要的事情。单是做你喜欢做的事情，无论是园艺还是志愿者工作，就可能对健康产生类似的影响。

乔·马尔尚是一名常驻伦敦的科学记者，著有《大脑治愈力》一书。

正面思维

让你变得更健康的另一个方法是给自己（而不是药片）打气。正面思考并告诉自己一切都会没问题。听起来好得令人难以置信，但现实主义可能有害健康。例如，做完冠状动脉搭桥手术之后，乐观者恢复得更快，其免疫系统更健康，活得也更长。

负面思维和焦虑可能导致我们生病的观点已经被普遍接受。自觉处于险境导致的压力会引发由交感神经系统调节的生理反应，比如"战斗或逃跑"。这些反应是进化的结果，目的是在面临危险时保护我们。但如果长期处于应激状态，会提高患糖尿病或痴呆症之类的慢性病的风险。

正面思维有助于平息压力。有些研究者相信正面思维还有其他积极效果：感到安全和有保障，或者相信一切都会变好，鼓励身体将资源用于生长和修复，而不是防御。

乐观似乎有助于减轻由压力引发的炎症，降低压力荷尔蒙（如皮质醇）水平。乐观还可能通过抑制交感神经系统的活动并刺激副交感神经系统，使人不易感染疾病。副交感神经系统掌控"休息和消化"反应，与"战斗或逃跑"反应相反。

对自己有着乐观的看法和对未来抱持乐观的态度一样有用。高度"自我提升者"，也就是那些自我评价高过他人对自己评价的人，面对压力时心血管反应更平和，恢复更快，而且基线皮质醇水平较低。

不管天生的倾向如何，你都可以训练自己更加正面地思考。似乎一开始你感觉压力越大，越悲观，正面思维的效果越好。

你对他人的态度也会对你的健康产生很大影响。孤独增加了各种健康风险，从心脏病到痴呆症、抑郁症，乃至死亡；对社交生活感到满足的人睡眠更好，衰老更慢，而且对疫苗的反应更好。孤独对健康的影响如此之大，以至治愈孤独对健康的好处堪比戒烟。

营造社交生活

简单而言，有丰富社交生活和温暖开放的人际关系的人较少生病，寿命更长。部分原因是，孤独的人经常照顾不好自己，不过也有跟压力效应相关（但不完全等同）的直接的生理机制。

在孤独的人中，跟皮质醇信息传递和炎症反应有关的基因表达受到鼓励，在抵御细菌方面起重要作用的免疫细胞比较活跃。研究者认为，我们的身体已经进化到，感知自己在社交上受到孤立会触发免疫系统中与伤口愈合及细菌感染相关的分支。这是有道理的，因为孤独的人身体受伤的风险更高。

关键是，这些差异和人们认为自己有多孤独而非他们社交网络的实际大小有极强的相关性。这一点从进化角度来看也是合理的，因为身处充满敌意的陌生人之中和孤独同样危险。有证据表明，日积月累，孤独者对社交威胁会过度敏感，逐渐视他人为潜在的威胁。比起为孤独者提供更多互动机会或教会他们社交技能，解决这种态度能更有效地降低其孤独感。

无论你只有二三知己还是交友甚众，只要你对自己的社交生活感到满意，就没有什么值得忧虑的。但如果你感觉孤独，和他人交往让你感到压力巨大，可能是时候采取行动了。

冥想时间

缓解孤独感的一种选择是找到新的消遣方式，为什么不一石二鸟，报名参加冥想课程呢？

千百年来，出家人在山顶冥想，以期在精神上开悟。他们的努力可能也提升了他们的健康水平。

研究冥想效果的试验表明，它减轻了疼痛、焦虑、抑郁和疲劳等身体症状。也有一些证据表明，冥想可以增强接受疫苗注射者和癌症患者的免疫反应，缓解皮肤状况，甚至延缓HIV的发展。

冥想甚至可能延缓衰老的进程。端粒，也就是染色体末端的保护帽，在每次细胞分裂时都会变短，所以在衰老过程中起着重要作用。一项研究表明，冥想3个月会使一种构建端粒的酶的水平提高。与社交互动相同，冥想可能主要通过影响压力反应路径来起作用。冥想者皮质醇水平较低，而且他们的杏仁体——对调节恐惧和应对威胁很重要的大脑结构——也发生了变化。

催眠

另一个逐渐被接受的古老方法是18世纪的弗兰茨·梅斯梅尔发明的催眠疗法。

曼彻斯特大学的彼得·霍维尔把职业生涯的大部分时间用来积累证据，证明可以使用催眠术治疗肠道易激综合症。肠道易激综合症被认为是一种"功能性"紊乱，这个词有些贬义，用于病人饱受症状折磨但医生找不出哪里出了问题的情况。霍维尔觉得他的一些病人的症状严重到有自杀倾向，医学界辜负了他们的期待。这是他开始探索催眠术的起因。

霍维尔给患者一个有关肠道运行方式的简单指导，然后让他们用视觉或触觉，比如温暖的感觉，来想象他们的肠道在正常工作。这种治疗方法似乎起了作用：催眠疗法作为一种可行的治疗方法被英国国家卫生与保健研究所认可，当然只限于肠道易激综合症，而且只适用于对其他治疗方法无效的患者。

催眠取得效果的原理尚不清楚。但被催眠者能以某种新奇的方式影响其身体组成部分。在催眠中，有些肠道易激综合症病人能够抑制其肠道收缩，这个功能通常无法由意识控制。他们的肠黏膜对疼痛的敏感度也会降低。

催眠可能启动了和安慰剂效应所启动的相似的生理路径。首先，催眠和安慰剂效应能够带来的好处是相似的，其次，二者都以暗示和期待作为基础。

大多数牵涉到催眠的临床试验规模都比较小，但试验表明，催眠有助于疼痛管理，可以缓解焦虑、抑郁、睡眠紊乱、肥胖、哮喘和皮肤病，比如牛皮癣或疣。自我催眠似乎同样有效，事实上，霍维尔认为自我催眠是最重要的部分。

找到目标

如果上述各种方法都没有效果，你总还可以尝试为自己找个信仰。在一项对 50 个晚期肺癌患者的研究中，被医生判断为有坚定精神信仰的患者对化疗反应更好，也活得更久。他们中有超过 40% 的人三年后还活着，而被认为没有信仰的患者只有 10% 还活着。你是不是快要炸毛了？在所有对思想和信仰的疗愈潜能的研究中，对宗教疗愈效果的研究是最有争议的。

成千上万的研究声称证明了宗教的某一方面——例如去教堂或祈祷——与较好的健康水平相关。宗教和一切都有关系，从更低的心血管疾病发病率，到更好的免疫功能和感染 HIV 等病毒后的改善效果。

有批评者指出，很多此类研究没有充分考虑其他因素，比如，有宗教信仰的人常常过着风险较低的生活，去教堂的人享有更强的社交支持，而患重病者去教堂的可能性更低。即便如此，有分析指出，在考虑了上述因素之后，"宗教 / 灵性"也的确有保护效果，但仅限于健康的人。作者警告说，鉴于研究者并未公布负面结果，可能会存在发表偏差。

即使宗教和健康之间的确存在关联，也没有必要引入上帝来解释它。有些研究者认为，与灵性有关的正面情绪能促进良性的生理反应。另一些研究者将其归因为安慰剂效应：相信某位神会治愈自己和相信药物或医生同样有效。和糖丸一样，上帝并不需要是真的才能让你好转。

抽点时间

如果你向往冥想的健康效益却没有时间参加为期 3 个月的禅修营，无须焦虑。成像研究表明，大脑里和冥想相关的正向的结构性改变在练习 11 小时后就发生了。你可以在一天之中多次进行迷你的冥想练习，比如坐在桌边花几分钟专注于你的呼吸，专家认为，这些零碎的时间也是有用的。

如何摆脱疲倦感？

度过繁忙、富有成效的一天之后，你十点半就上了床。睡了整整一夜后，你自然醒来，感到……精疲力竭。

如果这让你感觉熟悉，那你并不孤独。看医生的人中有大约 1/3 抱怨疲倦。太疲倦以致无法有效工作的雇员每年给美国雇主造成的损失据估计约为 1000 亿美元。令人惊讶的是，科学家们直到现在才开始探索疲倦到底是怎么回事。

疲倦还是睡眠不足

直到最近，日间疲倦通常被归结为睡眠不足。据美国疾病控制预防中心估算，约有 35% 的人睡眠不足。然而研究者认为睡眠不足和疲倦不是一回事。

可以用睡眠诊所普遍使用的入睡时间测试来区别这二者。其理念是，如果你在白天静卧，在几分钟之内就能入睡，你可能是缺乏睡眠或睡眠紊乱。如果你在大约 15 分钟内不能入睡，但依旧觉得累，你的问题可能是疲倦。

如果疲倦不是缺乏睡眠，它是什么呢？一个观点是，这是因为调节大脑昼夜警觉周期的生理时钟出了问题。大脑中的视交叉上核负责这种调节，它通过协调荷尔蒙和大脑活动来确保我们通常在白天保持警觉。正常情况下，视交叉上核把警觉峰值安排在每天早晨，下午开始时略微下降，夜晚则切换为睡意。

夜晚的睡眠量对这个循环几乎没有影响。是否清醒取决于来自视交叉上核的荷尔蒙和生物电输出信号，而视交叉上核根据刺激视网膜的光线量来设置生理时钟，让它和太阳日同步。早上光线太弱，或者夜晚光线太强，都会干扰视交叉上核的信号，导致无精打采的一天。

降低体脂

锻炼似乎也可以重新设置视交叉上核，还可以降低对疲倦感有影响的体脂。降低体脂可能有助于缓解疲倦。体脂不仅需要更多的能量来携带，还会分泌一种叫瘦素的荷尔蒙，向大脑示意身体已经储备了足够的能量。研究表明，较高的瘦素水平和更强的疲倦感有关，这个发现从进化角度来说完全合理：如果你不缺食物，就不会有出去觅食的动力。

体脂过多的人似乎更容易发炎。炎症是一种免疫反应，会刺激一种叫细胞因子的蛋白质释放，进入血液。身体脂肪储存了大量的细胞因子，也可能意味着更多的细胞因子进入血液循环。这些细胞因子激活免疫系统的其他部分，让大脑和身体进入"生病模式"，身体所有能量都被用来休息和修复。

即便你没有超重或生病，炎症仍然可能让你虚弱。久坐不动的生活方式，频繁的压力，高糖、缺少蔬菜水果的不良饮食都和慢性的低度炎症有关。也有初步证据显示，昼夜节律紊乱会加重大脑里的炎症。虽然下结论为时过早，但与生活方式相关的炎症可能得为大多数现代疲倦负责，这种观点把疲倦和睡眠质量差、缺乏运动、劣质饮食等很多因素联系起来。

如果上述说法正确，一些生活方式的改变可

新老原因

　　疲倦普遍发生的原因之一可能是如今的生活比以往任何时候都让人觉得累。夹在工作和家庭相互抵触的要求之间，更不用说智能手机无时不在的振动提示，难怪很多人觉得自己精力透支。但这也可能是个谬见。古往今来的人都抱怨疲倦，即使回到生活相对宁静简单的时代也不例外。多个世纪以来，疲倦曾被归咎于行星的排列、不够虔诚，甚至无意识的求死欲。

以在很大程度上对抗日常疲倦。有研究表明，多做运动，多吃富含多酚类（比如葡萄中的白藜芦醇和黄姜里的姜黄素）的蔬菜水果，都可以减轻炎症。另外，有证据表明，补充铁可以提升精力，对未患临床缺铁性贫血的人也同样有益。

唤起动力

　　另一个让情况变复杂的因素是，在一个人身上引发无法抗拒的疲倦的生物信号，未必会让另一个人感到疲倦。有些人有能力克服这些生物信号。

　　这要求动力。动力低显然是疲倦的一个重要方面。有些研究者在探索多巴胺的作用。多巴胺是一种驱动我们寻求快乐的神经递质。当多巴胺水平暴跌，就像发生在帕金森病患者身上那样，随之而来的可能是毁灭性的抑郁和冷漠。

　　鉴于绝大部分重度抑郁症患者都抱怨极度疲倦，而且大约五个人中就有一个会在人生的某个阶段抑郁，抑郁也是造成疲倦的一种潜在的常见因素就不奇怪了。事实上，普遍存在的抑郁可能为我们中为何会有这么多人感到精疲力竭提供了

一种解释。

压力和娱乐

　　随着导致疲倦的多种因素浮现，试图破解这个问题的兴趣也不断增长。同时，对付疲倦最好的建议就是不要让疲倦阻止你做你喜欢的事情。实际上，强迫自己坚持下去是值得的，原因是，重大奖赏会触发大脑中和驱动力及警觉相关的区域释放多巴胺。另一种方法是做些有压力的事：肾上腺素的释放也有利于克服疲倦。理想状态是将压力和娱乐结合。毕竟，没人会在坐过山车时觉得疲倦。

我们需要多少睡眠？

对睡眠的痴迷常常消耗我们醒着的时间。对生命来说，睡眠同食物和水一样重要。实验室的老鼠被剥夺睡眠几周后就会死掉；遗传了"致死性家族性失眠症"这种罕见疾病的人，在被确诊后 18 个月内就会死亡。我们尚不了解睡眠的目的是什么，或者为什么完全不睡觉会要了你的命，但它从很多方面影响我们的身心健康，这一点越来越清楚。

睡眠被列为健康的第三根支柱，另外两根支柱是饮食和锻炼。这种说法低估了它：睡眠是支撑其他两根支柱的地基。充足的睡眠会推动几乎所有身心过程，而缺乏睡眠会削弱它们。

睡眠质量差与记忆力受损、情绪失控和决策不力联系在一起。它影响我们的免疫力和胃口，并且与肥胖及 2 型糖尿病等代谢疾病相关。谈到抑郁、躁郁症和精神分裂症等精神健康问题，以及老年痴呆症等神经性疾病，缺乏睡眠这条被越来越多地提到。这足以让你夜不能寐。

更糟糕的是，有一种普遍认知——我们集体睡眠不足，这通常被认为是现代生活压力所致（但这并非最近才出现的忧虑，见右侧框内文字）。有些证据支持这一认知。如果问人们是否认为自己睡眠充足，是否想要更多睡眠，通常答案分别是"否"和"是"。皇家公共卫生协会说英国人每晚的睡眠比他们所需要的少 1 小时，同时，1/3 的成年人有失眠症状。

但许多睡眠研究者认为这很荒谬。并没有证据表明大多数成年人缺乏睡眠，而且集体性睡眠不足即便是真的，在近年来也没有恶化。那么，

你实际上需要多少睡眠？得到足够睡眠的最好方法又是什么？

神奇的数字

我们都知道 8 小时是一夜好眠的神奇数字。但貌似没有人知道这个数字是从哪里来的。在回答问卷时，人们往往说自己每晚睡 7 到 9 小时，或许这是 8 小时成为经验法则的原因。当然，人们往往过低或过高估计他们睡着的时间。

对不使用电的狩猎 - 采集群体的研究表明，我们每日需要的睡眠事实上略少于 8 小时。这些人通常每天睡 6 到 7 小时，完全不会因此出现和睡眠不足相关的不良反应。所以，也许 8 小时并不是正确的目标，我们完全可以只睡 7 小时而毫无问题。这似乎是最低要求了。经常睡眠不足 7

现代诅咒

一个被普遍接受的观点是，我们睡得比我们的祖先要少，现代社会似乎普遍感染了缺乏睡眠这种病症，起因是工作压力和疯狂的生活节奏。其实太阳底下并无新事。西方社会声称的普遍的睡眠不足并不新鲜：1894 年，《英国医学杂志》发表了一篇社论，警示"失眠问题再次引起公众讨论"。现代生活的匆忙和兴奋被认为应为我们听到的大多数失眠负责，这很对。

小时会提高患肥胖症、心脏病、抑郁症和早逝的风险。

就算以这个低的标准来衡量，睡眠不足也非常普遍。大约 1/3 的美国成年人睡眠时间不足 7 小时，在英国，这个平均数字是 6.8 小时。

就睡眠来说，平均数字没有太大意义。每个人需要的睡眠时间差异很大，这主要来自遗传，也会随着年龄的增长而改变。考虑到这一因素，美国国家睡眠基金会推荐成年人每晚睡 7~9 小时，允许上下浮动 1 小时来反映天生的差别。

经验法则

建议每晚睡 6~10 小时没问题，但也没有太多指导意义。那么，你要睡多久才够？经验法则是，如果早上需要被闹钟叫醒，说明你没有睡够。但过犹不及，睡眠经常超过 8 小时会提高死亡概率。睡眠过多和死亡的相关性堪比甚至强过睡眠不足和死亡的相关性。

个中原因依旧是个谜。也许是因为有健康问题的人睡得更多，或者仅仅因为睡着的时候我们几乎不动，而不活动对你的危害很大（见第 232 页）。长时间睡眠还可能引发炎症，发炎是免疫系统对从抑郁症到心脏病的很多健康问题的反应。

那些声称每晚只睡几小时而毫无问题的讨厌的家伙怎么样呢？他们恐怕也睡眠不足，但是习惯了睡眠不足的影响，现在干脆觉察不到。只有很少一部分人，大概少于人口的 3%，可以每晚只睡 6 小时而毫无问题。

无论我们需要多少睡眠，睡眠不足常常是生活的现实。很多人必须工作，再加上社交生活或者家庭娱乐的诱惑，导致了蜡烛两头烧的状况。

那么，我们熬得太晚或起得太早，或者两者兼具，会有什么后果？睡眠的需求由一个双轨系统控制。昼夜节律时钟依赖光线来保持差不多 24 小时内的睡眠／清醒模式。另外还有睡眠趋力或睡眠压力。你清醒的时间越长，一种叫腺苷的化学物质在你大脑里累积得越多，它会传送信号，增加你的睡意。在长时间（16 小时或更长）的清醒之后，睡眠压力会变得无法抗拒，你得努力挣扎才能避免睡着。

如果强行对抗睡眠压力，比如，摄入可以屏蔽大脑中腺苷受体的咖啡因，后果会很快显现。连续清醒 24 小时造成的认知障碍与血液酒精含量 0.1% 造成的认知障碍水平相当，而这个数字在很多国家都超过了酒驾的标准。

长期缺乏睡眠会带来严重的负面影响。连续好几晚只睡 4 小时会很快导致高血压、压力荷尔蒙皮质醇水平升高，以及胰岛素抵抗（2 型糖尿病的先兆）。长期睡眠不足还会抑制免疫系统。

幸运的是，这些急性效应可以通过补眠来逆转——早些上床或赖床不起——这也是很多人周末在做的。

偿还睡眠债

当没有可能好好睡一觉时，打盹可以还一点睡眠债。打盹曾经被认为是懒惰的标志，但现在很明显，眨眼 40 次是提升表现的一个很好的办法。

10 分钟的"纳米盹"对警觉度、专注度和注意力的正面影响可以持续长达 4 小时。如果小睡 20 分钟，记忆力也会增强。这两种情况，你都不可能进入深度睡眠阶段，因此可以避免睡眠惰性。睡眠惰性是指从深度睡眠中醒来时那种疲软昏沉的感觉。但另一方面，小睡不能给你深度睡眠的益处，而深度睡眠对学习有极大助益。如果有助于学习是你的目标，那就选择睡 60~90 分钟，达到一个完整的睡眠周期。这样可以把记忆从短期存储转入长期存储的禁闭室，以此助力学习。

如果你觉得需要打个盹，很容易。找个温暖、昏暗、安静的地方躺下来。如果你希望这个盹比较短，在躺下之前喝杯咖啡——咖啡因在大约 20 分钟后开始起作用，帮你迅速恢复到清醒状态，避免睡眠惰性。

但是，你必须意识到自己需要睡眠才会去睡，而你越是睡眠不足，就越会低估自己的疲劳程度。如果你长期睡眠不足，比如在疯狂加班一段时间后，只有好好度个假，才能打破这种恶性循环。

还有一个更严重的问题。经常欠下睡眠债是否会影响长期健康尚无定论。我们知道倒班和飞行时差可能会引起糖尿病、肥胖、癌症等诸多问题。利用周末补觉这一现象被称为社会时差，这也可能引起和倒班同样的健康问题。

因此，尽管每个人都可以从偶尔的不眠之夜的短期后果中恢复过来，长期的周末补觉习惯可能终有一日会和你算总账。

所有这一切提出了一个问题：怎样充分利用下班时间？显而易见的答案是，在合适的时间上床睡觉，但即使那样，也未必能够保证睡眠质量。

例如，很多人到一个新的地方的第一晚常常睡不好觉。研究表明，这可能是由于大脑的有些部分即使在睡眠中也保持活跃。这种"守夜"效应也许是进化适应的结果，让你大脑的一部分时刻保持对危险的警觉。

即使在熟悉的环境里，打呼噜的伴侣或外面的车辆声音也会干扰睡眠，无论你是否意识到这些。

小心蓝光

光线也起着重要的作用，虽然未必是以你以为的方式。能够制造睡眠压力的除了腺苷，还有睡眠荷尔蒙褪黑素。正常情况下，褪黑素在夜晚作为对黑暗的回应而产生，但不幸的是，平板电脑、手机和笔记本电脑的液晶屏幕会产生大量的短波蓝光，这些蓝光在白天抑制褪黑素的产生。夜晚看 2 小时屏幕会大大降低褪黑素的浓度。

这就是为什么上床前看各种屏幕会使入睡变得更加困难。蓝光似乎还影响对记忆巩固和情绪调节很重要的快速眼动睡眠。如果你的恶习是睡前躺在床上看会儿电视，放轻松就好，电视机发出的光线很亮，但我们和电视机的距离通常比较远，足以避免不良影响。也可以服用褪黑素药片，但这可能无法解决问题。褪黑素药片在身体里的半存留期是 30 分钟到 2 小时，这也许可以解释为何对褪黑素补剂能否普遍改善睡眠的研究结果好坏参半。

保持凉爽

温度是另一个被忽略的因素。在我们睡着的时候，褪黑素会让体温降低若干度，而一间过热的卧室会干扰这个过程。

虽然酒精会帮助你入眠，但其实它是高质量睡眠的敌人。上床前喝几杯会扰乱慢波睡眠，增加通常只在清醒时出现的阿尔法脑波。傍晚时喝烈酒同样糟糕，即使血液中的酒精含量恢复到零，也会对下半夜的睡眠造成干扰。年龄越大的人对酒精的影响越敏感。

担心睡不着比其他原因更容易让你辗转难眠。测试你是否缺乏睡眠的最好方式是看你晚上多久可以入睡。如果你在 10 分钟后还醒着，你可能没有问题。如果你已经睡着了，那正是你需要的状态。

睡两觉

如果你经常半夜醒来，躺一两个小时才又睡着，你可能只是在做一件自然的事。弗吉尼亚理工大学的历史学家罗杰·艾克奇认为，在前工业文明时期，人们把睡眠分成两个不同的阶段，其中有一两个小时的"安静的清醒"。现在我们不再这么做，而把夜半的清醒叫作"失眠"。然而，对非洲和南美洲热带地区的现代狩猎－采集文化的研究表明，艾克奇的看法也许是错误的。和我们一样，他们喜欢在日落后熬夜至少 3 小时，然后一觉踏实地睡到早晨。

第十二章
Death

死 亡

死是什么感觉？

体验到意识渐渐消逝令人烦躁不安，还是可以平静接受？当我们的存在接近终点时，会有什么令人惊奇的事发生？在死亡真正到来之前，谁也无法知道确切的答案，但那些曾与死亡擦肩而过的人可以提供一些有趣的洞见。医学的进步也使我们能更好地理解当灵魂离开身体时会发生什么。

死亡发生的方式有很多种，但通常是大脑缺氧造成了致命一击。它使所有脑电活动停止，这是现代死亡的定义。

如果停止供给大脑含氧血液，人们会在大约10秒钟后昏过去。他们可能需要更多时间才会死去，死亡的具体方式会影响最后的微妙体验。细节可能很恐怖。

黑色浪漫

在米莱斯的画作《奥菲利亚》中，溺水而死也许呈现出某种黑色浪漫。但在现实中，它既不美丽也不无痛苦，尽管整个过程快得令人吃惊。到底有多快取决于几个因素，如水温和游泳水平。在英国，水通常很冷，55%的开放水域溺水发生在离岸3米以内的安全地带。2/3的溺水者是游泳好手，这表明人们可以在几秒钟内陷入困境。

当受害者最终沉入水中时，他们会尽可能久地屏住呼吸，通常是30~90秒。那之后，他们吸入水，喷溅、咳嗽，然后吸入更多。肺里的水阻止了气体交换。幸存者报告说，当水充满肺时，他们的胸部有撕裂和烧灼的感觉，接着他们开始失去意识，这时会生出一种平静安宁的感觉。缺

氧最终导致心脏停止跳动和脑死亡。

房间里的大象

在全球范围内，心脏病发作是最普遍的死亡原因之一。最常见的症状当然是胸痛：一种紧绷或压迫的感觉，常被描述为"胸口压着大象"。这是心肌在努力挣扎，最后可能死于缺氧。疼痛会辐射到下巴、喉咙、背部、腹部和手臂。其他症状包括呼吸急促、恶心和出冷汗。

死亡的真正原因往往是心脏正常跳动中断。这是因为，即使是轻微的心脏病发作，也会对控制心肌收缩的电脉冲造成严重滋扰。如果心脏病患者寻求帮助，医院可以使用除颤器电击心脏，使其恢复节律，或者求助于抗凝药物和动脉清理手术。在英国和美国，心脏病发作能赶到医院的患者，超过85%的人在那之后又活了30天。

麻烦的是，大多数有心脏病发作症状的人要等好几个小时才会寻求帮助——女人比男人多。而延迟会付出生命的代价：一旦心脏停止跳动，失去意识的10秒倒计时就开始了。大多数死于心脏病发作的人实际上没能赶到医院。

失血

如果你正在流血，失血速度也很重要。致死的时间取决于破裂的血管的位置。如果是主动脉（连接心脏的主要血管）被切断，几秒钟之内就可能死去。但如果受伤的是较小的静脉或动脉，死亡的过程会缓慢一些，甚至可能长达几小时。

成年人平均约有5升血液。失血750毫升以

掉脑袋

斩首，虽然有些阴森可怕，但可以是最快、最不痛苦的死亡方式之一，条件是刽子手技艺纯熟，刀刃锋利，被斩者保持不动。斩首技术的巅峰毫无疑问是断头台。法国政府从 1792 年开始采用断头台，这项发明被认为是人道的。斩首或许很快，但通常认为在脊髓被切断之后，意识仍会继续。1991 年在老鼠身上进行的一项研究发现，大脑消耗光头部血液中的氧气需要 2.7 秒。类比计算可知，人类大脑所需的时间为 7 秒。

下通常不大会引发什么症状，但失血 1.5 升会引起虚弱、口渴和焦虑。到 2 升时，人们会感觉眩晕、迷糊，最终失去意识。有过这种经历的人描述了从恐惧到相对平静的一系列经验。

巫婆和异教徒的命运历久不变：烧死可能是最痛苦的死亡方式。热烟和火焰烤焦了眉毛和头发，烧灼喉咙和呼吸道，让呼吸变得困难。烧伤通过刺激皮肤上的痛觉感受器造成即时且强烈的疼痛。更糟糕的是，它们会引发快速的炎症反应，这会提高对疼痛的敏感度。

但大多数在火灾中死去的人实际上并非死于烧伤，而是死于吸入有害气体，如一氧化碳。根据火势的大小以及你与火场的距离，一氧化碳可以在几分钟内引起头痛和睡意，最终导致昏迷。

比较仁慈的一点是，许多在家庭火灾中死去的人被浓烟熏倒后就没再醒来。

保持姿势

从高处坠落当然是最快的死亡方式之一：从 145 米或更高的地方跳下，终结速度（没有双关的意思）可以达到每小时约 200 公里。根据一项研究，75% 的死者在落地后几秒钟或几分钟内死亡。

坠落时的自然反应是挣扎着想要让脚先着地，结果是腿骨、下脊柱和骨盆骨折。冲击力沿着身体向上传递，还会造成主动脉和心腔破裂。然而，这也许仍是最安全的着陆方式：脚和腿共同构成一个"撞击缓冲带"，来保护主要的内脏器官。

高空跳伞者和其他坠落幸存者常常会描述时间变慢的感觉。他们说，他们感到专注、警觉，被驱使着尽量以最好的方式着陆——放松，双腿弯曲，在可能的情况下随时准备滚动。

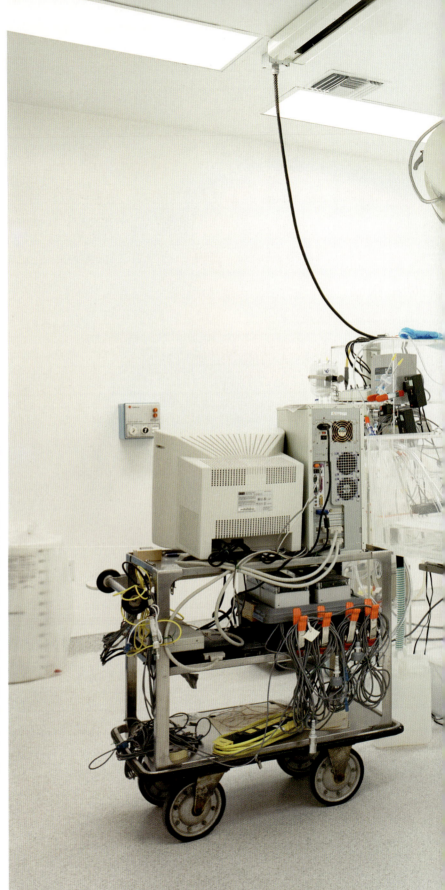

也许，你只活两次

在他们第一次生命呼出最后一口气之后，阿尔科的会员会到这里来"去生命"。总部位于亚利桑那州斯科茨代尔市的阿尔科是世界上最大的人体冷冻公司。在这里，人们被冷冻起来，寄希望于未来的医药能够使他们复活，并治愈第一次生命中杀死他们的疾病。会员死后会被立刻冷却并注入药物来防止腐烂。血液被医疗级的防冻液替代，体温降至 −196℃。人体冷冻一直被描述为金钱多于理智的人的死后生活。但倡导者说：万一有用呢？试想一下，当未来的人们回顾现在，问"我们本来可以救活他们，为什么却让他们死了"，会有多后悔。

Credit: © Murray Ballard

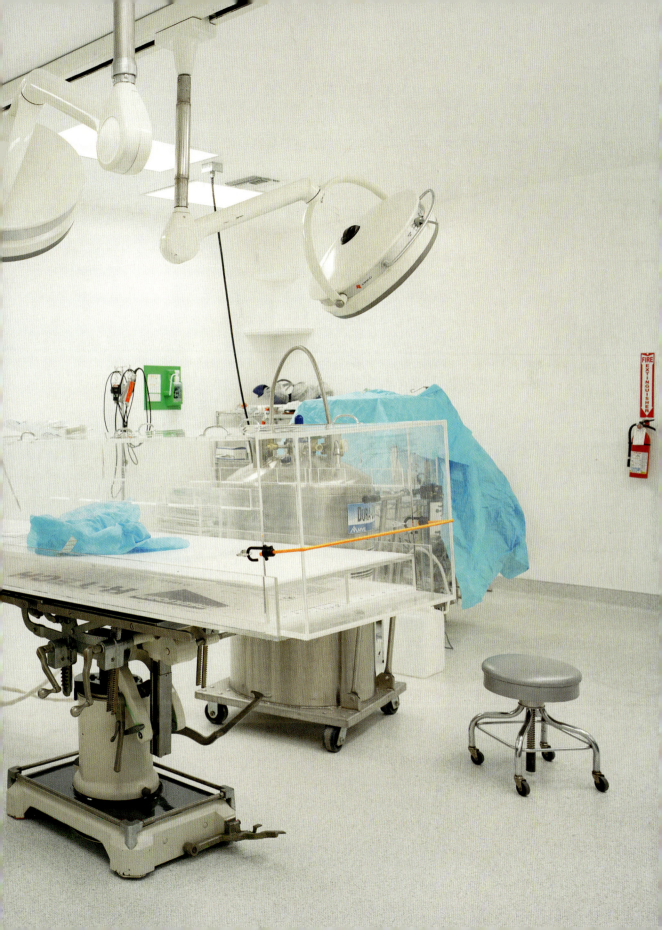

你死后，身体会发生什么？

思考这些可能会让人不太舒服。但我们死后，发生在遗体上的事相当有趣。不论其他，这证明了自然在清理肮脏杂乱之物方面是多么冷酷高效。或者，至少它可以很高效。

现在，很少有人会以那种老派的方式死掉——在户外，暴露在大自然中。大多数尸体在死后不久就会被冷藏，或者经过防腐处理后放入棺材。不论哪种情况，身体化为尘土的速度取决于温度、湿度，以及动物、昆虫和微生物等因素。

土归土

在一个相对温暖潮湿、有大量昆虫和食腐动物的地方，暴露的尸体可以在几周内变成骨头，并在几个月内完全消失。如果为它举行葬礼，它的腐烂速度还取决于防腐处理技术、棺材的密封程度，以及土壤和早晚会渗进来的地下水的酸度。在这些条件下，我们身体的最后旅程可能要花几个月到几十年的时间。

但是，无论时间多长，绝大多数尸体都将经历同样的分解阶段。

死后几分钟

首先是"新鲜"阶段。在死后几分钟内，随着二氧化碳的增加，血液会酸化。结果是，细胞破裂并释放出酶，这些酶开始从内部消化组织。大约半小时后，血液开始聚积在尸体离地面最近的部位，形成最早的可见的腐烂迹象。起初它看起来像紫红色的斑点。在接下来的一天左右，它会变成近乎连续的紫色痕迹，被称作尸斑。尸体的其他部分则变得极其苍白。

大约在同一时间，肌肉先是变得松弛，然后随着尸僵的出现变得僵硬。活着的时候，微泵会把钙离子从肌肉细胞中推出去，让肌肉放松。但人死后，微泵会停止工作。钙离子从周围组织扩散进入肌肉细胞，导致肌肉收缩。尸体变得僵硬。

尸僵会在两三天后过去。但随着酶对让肌肉保持收缩状态的蛋白质的分解，看起来放松下来的尸体实际上已开始腐烂。

第二阶段，腐败。尸体变得有点丑陋，开始发臭。大约48小时之后，微生物开始工作。它们也曾在肠道中与我们和谐共处。现在，破裂的细胞中溢出的营养丰富的液体成了它们的燃料。这些微生物快速生产出两种名字与气味一样讨厌的化合物——腐胺和尸胺，让尸体发出令人厌恶的气味。

腐败呈现绿色，从腹部缓慢地向胸部和下肢蔓延。这种颜色来自细菌的作用，它们将血液中红色的血红蛋白转化为淡绿色的硫血红蛋白。

这种细菌作用还会产生气体，包括氢、二氧化碳、甲烷、氨、二氧化硫和硫化氢。这些气体会造成臭味，扭曲身体，让身体像气球一样鼓胀起来，大约一个月后，尸体裂开。硫化氢还与血红蛋白中的铁结合，形成黑色的硫化铁，让尸体皮肤变黑。

这预告了第三阶段：积极的腐坏。腐烂分解的速度加快了，剩下的肉被迅速分解掉，最后只留下骨架。但也可能会有其他情况发生。如果尸体处于特别寒冷的土壤中，会形成"尸蜡"。尸蜡是一些细菌如产气荚膜梭菌产生的一种令人毛骨悚然的副作用。当它们消化尸体上的脂肪时，会使尸体看起来像是覆盖着一层蜡。

骨架是最后消失的。坚硬的骨盐在接触到酸性土壤或水之前是不会分解的，但如果它们被树根或动物机械地挤压，这个过程就会加快。一旦坚硬的部分消失，尸体仅存的蛋白质，包括让骨骼具有弹性的胶原蛋白，会屈服于细菌和真菌。尸体就消失了。

木乃伊化

在有些情况下，上面整个序列的事件完全不会发生，尸体也不会腐烂。如果它保持完全干燥，或者落入像沼泽、盐沼、雪之类的天然防腐剂里，细菌和酶就无法正常起作用。其结果是天然的木乃伊。

此外也有些罕见的情况，比如一个人死在食腐动物附近。在这种情况下，尸体会在若干天内被剥得只剩骨头，并被嚼成碎片。

尘归尘

当然，在没有泥沼、狗、鲨鱼或冰封的坟墓的情况下，避免腐烂这个残酷现实的唯一方法就是火葬。在 750°C 的高温下，棺材和尸体不到 3 小时就被焚化了。然后，骨灰通过研磨机，那些大的或未充分燃烧的骨头最终被磨碎。

如人们所说，就这样了。无论如何，尸体的腐烂分解是生命必然的续集之一：尘归尘，土归土，最终留不下多少。

阻止腐烂

通过防腐处理可以阻止尸体腐烂的进程，至少暂时可以。与古埃及的防腐师不同——他们的目标是使尸体永久保存完好——现代防腐师只需要让尸体保持体面，足以应付葬礼即可。他们给尸体消毒，并用水、染料和防腐剂（通常包括甲醛）的混合物来替换血液和其他体液。这种染料可以使皮肤呈现近似健康的色调，而甲醛能驱除昆虫，杀死细菌，使身体的酶失去活性。它还增加了组成蛋白质的氨基酸链的交互连接，使组织更耐分解。

什么是死亡？

生命是顽强的，但有时也不容易探测到。纵观历史，不同的文化对于如何认定死亡持有不同观点。结果着实奇怪……

3000 年前

古希腊
截肢

希腊人在尸体火化前会砍下死者的一根手指，来确定他真的死了

17 世纪
没有跳动，就没有循环

1628 年，威廉·哈维描述了心脏如何将血液送到全身，以及当血液循环停止时，死亡如何到来

250 年前

18 世纪
起死回生

1773 年，威廉·霍斯描述了人工呼吸怎样救活看起来已经溺死的人。对死亡认定的恐惧增加。心肺死亡崭露头角：循环和呼吸停止

400 年前

布切特的竞争者们提出了认定死亡的其他方案，包括在肛门周围放上水蛭，用钳子夹乳头，将针鼻装有旗子的长针刺入心脏

100 年前

20 世纪
所有重要身体机能永久停止

医学焦点从心肺死亡转移到全身。在 1950 年第一次成功实施肾移植手术后，医生们希望从尸体上摘除器官，但是缺氧的器官很快就不能用了

20 世纪 70 年代，研究发现，"脑死亡"的人，其大脑并不总是毫无生气。哈佛的实验没有确认大脑新皮质的死亡，后者会显示在脑电图上。为了避免这种过失，医生被告知可以略过脑电图

40 年前

1981
脑死亡

美国通过了一项法案，承认脑死亡是法定死亡。它规定"整个大脑"必须已经死亡，但把检查脑死亡所需的技术要求留给医生去把握，那时医生很少检查大脑皮层

**550
年前**

在黑暗时代之后，人们对"过早埋葬"（被活埋）的可能性的恐惧与日俱增

**15 世纪
啊呀呀**

解剖学家进行公开解剖。有时他们的解剖对象尚未死去，取出的心脏还在跳动

1569

意大利解剖学家尼科洛·马萨要求在他死后两天内不要将他掩埋，以"避免任何错误"

"安全棺材"越来越流行。其设计包括用来检视陵墓中尸体的玻璃板、便于新鲜空气和光线进入的小洞，以及给未死而被埋葬者准备的警示铃铛

**450
年前**

从 18 世纪开始，医生越来越多地参与和死亡相关的事情

**16 世纪
医生上位**

按照希波克拉底学派的传统，医生会放弃治疗濒死之人。富人们长寿的愿望促使医生开始确认死亡

**19 世纪
所有功能停止**

1846 年，尤金·布切特因为提倡用听诊器来确认死亡而获得了法国科学院奖

**150
年前**

1968

不可逆的昏迷

1968 年，一群人在哈佛开会，把"不可逆的昏迷"定义为依赖呼吸机的患者死亡的标准。如果患者没有反应，不会移动，没有条件反射，呼吸机就会被断开。如果患者不能自主呼吸，就会被认定为脑死亡。然后，呼吸机被重新连上，保持器官供氧，以便移植

**50
年前**

1995

不是真正的脑死亡

医生们注意到，一些被判定脑死亡的器官捐献者会轻微移动并表现出条件反射，这违反了哈佛标准。作为回应，美国的神经学家们更改了标准，使这些尸体仍然可以被认定为脑死亡

**20
年前**

自我意识的最后旅程

你死后会发生什么？我可以说出 47 个人的名字，他们都尝试过利用科学的理性力量来回答这个最虚无缥缈的问题。他们中有些人是医生，有些人是物理学家，有些人是心理学家，有两个人曾获诺贝尔奖，还有一个牧羊人。他们曾在实验室、手术室、屋后的谷仓里着手挑战这个问题。他们之中，迄今为止只有一位抓住了无可辩驳的证据——并非暗示性的珍闻或无法解释的异常，而是那种你可以把旗子往上面一插，说"胜利！现在我确实知道了"的答案。这个人叫托马斯·林恩·布拉德福德。

布拉德福德的背景是电子工程，但他的来世实验用到的是煤气，而不是电。1921 年 2 月 6 日，布拉德福德把他在密歇根州底特律租的房间的门窗都封上，熄了炉火，并把煤气打开。

心心相印

找到答案不难，但把信息送回来是个挑战。为了解决这个问题，布拉德福德需要一位战友。几个星期前，他在报纸上登了一则广告，寻找一位灵媒来帮助他完成他的追求。一个叫露丝·多兰的人回应了广告。两人见了面并且达成了协议，就像《纽约时报》上说的，"只有一种方法可以解开这个谜团——两个灵魂心心相印，而其中一个必须脱去尘世的外衣"。这个协议实在马虎草率，因为无论脱去尘世外衣的工程师是否通过心灵感应传送了信息，为了唯心论或宣传的目的，多兰夫人都可以简单地告诉记者他做到了。但她没有撒谎。《泰晤士报》发表了一篇后续报道，标题

是《死去的唯心论者缄口不言》。

布拉德福德实验的一个血统更纯正的变种由英国物理学家奥利弗·洛奇完成。洛奇曾是伯明翰大学的校长，在他 1940 年去世之前，他设计了"奥利弗·洛奇死后实验"。目的仍然是要证明人死后生命继续存在。洛奇写了一封密信，并把这封密信放在一个小口袋里（奥利弗·洛奇死后小包）。他在死后会从那边告诉灵媒（其中四个是"奥利弗·洛奇死后实验"委员会招募的）密信的内容是什么，灵媒的说法可以和他封存在小包里的秘信相互印证。

小包被密封在 7 层信封里，每个信封都装着一个线索，万一这位物理学家死后忘了自己的秘密，灵媒可以用这些提示来唤起他的记忆。然而，这些线索只是把灵媒激怒了。例如，第三个信封里装的线索如下："如果我给出一个 5 位数字，它可能是正确的，但我也许会就 2801 说点什么，那就意味着我还在找寻。它不是那个真的数字……但和真的数字有某种联系。事实上，它是真的数字的一个因子。"最后，灵媒离开了现场，死后小包被撕开了，委员会一无所获，除了一张写有一小段晦涩音乐的纸条和折磨人的疑问：奥利弗爵士缺几个信封，所以没有留下足够的线索。

当然，即使灵媒成功了，我们也永远无法确定他们是否偷看过信封里的秘密信息——也许通过神秘的奥利弗·洛奇身后信封蒸汽法。这就是为什么 6 年之后，心理学家罗伯特·索尔斯转向了加密科学。索尔斯是可敬而又讨人喜欢的心理研究学会的主席，也是一位业余加密专家。他用

玛丽·罗奇是住在美国加利福尼亚州奥克兰市的一位科普和幽默作家，著有《僵尸的奇异生活》一书。

自己确信不可破解的密码加密了两个短语。他宣布了这个项目，并在该学会的杂志上刊登了这些密码片段，邀请会员和灵媒在他死后尝试联系他，从他的在天之灵那里获得破译密码的密钥，从而证明一个人的人格可以在被称为死亡的场景变换中保存下来。1984 年，索尔斯去世了，他的短语仍然是个谜，有大约 100 人提交了各自版本的密钥，但结果毫无例外，引用索尔斯项目报告中的表述："无意义的字母堆砌"。有一个灵媒坚称，他已经通过至少 8 种不同的媒介与索尔斯取得了联系。不幸的是，这个人报告说，索尔斯已经不记得密钥了。

濒死体验

"死去的研究者"这条路显然行不通。把精力集中在那些以濒死体验的形式"偷窥"过死后生活的人身上也许更有前途。如果有人能够用可验证的事实来证明，这种现象是通往另外一个维度的往返旅程，而不是垂死的心智制造的海市蜃楼，我们就可以寄托希望。但是声称曾瞥见死后生活的人如何去证明它呢？似乎没有来世礼品店，也没有装着天使头皮屑的雪花玻璃球。所以，最好集中关注那些只旅行到天花板因此可以从上方侦察下面的肉体躯壳的濒死之旅。如果一个人能证明自己曾经从上面看到了房间里的细节——而非记得或幻想出来，或者是这两者的某种结合，这至少证明，意识的存在独立于其生物躯壳这种看似不可能的情况有可能存在。

弗吉尼亚大学夏洛茨维尔分校的心脏手术室

里有一台笔记本电脑，用胶带和最高监控器连在一起。电脑被设置为在每次手术期间随机显示 12 幅图像中的一幅，没有人知道图像的具体内容，包括研究人员。笔记本电脑被打开摊平，屏幕朝向天花板，手术中病人能看到屏幕上图像的唯一机会就是意识离开身体，从上面往下看。当病人从麻醉中苏醒过来时，心理学家布鲁斯·格雷森会问他们关于在手术室这段时光，他还记得什么。迄今为止，还没有发生任何出人意料的事，除了一群心脏外科医生出奇地配合实验。相信意识偶尔可以通过超感方式（独立于大脑和眼球）感知事物的心脏外科医师并不像你想象的那么罕见。

即使如此，我们又怎么知道濒死体验不是死亡的一个标记，不是死亡本身，不是最终的目的地，而是一个中途停歇处？我们怎么知道几分钟后光线不会变暗，安乐感消失，而你只是彻底不存在了？"我们不知道，"格雷森承认，"有可能这就像你只是到了巴黎机场，却以为自己已经见识了法国。"

天平上的生命

另一种证明来生的思路是考虑载体——灵魂（或意识，如果你喜欢的话）——而不是目的地。如果灵魂是一种可以称量的东西，就像胰腺或疣一样，要证明它在人死时离开了身体，就可以简单地把垂死的人放在天平上，观察指针在他或她死亡的瞬间是否会下降（同时也要考虑通过呼气和流汗所损失的微小重量）。

这正是马萨诸塞州一位名叫邓肯·麦克杜格

尔的医生所做的，他从 1901 年开始使用一种先进的用来称丝绸的工业天平称量灵魂。麦克杜格尔在结核病疗养院的职位为他提供了稳定的研究对象来源。他在《美国医学》杂志上发表的一系列文章称，他在 6 个人死的时候分别用天平称了他们，指针毫无例外往下走。但是，他的实验只有一次是毫无故障地完成的。有两次，疗养院管理者闯入房间，企图阻止他的实验；要么就是笨手笨脚的"帮凶"在称量时撞到了天平，或者在调校天平时，实验对象死掉了。所以，麦克杜格尔声称他证明灵魂存在，重量约为 20 克，实际上不过是奇闻逸事。

在农场

九十多年后，美国俄勒冈州本德的一个牧羊人试图复制麦克杜格尔的实验。在当地一家医院回绝了他在晚期病人身上做实验的恳求之后，小刘易斯·霍兰德转向他的羊群。有趣的是，他发现，绵羊在死去的那一刻体重突然增加了少许。这暗示，对"我们死后会发生什么"这个问题的回答可能是"我们的灵魂进入了羊的身体"。

当然，认为灵魂的重会在为称量牲畜或布匹而制作的天平上显示出来太过分了些。但是，如果使用以皮克（万亿分之一克）而非盎司或克为单位的天平？如果把意识看作信息能量（有些人的确这么认为），它的质量可能会非常非常非常小。如果你建立一个封闭的系统，没有已知的能量来源可以离开或者进入其中而不被测量到，接着把这个系统和皮克天平装配在一起，并把一个奄奄一息的有机体放进这个系统，理论上，你就可以做麦克杜格尔的实验。为了写一本有关各种证明有（或没有）来生的尝试的书，我在做调研的过程中见到了杜克大学教授格里·纳鸿。他非常想做一个测量意识重量的项目（测量对象不是绵羊，也不是人，而是水蛭）。虽然纳鸿教的是妇产科，但他有热力学和信息理论的知识背景，甚至写出了一份 25 页的有关实验具体步骤的建议书，只需要有人为他提供 10 万美元的资金（他预计的实验所需费用）。

最后一波

如果意识是能量，我想你不需要证明它在身体死亡后仍将继续，因为证明已经存在：热力学第一定律——能量既不可能被创造也不可能被消灭。但这并不能让人得到多少安慰。谁希望自己只是永恒之中一闪而过的无序能量，就像跳蚤放的屁，没有由你支配的大脑来帮你记住、想象或解决星期天的填字游戏？那会是什么样？甚至"存在"真的存在吗？纳鸿教授用电脑做类比：也许你是个操作系统，删除了所有的程序和接口。天堂就像壁橱最里面的角落，用来存放坏了的戴尔电脑和康柏电脑。

如果我们最终能得到答案和证据，毫无疑问会来自量子理论或取代它的东西。我们中很少有人能很好地理解它，从中得到安慰——如果它所提供的真的是安慰。我建议你享受生活，不要烦恼身后事，记住，总有一天，也许来得很快，厄运或基因会把答案交给你。同时，要善待羊。

你对自己有多少了解？

这本书充满了关于我们物种的有趣事实。如果你已经读过了，这些问题应该是小问题（抱歉，我们忘了告诉你会有一个测试……）。如果你还没读，它们应该是一个有趣的挑战，会激发你对"主菜"的兴趣。

1. 人类异乎寻常地慷慨，有时会帮助陌生人而不期待任何回报。这种"真正的利他主义"在动物王国的其他物种中是罕见的，其他动物中有哪些被发现表现出了这个特征呢？

□ a. 吸血蝙蝠

□ b. 黑猩猩

□ c. 蜜蜂

□ d. 帝企鹅

2. 人类的个性类型多种多样，这很奇怪，因为自然选择倾向于减少生物差异，偏爱"适者生存"。为什么我们会有如此多样的个性？

□ a. 人类已经超越了进化的力量

□ b. 环境会改变，适合一种环境的个性可能在另一种环境中没有益处，这给了自然选择一个不断移动的目标

□ c. 个性纯粹是后天培养的产物，而非天生

□ d. 随着进化淘汰了头比较大的人，外向者在社会中的比例正在下降

3. 我们都对自己抱有乐观的幻想。下面哪个陈述不属于此类？

□ a. 车祸肇事后在医院里养伤的人往往认为自己的驾驶技术高于平均水平

□ b. 你所做和所说的一切都被周围的人密切注意和仔细观察

□ c. 大多数人自认为比一般人意志坚定，不容易对自己有过高的评价

□ d. 如果一个人的脸被修得更有吸引力，他会更快地从一大堆面孔中找到自己的照片

4. 每个人都知道指纹是独一无二的，那么，还有哪些生理特征可以区别你和地球上其余 70 亿人？

□ a. 你眼睛的确切颜色

□ b. 你的脸

□ c. 你的心跳

□ d. 你的肚脐眼

5. 到 45 岁时，一半男性开始秃顶。秃顶的原因是什么？

□ a. 睾酮分泌过多导致头发脱落

□ b. 秃顶的人并不是真的秃了，只是头发变得纤细，所以看不见了

□ c. 有一种秃头基因，大约一半男性会遗传这种基因

□ d. 毛囊从头顶移到鼻孔、耳朵、肩膀和背部

8. 棕色脂肪被称为"好脂肪"，因为它将身体的大量能量转化为热量。它通常在低温的刺激下发挥作用，但某种可食用植物中有一种化学物质似乎有同样功效。这种植物是什么？

□ a. 芹菜

□ b. 榴梿

□ c. 辣椒

□ d. 冻菠菜

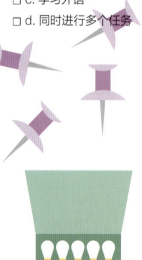

6. 在酒吧里，一个男人走近一个女人，他注意到，有一两分钟的时间，她在捋自己的头发，整理自己的衣服，点头，并与他有眼神交流。最有可能的情况是什么？

□ a. 女人在暗示她对那个男人有兴趣

□ b. 那男人在自欺欺人——她什么都没做

□ c. 她并不喜欢他，只是在争取时间，看他是否由于其他原因而值得了解

□ d. 她这样是为了取悦她坐在酒吧另一边大笑的朋友

9. 良好的执行控制力被视为一种优势。这是一种过滤干扰、保持思路和注意力的能力。然而许多人的脑子有一半时间都在开小差。经常开小差的人在哪方面会比有良好执行控制力的人做得更好呢？

□ a. 执行需要灵感闪现的任务

□ b. 放松和休息

□ c. 学习外语

□ d. 同时进行多个任务

10. 按照定义，无意识状态是你无法控制的，但没有它你就不能正常运行。以下哪件事是它不会为你做的？

□ a. 迅速做出判断

□ b. 像自动设备那样完成日常工作，如驾驶和触摸打字

□ c. 在早上闹钟响之前叫醒你

□ d. 储存你所有压抑的欲望

7. 你身体里有许多类型的细胞频繁更新。你最新的部分是什么？

□ a. 磨损得非常快的脚底的皮肤细胞

□ b. 你的毛囊

□ c. 你的红细胞

□ d. 你的肠道细胞

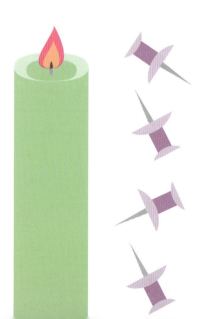

11. 邓宁－克鲁格效应是一个著名的心理学理论。它宣称：

□ a. 无能者的无能常常使他们认识不到自己的无能

□ b. 大多数人不如自己的父母聪明

□ c. 情商比智商更重要

□ d. 心理学教授喜欢构想宏大的理论，并以他们自己的名字命名

12. 大约 200 万年前，人类身上名为 MYH16 的基因发生了突变。这怎样改变了我们的进化之旅？

□ a. 让我们浓密的毛发消失，取而代之的是稀疏的毛发

□ b. 让我们能够代谢酒精

□ c. 让我们的舌头和嘴唇更灵活，便于说话

□ d. 让下颌肌肉变弱，为脑容量的增长提供了空间

13. 自从我们在 1 万年前变得文明，我们继续在以令人惊讶的方式进化。比如？

□ a. 脚部肌肉变强以适应鞋子

□ b. 指纹的螺纹变多了，原因无人知晓

□ c. 随着我们适应了居住在臭气熏天的城市里，我们的嗅觉变弱了

□ d. 随着时间的推移，食指和鼻孔的直径以同样的速度变小

14. 对于人类何时开始穿衣服，最可靠的估计是什么？

□ a. 3 万年前，根据在法国的洞穴中发现的骨针

□ b. 4.5 万年前，根据在叙利亚发现的陶罐表面的编织布纹

□ c. 7 万年前，住在衣服里的体虱在那时进化出来了

□ d. 30 万年前，根据在中国武汉附近发现的被染成粉色和橘色的编织过的植物纤维

15. 广告商努力利用我们通过想象新物品会如何改善我们的生活所得到的快乐。心理学家把这种能力称为什么？

□ a. 预期的物质满意度

□ b. 蜕变的希望

□ c. 省钱效应

□ d. 跟上朋友脚步的错觉

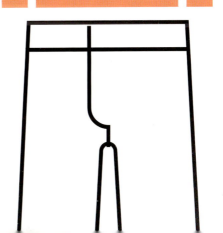

16. 我们在进化上最近的亲属生活在不超过 50 个成员的群体中，这是个体可以维护的朋友数量的上限。但是我们人类已经把自己的朋友圈规模扩大到了 150 人。这是怎么做到的？

☐ a. 宗教的出现使人们对陌生人更友好

☐ b. 笑声、歌唱、舞蹈和语言有助于人们同时为多个人"梳毛"

☐ c. 狩猎 – 采集社会中的劳动分工使更大的群体变得必要

☐ d. 部落间的战争使生活在大群体中显得更有利

17. 因为快乐或悲伤而哭是人类独有的特质。但我们为什么要哭？

☐ a. 这是向其他人发出的信号：我们需要帮助

☐ b. 哭泣可以释放神经递质来改善我们的情绪

☐ c. 消除体内的有害化学物质

☐ d. 刺激阿片类化学物质的释放，让身体放松下来

18. 由于某种原因，很多人喜欢恐怖片。为什么？

☐ a. 有助于消除负面情绪，避免压力积累

☐ b. 我们可以找到借口依偎着喜欢的人

☐ c. 这是进化上的返祖表现，那时我们的祖先不得不练习逃避捕食者

☐ d. 大多数恐怖片是好玩而非可怕的，虽然这并非它们的本意

19. 为什么我们对童年早期发生的事没有记忆？

☐ a. 小孩子没有时间概念

☐ b. 你需要语言来记住事情

☐ c. 三岁以下儿童不分泌神经递质多巴胺，而多巴胺是形成记忆必需的

☐ d. 将体验固化为长期记忆的海马体直到四岁才发育完全

20. 十几岁的孩子多半早上会赖床。为什么？

☐ a. 他们无能为力——他们的生物钟发生改变，让他们变成了夜猫子

☐ b. 他们因为家庭作业太多而精疲力竭

☐ c. 他们的手机和其他设备的屏幕会发出蓝光，让他们的大脑以为是白天

☐ d. 他们常常宿醉

答案

1 a，2 b，3 b是幻想，其他的答案都是真的发现，4 c，5 b，6 c（如果这个女人的行为持续超过4分钟，a就是正确答案），7 d，8 c，9 a，10 d，11 a，12 d，13 b，14 c，15 b，16 b，17 a，18 c，19 d，20 a，21 b，22 b，23 c，24 a，25 b，26 b

21. 你不能教会老狗新把戏。为什么？

□ a. 年龄大的人大脑里充满了记忆，更难塞进新东西

□ b. 这是个谬见。主要问题是成年人害怕在尝试新事物时出丑

□ c. 掌握新技能的能力在儿童时期达到顶峰，随着年龄的增长，这种能力会迅速减弱

□ d. 学习新技能需要很长时间的练习，成年人没有时间或耐心

22. 进化论认为，在约会游戏中，有些技巧可以让你得到最多机会。哪种技巧被证明效果最好？

□ a. 男性应该努力让别人知道他们是单身

□ b. 穿红色会增加你的魅力

□ c. 初次聊天时，男性应该贬低自己的智力

□ d. 第一次见你喜欢的人时，不要试图表现得风趣

23. 众所周知，一直坐着对人有害，即使是身体健康的人也不例外。如果你必须长时间坐着，怎样才能最大限度地减少其有害影响？

□ a. 下班后去健身房

□ b. 把一些好吃的零食放在伸手够不到的地方，这样你必须伸展身体才能拿到

□ c. 每 20 分钟起来走动 2 分钟

□ d. 转动脚趾和在椅子上动来动去可以抵消这种影响

24. 当你已经清醒很长时间，哪些化学物质会在你的大脑中积累，增加睡意？

□ a. 腺苷

□ b. 烔醣酶

□ c. 褪黑素

□ d. 肭帕唛胺

25. 打个盹是提高警觉性、专注力和注意力的行之有效的技巧。怎么做才能最大限度地发挥它的效果呢？

□ a. 睡正好 45 分钟

□ b. 在睡下之前喝一杯咖啡

□ c. 戴上眼罩和耳塞

□ d. 服用微小剂量的强效安眠药

26. 尸体分解的第二阶段会有细菌产生两种恶臭的化学物质。它们叫什么？

□ a. 磺胺硝纳和卡卡多辛

□ b. 腐胺和尸胺

□ c. 恶臭素和雷尼定

□ d. 硇克斯津和普睡腽胺

延伸阅读

人的本性

《个性：君之如是，何以致之》丹尼尔·内特尔著，商务印书馆，2010 年

Born Believers: The Science of Children's Religious Belief by Justin L. Barratt (Free Press, 2012)

The Moral Landscape: How Science Can Determine Human Values by Sam Harris (Free Press, 2012)

The Crucible of Language: How Language and Mind Create Meaning by Vyvyan Evans (Cambridge University Press, 2015)

《人性中的善良天使》斯蒂芬·平克著，中信出版社，2015 年

自我

The Mind Club: Who Thinks, What Feels, and Why It Matters by Daniel M. Wegner and Kurt Gray (Viking, 2015)

《不存在的人》阿尼尔·阿南塔斯瓦米著，机械工业出版社，2017 年

《当自我来敲门：构建意识大脑》安东尼奥·达马西奥著，北京联合出版公司，2018 年

The Epigenetics Revolution: How Modern Biology Is Rewriting Our Understanding of Genetics, Disease and Inheritance by Nessa Carey (Icon Books, 2012)

身体

《人体的故事：进化、健康与疾病》丹尼尔·利伯曼著，浙江人民出版社，2017 年

Surfing Uncertainty: Prediction, Action, and the Embodied Mind by Andy Clark (Oxford University Press, 2016)

The Metabolic Storm: The Science of Your Metabolism and Why It's Making You Fat (P. S. It's Not Your Fault) by Emily Cooper (Seattle Performance Medicine, 2013)

钻进你的大脑

Thought: A Very Short Introduction by Tim Bayne (Oxford University Press, 2013)

《思考，快与慢》丹尼尔·卡尼曼著，中信出版社，2012 年

The Wandering Mind: What the Brain Does When You're Not Looking by Michael Corballis (University of Chicago Press, 2015)

《记忆错觉：记忆如何影响了我们的感知、思维与心理》茱莉亚·肖著，北京联合出版公司，2017 年

Behave: The Biology of Humans at Our Best and Worst by Robert M Sapolsky (Bodley Head, 2017)

The Enigma of Reason: A New Theory of Human Understanding by Dan Sperber and Hugo Mercier (Penguin, 2017)

你遥远的过去

The Cradle of Humanity: How the Changing Landscape of Africa Made Us So Smart by Mark Maslin (Oxford University Press, 2017)

The Animal Connection: A New Perspective on What Makes Us Human by Pat Shipman (W. W. Norton, 2011)

Neanderthal Man: In Search of Lost Genomes by Svante Pääbo(Basic Books, 2014)

《我们人类的基因》亚当·卢瑟福著，中信出版集团，2017 年

Future Humans: Inside the Science of Our Continuing Evolution by Scott Solomon (Yale University Press, 2016)

所有物

《超市里的原始人》杰弗里·米勒著，浙江人民出版社，2017 年

《注意力市场：如何吸引数字时代的受众》詹姆斯·韦伯斯特著，中国人民大学出版社，2017 年

Stuff by Daniel Miller (Polity Press, 2009)

Evocative Objects: Things We Think With by Sherry Turkle (MIT Press, 2011)

友谊和关系

《你需要多少朋友：神秘的邓巴

数字与遗传密码》罗宾·邓巴著，中信出版社，2011 年

Thinking Big: How the Evolution of Social Life Shaped the Human Mind by Robin Dunbar, Clive Gamble and John Gowlett (Thames and Hudson, 2014)

Touch: The Science of Hand, Heart and Mind by David J. Linden (Viking, 2015)

情绪

How Emotions Are Made: The Secret Life of the Brain by Lisa Feldman Barrett (Houghton Mifflin Harcourt, 2017)

Emotion: Pleasure and Pain in the Brain by Morten Kringelbach and Helen Phillips (Oxford University Press, 2014)

Don't Look, Don't Touch, Don't Eat: The Science Behind Revulsion by Valerie Curtis (University of Chicago Press, 2013)

《怀旧制造厂：记忆、时间、变老》杜威·德拉埃斯马著，花城出版社，2011 年

生命的阶段

The Gardener and the Carpenter: What the New Science of Child Development Tells Us About the Relationship Between Parents and Children by Alison Gopnik (Farrar, Straus and Giroux, 2106)

Teenagers: A Natural History by David Bainbridge (Portobello Books, 2010)

《中年的意义》大卫·班布里基著，北京联合出版公司，2018 年

性和性别

The Essential Difference: Men, Women and the Extreme Male Brain by Simon Baron-Cohen (Penguin, 2012)

《荷尔蒙战争》科迪莉亚·法恩著，广东人民出版社，2018 年

Brain Storm: The Flaws in the Science of Sex Differences by Rebecca M. Jordan-Young (Harvard University Press, 2010)

健康

Cure: A Journey Into the Science of Mind Over Body by Jo Marchant (Canongate, 2016)

《我们为什么会发胖？》盖里·陶比斯著，福建科学技术出版社，2015 年

How Not to Die: Discover the Foods Scientifically Proven to Prevent and Reverse Disease by Michael Greger (Flatiron, 2015)

Obesity: The Biography by Sander L. Gilman (Oxford University Press, 2010)

死亡

《僵尸的奇异生活》玛丽·罗奇著，东方出版社，2004 年

《魂灵：死后生命的科学探索》玛丽·罗奇著，上海科学科技文献出版社，2007 年

《烟雾弥漫你的眼：我在火葬场学到的生命学》凯特琳·道蒂著，北京联合出版公司，2015 年

《怕死：人类行为的驱动力》杰夫·格林伯格、谢尔登·所罗门、汤姆·匹茨辛斯基著，机械工业出版社，2016 年

265

受邀作者

丹尼尔·内特尔是英国纽卡斯尔大学的行为科学教授。他研究与人类和非人类动物的行为、衰老及健康有关的课题。他是《个性：君子如是，何以致之》的作者。

贾斯汀·L.巴雷特是位于加利福尼亚州帕萨迪纳的福乐神学院的心理学教授。他是宗教认知科学这一新领域的奠基人，著有多部著作，包括《天生的信徒：关于儿童宗教信仰的科学》。

扬·韦斯特霍夫是英国牛津大学宗教伦理学副教授。他专注于当代形而上学和印度佛教哲学。他出版过几本书，其中包括《现实：简短的介绍》。

托尼·普雷斯科特是英国谢菲尔德大学的认知神经科学教授。他专注于仿生机器人，并长期致力于理解哺乳动物的大脑结构。

蒂姆·贝恩是澳大利亚墨尔本莫纳什大学的哲学教授，专注于精神哲学和认知科学，特别是意识的本质。他是《思想：一个非常简短的介绍》的作者。

帕特·希普曼是宾夕法尼亚州州立大学退休的人类学副教授。她为《新科学家》撰写了许多文章，有几本著作，包括《动物联系：关于什么造就了我们人类的新视角》。

杰弗里·米勒是新墨西哥大学阿尔伯克基分校的心理学副教授。作为进化心理学家，他以对人类进化过程中的性选择的研究而著称，著有《超市里的原始人》一书。

罗宾·邓巴是英国牛津大学的进化心理学教授。他的研究专注于灵长类和其他哺乳动物社会性的进化，特别是群体纽带和规模。他是《你需要多少朋友：神秘的邓巴数字与遗传密码》的作者。

劳伦·布伦特是英国埃克塞特大学的动物行为学讲师。她的研究关注人际关系是否会影响群居哺乳动物的寿命和繁殖能力。

大卫·班布里基是英国剑桥大学的临床兽医解剖学家。他积极促进对科学更广泛的理解，已有几本著作，包括《中年的意义》与《青少年：一部自然史》。

乔·马尔尚是常驻伦敦的科学记者和作家。她曾在《新科学家》与《自然》杂志担任作者和编辑。她的最新著作是《大脑治愈力》。

玛丽·罗奇是住在加利福尼亚州奥克兰市的一位科普和幽默作家。她的著作包括《僵尸的奇异生活》和《魂灵：死后生命的科学探索》。

致谢

如果没有《新科学家》的许多同事的支持、想法和努力，这本书不可能出版。感谢凯特·道格拉斯，她帮助创造了这个概念并为其填充了内容；感谢凯瑟琳·布拉希奇、蒂芙尼·奥卡拉汉和卡罗琳·威廉姆斯，她们在短时间内提供了关键的编辑支持；感谢总编辑苏密特·保罗－乔杜里和出版商约翰·麦克法兰，感谢他们的慷慨支持；感谢我们的经纪人托比·芒迪智慧的建议；感谢《新科学家》其他所有人，感谢他们持久的好奇心和作为记者的出众才华。

约翰·默里的团队也应得到极大的感谢，特别是乔治娜·莱科克和凯特·克雷吉，感谢他们的想法、能量和毅力。也为封面感谢尼克·戴维斯和威尔·斯毕德，为制作感谢曼迪·琼斯，为设计感谢尼基·巴恩比，为宣传和营销感谢雅辛·贝尔卡切米和杰斯·金，为版权感谢安娜·亚历山大和本·古彻，并感谢销售部门的露西·黑尔和萨拉·克莱。

在大西洋彼岸，我们非常感谢珍妮弗·丹尼尔，她在将科学思想转化为通俗易懂、妙趣横生的图案方面做了英勇而出色的努力。也感谢 Transhealth 的罗宾·坎纳为信息图"性别认同的世界"提供的专业知识和指导。

本书中的有些材料是根据《新科学家》以前发表过的文章改编的。

已尽一切合理的努力来联系版权持有人，如有任何错误或遗漏，约翰·默里将很乐意在随后的任何版本中给予合适的确认。

图书在版编目（CIP）数据

人类鉴定手册 / 英国《新科学家》杂志著；（英）
格雷厄姆·劳顿，（英）杰里米·韦布文；（美）珍妮弗
·丹尼尔绘；叶平译 . — 长沙：湖南科学技术出版社，
2019.1
　　ISBN 978-7-5357-9963-0

　　Ⅰ . ①人… Ⅱ . ①英… ②格… ③杰… ④珍… ⑤叶
… Ⅲ . ①人类学 – 普及读物 Ⅳ . ① Q98-49

中国版本图书馆 CIP 数据核字（2018）第 223482 号

著作权合同登记号：图字 18-2018-224

How to Be Human

Copyright © New Scientist 2017
Illustrations Jennifer Daniel 2017
First published in Great Britain in 2017 by John Murray (Publishers), an Hachette UK company
Simplified Chinese characters Translation copyright © 2019 by Hachette–Phoenix Cultural Development (Beijing) Co., Ltd.
Published in cooperation between Hachette–Phoenix Cultural Development (Beijing) Co., Ltd. and China South Booky Culture Media Co.,
Ltd.,2019.
All rights reserved.

上架建议：畅销 · 科普

RENLEI JIANDING SHOUCE

人类鉴定手册

作　　者：英国《新科学家》杂志
文　　字：［英］格雷厄姆·劳顿、杰里米·韦布
插　　图：［美］珍妮弗·丹尼尔
译　　者：叶 平
出 版 人：张旭东
责任编辑：林澧波
总 策 划：徐革非
监　　制：吴文娟
策划编辑：许韩茹
文案编辑：陈晓梦
版权支持：张雪珂　辛 艳
营销编辑：徐 燧
装帧设计：李 洁
出版发行：湖南科学技术出版社（长沙市湘雅路 276 号　邮编：410008）
网　　址：www.hnstp.com
经　　销：新华书店
印　　刷：北京中科印刷有限公司
开　　本：889mm×1194mm　1/16
字　　数：326 千字
印　　张：16.75
版　　次：2019 年 1 月第 1 版
印　　次：2019 年 1 月第 1 次印刷
书　　号：ISBN 978-7-5357-9963-0
定　　价：128.00 元

若有质量问题，请致电质量监督电话：010-59096394
团购电话：010-59320018

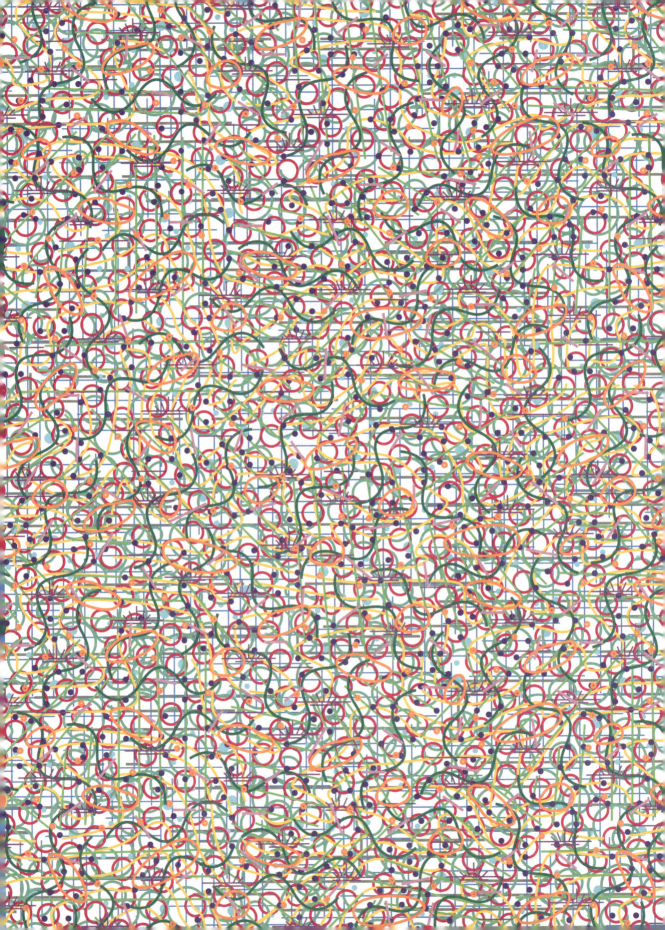